Creación y dirección:
Nelson Gómez E.
Diseño editorial:
Beatrice Gómez L.
Diagramación y dibujos:
Mercy González y Patricio Cajo
Fotomecánica:
José Bucheli
Impresión:
John Barrera y Abel Guacho

Elementos de Geografía del Ecuador

El hombre y el medio

Autorizado por :
Instituto Geogáfico Militar
Of. No. 890115-I.G.M. - g-6
27 de Marzo de 1989.
Ministerio de Educación y Cultura
Of. No. 03-DC
17 de Febrero de 1989

Portada:
"Chimborazo, carretero a Riobamba"
(Foto: Pablo Gómez)

Fotografías:
Pablo Gómez: págs. 11, 29, 53, 61, 69,76, 79, 95, 107, 146, 149, 153.
Robert & Daisy Kunstaetter: págs. 20, 45, 82, 127, 169.

Impreso por:
EDIGUIAS C. Ltda.
Av. Galo Plaza Lasso 9614 y Los Pinos
Teléfono: 404037 / Quito-Ecuador
ISBN No. 9978-89-002-5
Depósito legal, 1er. semestre de 1989

Indice

Prefacio

El título de esta obra, "Elementos de Geografía del Ecuador", indica bien el propósito que nos ha llevado a escribir este libro, esto es, presentar un estudio introductorio de los paisajes y de la vida del hombre ecuatoriano, para quienes deseen iniciarse en su conocimiento.

La hemos dividido en siete grandes capítulos en los que se hallan las nociones más importantes del paisaje y del hombre ecuatoriano, ya que esta disciplina comporta vastos y variados campos del conocimiento.

El espacio geográfico del país en que vivimos, nos es familiar desde la infancia y durante toda nuestra vida. Allí está siempre frente a nosotros.

Muchos fenómenos los observamos diariamente, aunque nunca los hayamos entendido, porque nos faltan conceptos científicos para descubrir la razón de los procesos y sus resultados, pero están en nuestra mente y en nuestro corazón, hacen parte de nuestra vida y de nuestra personalidad.

De otro lado, sabemos que el hombre no se contenta solamente con entender las cosas sino que quiere reconocer las leyes que rigen los cambios y las interrelaciones del mundo en el que vive.

Esto enriquece su inteligencia y le permite mirar de modo consciente todo lo que sucede a su derredor y de este modo aprovechar los recursos para mejorar sus condiciones de vida y defenderse de los peligros que puedan sobrevenirle.

No hemos abordado todos los temas con la misma profundidad ya que hay cosas que se analizan más detenidamente que otras, porque se consideran que el hombre de un determinado lugar se halla más cerca de unos fenómenos que de otros.

Desde el punto de vista metodológico, se ha procedido de la manera siguiente:

En primer lugar, se describe el fenómeno geográfico de manera integral pero sucintamente, tratando de incorporar en la descripción los elementos indispensables para su análisis en el tiempo y en el espacio. A esto es lo que, en otros tiempos, se denominaba, la geografía descriptiva.

En segundo lugar, se analiza el funcionamiento del fenómeno geográfico, refiriéndose a sus antecedentes de manera cronológica y precisa, así como a la prospectiva y evolución del proceso en el porvenir.

Todos los fenómenos geográficos obedecen a una secuencia que puede determinarse de manera bastante aproximada. Sin embargo, dada la complejidad de los factores que rigen estos acontecimientos, se habla de altas probabilidades de que ocurra pero no siempre coinciden ni con el tiempo, ni con la intensidad de los fenómenos.

Finalmente, se hace referencia a las leyes que gobiernan el comportamiento de los fenómenos físicos y a los estímulos a los que responden las actividades humanas, según se hallan en los tratados de nuestra ciencia.

Para ilustrar de la mejor manera las descripciones geográficas de cada unidad, se incluyen algunos gráficos, cuadros estadísticos y mapas.

Se termina con una bibliografía selecta que permite enriquecer y profundizar los conocimientos de quienes desean hacer mayores progresos en este dominio.

Ubicación del Ecuador en el continente
MAR CARIBE
Caracas
VENEZUELA
Georgetown
Paramaribo
Cayenne
GUAYANA FRANCESA
Bogotá
COLOMBIA
GUYANA
SURINAME
Quito
ECUADOR
*
**
N
PERU
BRASIL
Lima
BOLIVIA
La Paz
Brasilia
OCEANO PACIFICO
PARAGUAY
Asunción
ARGENTINA
CHILE
OCEANO ATLANTICO
URUGUAY
Santiago
Buenos Aires
Montevideo
ESCALA
0
600 km
Capital de República
Límite Internacional
* Zona en la que el Protocolo de Río de Janeiro es inejecutable
** Protocolo Mosquera-Pedemonte de 1830

I

El territorio

América Andina
MAR CARIBE
OCEANO ATLANTICO
OCEANO PACIFICO
N
Caracas
VENEZUELA
Río Orinoco
Río Meta
Río Guaviare
Río Cauca
Bogotá
COLOMBIA
Río Negro
Río Putumayo
Río Napo
Quito
ECUADOR
Río Amazonas
Río Marañón
Río Ucayali
Río Juruá
BRASIL
Río Madeira
Lima
PERU
Lago Titicaca
La Paz
BOLIVIA
Lago Poopó
Río Pilcomayo
PARAGUAY
CHILE
ARGENTINA
ESCALA
0
600 km
Capital de República
Límite internacional
Zona en la que el Protocolo de Río de Janeiro es inejecutable
Protocolo Mosquera Pedemonte de 1830
Ríos principales
Costa húmeda del Pacífico
Costa árida del Pacífico
Región montañosa andina
Región Caribeña
Región Amazónica
Orinoquia

Capítulo I

El relieve

Población de Salinas, Provincia de Bolívar

El Ecuador, un mosaico de regiones

Tradicionalmente el Ecuador ha sido un país agrícola, debido a varios factores favorables, como los suelos aluviales de origen volcánico que integran la mayoría de las tierras ecuatorianas, el clima variado, proveniente de su situación intertropical y la altura sobre el nivel del mar.

Finalmente, ha influido también el componente humano, fruto del mestizaje cultural y del variado origen étnico de los pueblos.

Con la exportación petrolera iniciada a comienzos de los años setentas, el Ecuador experimentó profundos cambios, tanto en su organización urbano-rural, fruto de la capitalización de las empresas nacionales y el importante desarrollo del Estado, como en la transformación de los paisajes naturales.

Esta dinámica ha permitido numerosos cambios en la estructuración del espacio nacional, entre los cuales se cuenta de manera importante, la intervención del hombre en las áreas naturales y su transformación hacia agrosistemas de varios medios ecológicos.

La realización de obras viales en todo el territorio y la estructuración de la red urbana han dado un vuelco al Ecuador convirtiéndole en una sociedad que progresa hacia el urbanismo industrial.

Estos fenómenos de desarrollo son bien conocidos por los estudiosos de las sociedades del tercer mundo latinoamericano que en esta década vive una profunda transformación.

Los cambios se operan principalmente al nivel de transformaciones espaciales y de asentamientos humanos, sin olvidar el factor tiempo que incide en todos estos fenómenos.

Las representaciones de la dinámica geográfica tienen la posibilidad de cambiar instantáneamente de escala, mediante el uso del ordenador aplicado a las imágenes fotográficas y satelitarias.

Esto ha facilitado una visión macroespacial del paisaje, muy útil en los análisis de la organización del espacio, cuya terminología utilizada en la geografía moderna se ha visto enriquecida por el avance de los descubrimientos científicos.

Todo hace prever que el progreso de la geografía hará cambiar profundamente la mentalidad de los pueblos que podrán en breve comprender su papel de organizadores y protectores de la naturaleza, mientras hasta ahora han podido participar inconscientemente en la destrucción del medio natural.

Una geografía de contrastes

El territorio continental de la República del Ecuador está situado al noroeste de América del Sur, entre Perú, Colombia y el Océano Pacífico.

Su posición netamente ecuatorial, ya que se halla atravesado por la línea equinoccial le proporciona los dos rasgos más importantes de su fisonomía, estos son el clima y la vegetación. A esto hay que añadir una característica fundamental nacida de su condición andina que cambia completamente el contenido ecuatorial y le da matices de infinitos cambios y contrastes.

Sus 270.000 $km.^2$, comparados con la superficie de los países vecinos, le hace la más pequeña de las repúblicas andinas.

Los plegamientos centrales que tienen una orientación norte-sur, dieron lugar a tres regiones bien marcadas, a saber: la Costa, la Sierra y la Región Amazónica.

A éstas se debe añadir la Región insular de Galápagos, situada en el océano Pacífico, a 1.000 km. hacia el occidente, con una superficie aproximada de 8.000 $km.^2$ y asentada sobre una zona de fractura de las placas oceánicas de Nazca y Cocos.

Si podríamos escoger los aspectos sobresalientes que caracterizan al Ecuador, tanto en el medio humano como natural, sin duda deberíamos hablar de la complejidad de su población y de la variedad de su fisiografía.

Su gente integrada por variadas culturas an-

GALAPAGOS
(Región Insular)
OCEANO PACIFICO
Pto. Ayora
Puerto Baquerizo Moreno
Pto. Villamil
0 50 km
COL
PERU
OCEANO PACIFICO
GOLFO DE GUAYAQUIL
ESMERALDAS
CARCHI
IMBABURA
PICHINCHA
MANABI
COTOPAXI
LOS RIOS
BOLIVAR
TUNGURAHUA
CHIMBORAZO
GUAYAS
CAÑAR
AZUAY
EL ORO
LOJA
ZAMORA CHINCHIPE
MORONA SANTIAGO
PASTAZA
NAPO
SUCUMBIOS
QUITO
Guayaquil
Cuenca
Esmeraldas
Tulcán
Ibarra
Nueva Loja
Latacunga
Ambato
Riobamba
Guaranda
Babahoyo
Portoviejo
Machala
Azogues
Loja
Zamora
Macas
Puyo
Tena
Línea del Protocolo de Río de Janeiro de 1942
Protocolo Pedemonte Mosquera de 1830
Zona en la que el Protocolo de Río de Janeiro es inejecutable
Río Napo
Río Pastaza
Río Putumayo
Río Guayas
Río Esmeraldas
Río Santiago
Río Morona
SITUACION DE LA PROVINCIA DE GALAPAGOS CON RELACION AL TERRITORIO CONTINENTAL
92° 84° 76°
Galápagos
COLOMBIA
Quito
Guayaquil
OCEANO PACIFICO
PERU
Más de 4000 m
De 3000 a 4000 m
De 2000 a 3000 m
De 600 a 2000 m
De 300 a 600 m
De 0 a 300 m

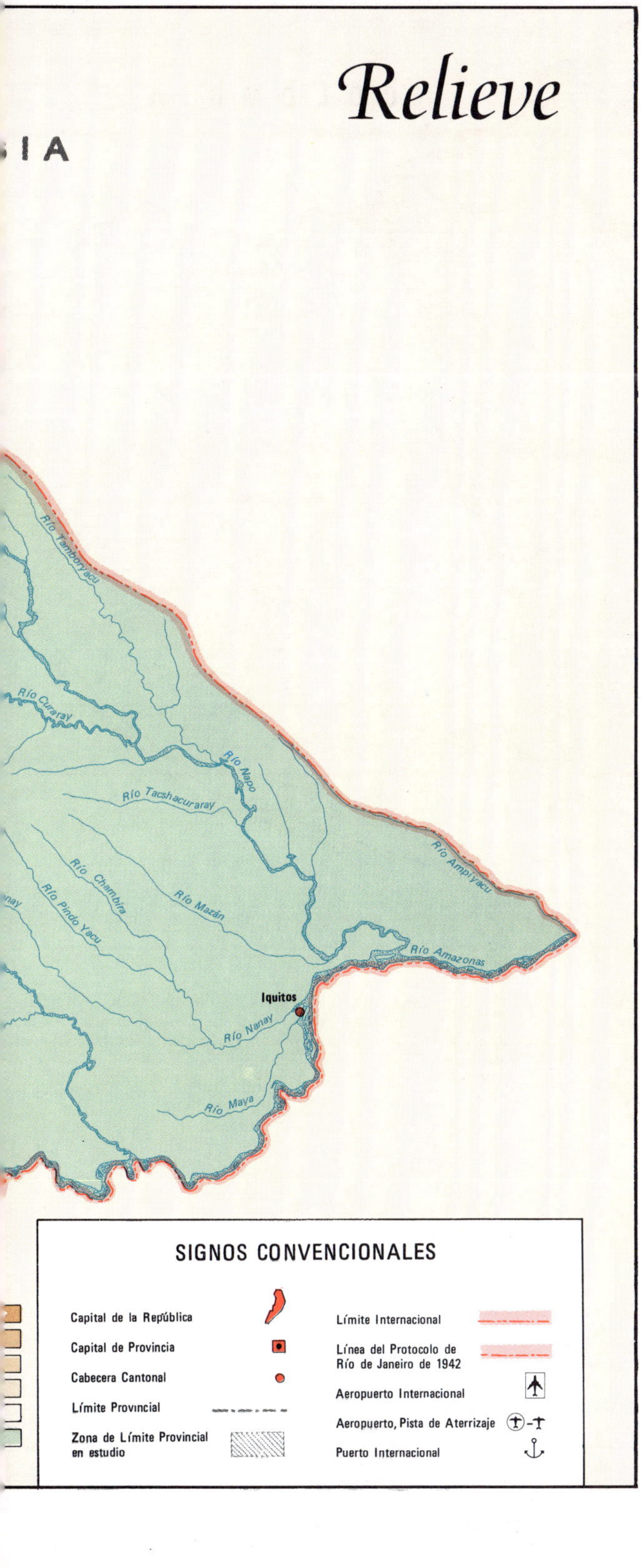

dinas, negras y europeas, fusionadas en un mestizaje bastante homogéneo, respeta la existencia de las etnias de las cuales proviene, formando una gama de rostros y de conductas, en las cuales se puede encontrar diversos orígenes culturales y raciales.

Los paisajes naturales en cambio, han acumulado, en miles y millones de años, una variedad de procesos geológicos y geomorfológicos que pueden verse en sus relieves.

La tectónica, el volcanismo, el clima y los procesos erosivos subsecuentes, hacen de este país un muestrario geográfico de múltiples contrastes que se refieren al carácter físico y humano de su geografía.

Hay otros elementos físicos que deben tomarse en cuenta y que no constan en el menú de las circunstancias ordinarias, como son, los sismos, el volcanismo y otros eventos circunstanciales de la vida del Planeta.

Las grandes Regiones Naturales del Ecuador

La gran llanura de la Costa

La región costanera es, en gran parte, una vasta llanura situada al oeste de la Cordillera de los Andes y flanqueada, del otro lado, por una pequeña cadena montañosa cercana al mar. Apenas hace un siglo toda la región estaba cubierta de una espesa vegetación boscosa que fue eliminada para dar lugar a plantaciones y pastizales que ocupan ahora casi toda la región.

Su perfil costanero de playas y manglares experimenta una honda transformación motivado por los asentamientos urbanos, el turismo y la acuacultura.

Podemos dividirla en sub-regiones, unas muy importantes como la Cuenca del Guayas y otras circunscripciones menores:

- La cuenca del río Guayas se forma sobre una llanura aluvial inclinada del norte al sur.
- La segunda es una Cordillera costanera de origen volcano-sedimentaria, de fines de

ISLAS GALAPAGOS
OCEANO PACIFICO
0°
Pto. Baquerizo Moreno
ESCALA
0
100km
COLOMBIA
PERU
OCEANO PACIFICO
Golfo de Guayaquil
Esmeraldas
Tulcán
Ibarra
QUITO
Nueva Loja
Latacunga
Ambato
Riobamba
Guaranda
Babahoyo
Portoviejo
Guayaquil
Tena
Puyo
Macas
Azogues
Cuenca
Machala
Loja
Zamora
CORDILLERA COSTANERA
LLANURA DEL GUAYAS
CORDILLERA OCCIDENTAL
DEPRESION ANDINA
CORDILLERA REAL
PLEGAMIENTOS SUBANDINOS
LLANURA AMAZONICA
Río Mira
Río Cayapas
Río Esmeraldas
Río Guayllabamba
R. Pita
Río Putumayo
Río San Miguel
Río Güepi
Río Aguarico
Río Napo
Río Tiputini
Río Yasuní
Río Nashiño
Río Tivacuno
Río Bobonaza
Río Pastaza
Río Corrientes
Río Tigre
Río Daule
Río Portoviejo
Río Macul
Río Puca
Río Upano
Río Jubones
Río Zamora
Río Catamayo
Río Chirinos
Río Chinchipe
Río Tabacones
Río Marañon
Río Santiago
Río Morona
Río Huiloyacu
Línea del Protocolo de Río de Janeiro de 1942
Protocolo Mosquera - Pedemonte 1830
Sin información
Zona en la que el Protocolo de Río de Janeiro es inejecutable.

Suelos primarios y estructuras geológicas

Fuente: Atlas del Mundo, Ecuador, Banco Central, 1982

Cretácico a inicios del Terciario que tiene unos 300 km. de largo por 30 km. de ancho y va paralela a la línea de costa.

- La tercera sub-región está conformada por pequeñas cuencas periféricas y por el litoral marítimo.

Las sub-regiones de la Costa se formaron antes del levantamiento andino, cuando el continente sudamericano lucía como un conjunto de gigantes plataformas, algunas más altas como el escudo brasileño o el escudo guyanés y otras más bajas como la cuenca amazónica.

Sus costas se hundían en los océanos o emergían de ellos según los niveles del mar.

En cuanto al territorio ecuatoriano su formación estuvo ligado a dos fenómenos tectónicos sucesivos:

Uno, la formación de cuencas sedimentarias de orientación meridiana y otro, el levantamiento de cordilleras paralelas con el mismo rumbo que los geosinclinales mencionados.

La Cuenca del río Guayas

Es una extensa llanura de unos 300 km. de largo por 200 km. de ancho, es decir, unos 60.000 km.², lo que hace un poco más de la quinta parte del territorio ecuatoriano.

Esta unidad espacial es al mismo tiempo, una región de desarrollo nacional que tiene su centro de gravitación en la ciudad de Guayaquil, conectada con el mar por medio de un sistema de canales de un estuario de 50 km. de fondo.

El drenaje fluvial se orienta de norte a sur, a través del sistema del Guayas que desemboca en el Golfo de Guayaquil.

La llanura costanera estuvo varias veces ocupada por el mar, por lo cual se encuentran sobre ella, areniscas y arcillas formadas por sedimentos marinos, así como lavas almohadilladas producto de un volcanismo subacuático.

A esta composición sedimentaria marítima, en la que alternan arenas, limos y escombros de vida submarina, se añadieron aluviones de varias épocas, arrastrados por torren-

tes que depositaban a lo largo de la llanura, sedimentos continentales producto del desgaste del suelo andino y de la violencia de los ríos que salían de las montañas.
Antes que surgieran las cordilleras meridianas las aguas del interior continental, de lo que ahora forma parte de la cuenca amazónica ecuatoriana, desembocaban en el Océano Pacífico.
Más tarde, con los plegamientos andinos y el volcanismo cambió radicalmente la orientación del sistema de drenaje amazónico así como aumentó la erosión andina, acumulándose los sedimentos en las dos grandes llanuras laterales de la región montañosa central.
Esto permitió la formación de enormes abanicos aluviales al pie de los desfogues andinos del interior amazónico y de la región costanera.
En el Holoceno, es decir, durante los últimos 15 mil años, el producto del desgaste andino, provocado por los deshielos y por el aumento de lluvias, formó los actuales suelos que tienen una buena capa de humus fruto de la descomposición orgánica.
Hacia el sur la llanura marítima también se halla cubierta de aluviones arrastrados por los ríos que salen del interior andino en dirección este-oeste.
Juntamente con los fenómenos superficiales de la morfología costanera sucedían otros correspondientes al tectonismo litoral. Entre ellos la subducción de la llanura de Babahoyo que se inclina hacia el Golfo de Guayaquil.
Se nota de manera más clara este fenómeno de hundimiento, en épocas de lluvias en que éste lugar se convierte en una inmensa laguna cuyas aguas se evaporan con el calor tropical, dejando solamente algunos pantanos, en los que crecen plantas acuáticas, algas y una nube de mosquitos.
Los recubrimientos aluviales a través de los siglos fueron conformando una planicie horizontal que al pasar del tiempo ha frenado la velocidad de los ríos y ha receptado sus materiales en suspensión, obligando al cabo de años a cambiar el curso de los ríos que se volvieron divagantes o transgredieron sus límites invadiendo su entorno.
En los casos de llanuras aluviales húmedas y tropicales, como éstas, crece un bosque rico en especies, animales y plantas que recubría estas tierras antes de su deforestación.
Si por un lado el esfuerzo humano para cambiar este bosque húmedo tropical en tierras agrícolas atravesadas por carreteras y pueblos ha sido colosal, también ha sido enorme el mal que se ha irrogado a la naturaleza, dejándola desprotegida frente a los fenómenos de remoción y acumulación que realizan las aguas sobre sus valles y llanuras adyacentes.

El agua y el suelo

Si se quiere expresar en pocas palabras los aspectos más sobresalientes de esta cuenca, podemos decir que es una gran llanura visitada frecuentemente por furiosos cursos de agua y torrentes que recubren sus suelos convirtiéndolos en un enorme charco.
Las aguas del río Guayas eje articulador de todo el sistema desembocan en el Golfo de Guayaquil dejando a lo largo de su recorrido, terrazas laterales, bancos de arena y pequeñas islas en medio del cauce.
En la desembocadura del río se ha formado frente al mar un estuario, con canales conectados entre sí, pequeñas islas e islotes y bancos de arena que se hallan frecuentemente sumergidas bajo las aguas.
Sobre estos suelos formados por depósitos de sedimentos continentales y marinos crece el manglar, bosque de agua salada de gran valor ecológico.
El Guayas es el río más grande de la fachada occidental de Sud América y sirve de frontera entre la costa árida del sur y la costa húmeda del norte.
La cuenca de uno de sus tributarios, el Daule es conocida por las haciendas cacaoteras que aparecieron, principalmente en el siglo pasado, cuando las exportaciones del cacao experimentaron un fuerte incremento.

Este producto crecía de manera silvestre, en las orillas de los ríos de esta cuenca, por lo cual, se encuentran hasta ahora hermosas casas de hacienda con muelles. En algunos casos estos caseríos hacendarios se transformaron en pequeñas ciudades y puertos.

En cambio, el río Babahoyo fue una vía de comunicación hacia la sierra norte, utilizado principalmente en la época colonial, como el acceso más rápido a las cuencas interandinas, a través del camino de Chimbo.

Hacia el pie de las montañas andinas, la llanura costanera sufre alteraciones del relieve por la acumulación de escombros, lavas y depósitos aluviales que salieron de la zona montañosa que conforman abanicos y ondulaciones del terreno de baja altura.

Los ríos encañonados que salen de las vertientes andinas y sub-andinas tallaron sobre las rocas enormes valles de penetración que se utilizan para la construcción de carreteras que se descuelgan desde los Andes.

Los suelos, producto de los recubrimientos aluviales, dieron a esta cuenca una característica especial de emporio agrícola nacional.

Ahora se planifica un mejor control del escurrimiento pluvial a fin de evitar las inundaciones en lugares fuertemente controlados por el hombre, mediante la Presa Daule-Peripa, localizada en el corazón mismo de la cuenca del Guayas.

Las inundaciones estacionales

Las inundaciones de esta importante cuenca están estrechamente ligadas a las precipitaciones estacionales por dos factores fundamentales: uno, el calentamiento de las aguas marinas cercanas a las costas (entre 2 y 6 grados C.) y otro, el ascenso del nivel del mar, (entre 30 y 50 cm.) en los períodos de ocurrencia del fenómeno del El Niño.

Los escurrimientos diluviales sobre superficies mal consolidadas y descubiertas, erosionaron el suelo llenando luego los cauces de los ríos con enormes cantidades de limos y arcillas que se depositaron en lugares más bajos, convirtiéndo la llanura en un pantano.

En estudios realizados a raíz del fenómeno de El Niño del año 1983, se constató que el área severamente inundada cubría unos 2.200 $km.^2$ de la cuenca baja del Daule y del Babahoyo. El espesor de la capa de agua variaba, entre 0.5 y 2 metros.

El desnivel existente entre la ciudad de Babahoyo y el mar del que se halla distante unos 100 km. es de apenas 5 metros.

Mientras otras zonas con inundaciones menos severas suman unos 4.000 $km.^2$ de superficie a niveles escalonados, con menor duración de las aguas estacionadas.

Finalmente, la cuenca alta de los ríos costeños, si bien reciben grandes descargas que erosionan y dañan sus cauces, exponiéndoles al colapso por el desgaste basal y la poca cohesión de los materiales de recubrimiento, sin embargo el impacto devastador no es tan grande como debiera de temerse.

En estas épocas llamadas "invernales", no son nada despreciables, los daños ocurridos en los valles bajos del Daule, Babahoyo, Vinces y otros ríos de la Gran Llanura.

Las aguas invaden las terrazas de cultivos y ahogan las plantas o las arrancan de raíz transportándolas como un trofeo en su camino al mar. En otras ocasiones, los ríos crecidos llevan sobre sus ondas, animales, árboles, casas y pertrechos agrícolas que fueron sorprendidos por la corriente.

Los suelos inundados, tanto en el campo como en la ciudad, dejan incomunicadas a las poblaciones del lugar que improvisan transportes fluviales para movilizarse de un lugar a otro o, simplemente, caminan sumergidas en las aguas.

Los mayores daños se reciben en la agricultura de las áreas inundables, como es la zona del arroz. También quedan sumergidos los cañaverales, plantaciones de banano, de cacao o, sobre todo, las vías, causando pérdidas cuantiosas a los empresarios y pequeños agricultores.

Costosos puentes son arrastrados por el agua, la carpeta asfáltica se destruye por solifluxión y solamente quedan huellas de las vías que allí existían antes.

Pequeño poblado junto al mar.

Es difícil encontrar medios para luchar contra las inundaciones ya que los volúmenes de agua son gigantescos e incontrolables. Ni siquiera en los países desarrollados se ha podido controlar completamente el flagelo de las inundaciones, como puede recordarse las terribles inundaciones del Mississippi en la zona central de los Estados Unidos, en que hubo pérdidas como de 30 mil millones de dólares solamente por el año 1994.

Sin embargo, algo se puede hacer para controlar los diques de los ríos, reforzándolos con muros de gaviones que mantienen las aguas dentro de sus cauces naturales.

En los ríos del sur de la llanura costanera que tienen su desembocadura hacia el Golfo de Guayaquil, al salir de la montaña, los cursos de agua se abren con violencia invadiendo los campos adyacentes y sumergiendo bajo sus aguas los cultivos su infraestructura y las viviendas campesinas.

El pánico, hace presa de los agricultores que ven como se destruyen puentes, caminos y viviendas.

Son temibles los ríos, Jubones, Balao, Bulubulu y otros que salen de las vertientes andinas cada vez que hay grandes lluvias.

En los medios tropicales húmedos como el Ecuador, el clima tiene importancia especial para la vida y seguridad de sus habitantes, por lo cual, conviene conocerlo mejor.

En los periódicos de los últimos 20 años, podremos encontrar tragedias y catástrofes provocadas por estos flagelos.

Por tanto, las inundaciones, con transgresión repentina de las aguas deben ser motivo de profundo estudio y reflexión. No solamente porque pueden arruinar los cultivos, las construcciones, los caminos y los bienes que se ha adquirido con tanto esfuerzo, sino principalmente porque en ello va la vida humana.

Por eso, cuando el hombre se asienta en un lugar para vivir, primeramente debe preguntarse, cuáles son los riesgos naturales a los que un momento dado puede estar sometida su seguridad personal.

Si se halla en una llanura cercana a grandes ríos tropicales, es probable que en tempora-

da de lluvias se desborden los cursos de agua y todo el entorno se convierta en un lago.
Por tanto, para edificar la vivienda en estos sitios de inundación, como en otros tiempos, deberá elegirse un lugar elevado o si esto no es posible, se edificará la vivienda sobre pilotes de madera o de hormigón, por lo menos, a 2 metros del suelo.
Por ningún concepto, debe construirse viviendas ni obras costosas sobre terrazas fluviales, es decir, sobre depósitos que existen a los lados del cauce de un río a manera de plataformas deleznables.
Estas se formaron con materiales que quedaron luego de una gran avenida o crecida del río, a causa de las grandes lluvias que de tiempo en tiempo se abaten sobre estas regiones.
Las terrazas se aprovechan para cultivos de ciclo corto, a sabiendas que se corre el riesgo de inundaciones que pueden echar a pique las cosechas de ese año.
Se puede ver también que se hallan en peligro las tierras adyacentes al valle, cuando los cursos de agua tienen un lecho alto encerrado por diques que se encuentran sobre el nivel de la llanura.
Lo desafortunado de esta situación es que el río simula calma durante algunos años, induciendo a la gente sencilla a creer que nada pasará en el futuro, pero cualquier momento, sin previo aviso, y cuando todo está cultivado, abonado y trabajado, llega el agua desbordada y arruina los cultivos.
Hay en la historia de la ocupación del espacio ecuatoriano referencias a este tipo de comportamiento de los ríos que vienen desde hace siglos dando los mismos problemas.
También se hallan estos suelos aluviales de las llanuras costaneras sujetas a un inclemente desgaste por la erosión hídrica.
Vastas zonas agrícolas de Quevedo y Sto. Domingo de los Colorados fueron despojadas de su suelo agrícola quedando empobrecidos, lo que se manifiesta en pastos de pequeña altura que no se desarrollan por falta de nutrientes.
De modo que debe tomarse en cuenta esta situación para evitar que los recubrimientos aluviales de las llanuras inclinadas sean percolados por las aguas de escurrimiento.
La mejor protección de los suelos es la vegetación natural, por lo tanto, el agricultor deberá permitir el crecimiento de la vegetación natural o, como vulgarmente se dice el "monte", en los suelos que no son aptos para la agricultura o que no se hallan en uso agrícola.

Las montañas de la Costa

La cordillera costanera es una cadena de montañas que no sobrepasan los 800 metros s.n.m. y se extienden paralelas a la línea de costa, desde el río Esmeraldas, al norte, hasta la ciudad de Guayaquil.
Su promedio es de unos 10 km. de ancho por unos 330 km. de largo. Está constituida por macizos longitudinales y monoclinales, con relieves fuertemente plegados y fracturados.
De Jipijapa hacia el norte, las montañas se hallan conformadas por una serie de murallas rocosas redondeadas, flanqueadas por relieves sedimentarios del Terciario, inclinados, fracturados y anárquicamente distribuidos. En cambio, las rocas más recientes se hallan alejadas del armazón central, siguiendo más o menos una disposición horizontal, poco fracturada y alterada.
Sobre estos relieves tuvo su influjo la erosión de manera diferenciada, presentándose, a la hora actual, un paisaje bastante heterogéneo, con cuestas empinadas, colinas redondeadas, valles profundos o planos fracturados. Podríamos distinguir entre las montañas del norte, Muisne, Mache, Cojimíes, Chindul y Jama estas últimas, más altas, húmedas y redondeadas que las del sur con las montañas de Jipijapa que son más bajas, secas y de cuestas suaves.
Su clima húmedo en un lugar y seco en otro, formó un bosque de una gradiente arquitectónica que albergó varias especies del bosque húmedo o perhúmedo al matorral seco.

Ahora, la agricultura depende de las lluvias anuales, por lo cual, hay épocas de bonanza y otras de escasez a causa de la sequía. El cultivo símbolo de esta región es el café.
Todavía existen algunos bosques que permanecen como el recuerdo de la época en que este lugar se hallaba deshabitado.
Casi toda la provincia de Manabí, una de las más extensas del Ecuador, se halla cubierta de montañas y podríamos decir que los relieves quebrados y deforestados de la provincia han causado un enorme daño a la ecología del lugar y, por consiguiente, a su biodiversidad.
Habría sido mejor que la cordillera costanera, en este lugar, permaneciera cubierta de vegetación, porque así se habría conservado mejor el medio natural y porque el esfuerzo empleado por el hombre en su deforestación ha tenido muy poca recompensa, con suelos muy inclinados y erosionados.
Esta región, con sus paisajes, sus bosques secos, como el de Machalilla, sus playas y su gente constituyen un potencial turístico para el Ecuador.

La cuenca de Borbón en la provincia siempre verde

Al norte de la cuenca del río Guayas se halla una provincia llena de verdor. El clima húmedo y su drenaje por los ríos Cayapas y Santiago que desaguan la cuenca denominada de Borbón.
Está formada por areniscas antiguas (del Terciario) y su constitución es sedimentaria, es decir, constituida por sedimentos de distinto origen.
Los relieves ondulados que se hallan hacia el este, forman planos inclinados a manera de galerías que convergen hacia el centro. Las crestas más elevadas se hallan hacia las cordilleras andinas de Cayapas y Toisán.
La cuenca termina en un pequeño archipiélago de costas sumergidas entre la desembocadura del Santiago y el río Mataje, lindero con Colombia.
Esta zona anegadiza cruzada de esteros y marismas, mantiene una enmarañada vegetación de mangles y otras asociaciones vegetales de origen salino.
Su clima húmedo y cálido, con precipitaciones de 5.000 mm. anuales, favoreció el crecimiento de un bosque tropical rico en especies forestales, de donde se extrae la mayor parte de madera de exportación.
Los ríos tienen una circulación del este al oeste, siguiendo la inclinación del relieve, desde la zona montañosa hacia el mar.
Los valles cavaron profundos cañones en las rocas terciarias y sobre los depósitos aluviales.
Las selvas tropicales húmedas asentadas sobre suelos volcánicos y sometidas al calor tienen dos factores que deben tomarse en cuenta: primero, la falta de firmeza en los suelos, debido a las continuas lluvias, la inclinación de su topografía y la dinámica de la tierra sobre la cual se hallan y segundo, la deforestación causada por el hombre que busca tierras agrícolas o, por las maderas finas que tienen esos bosques.
Estos dos aspectos conspiran permanentemente contra estas tierras que cuando se hallan despojadas de su capa vegetal, se erosionan y destruyen rápidamente desatando inundaciones, flujos de lodo y otros efectos nocivos sobre los valles más bajos.
En esta provincia se halla una población negra, con su cultura e identidad propias. Se concentra principalmente en la ciudad de Esmeraldas, avasallada por la falta de trabajo y el deseo de mantenerse en su propio suelo.
El campesino no ha encontrado tampoco la fórmula de desarrollo económico y social en este lugar por lo cual emigra hacia la ciudad.
No se trata solamente de una mala adaptación de la sociedad al medio natural, ya que ellos permanecieron por siglos en ese enclave geográfico, sino mejor de la falta de engranaje de su desarrollo al conjunto nacional.
El turismo es la principal actividad que puede redimir a este sector importante de la Patria.

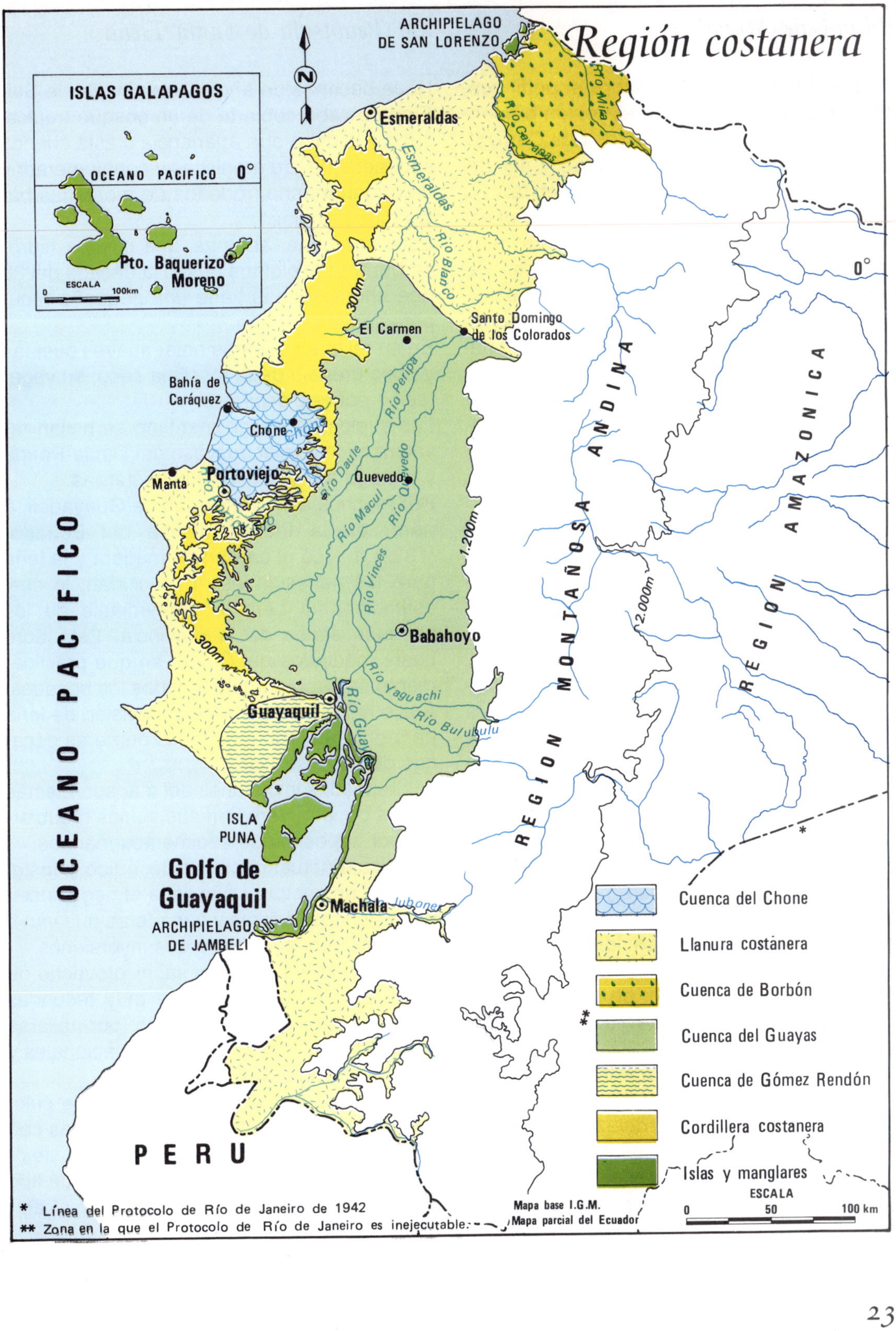
Región costanera
ARCHIPIELAGO DE SAN LORENZO
ISLAS GALAPAGOS
OCEANO PACIFICO 0°
Pto. Baquerizo Moreno
ESCALA
0
100km
N
Esmeraldas
Río Mira
Río Cayapas
Esmeraldas
Río Blanco
0°
300m
El Carmen
Santo Domingo de los Colorados
Bahía de Caráquez
Chone
Río Peripa
Portoviejo
Manta
Quevedo
Río Daule
Río Quevedo
Río Macul
1.200m
Río Vinces
Babahoyo
300m
Río Yaguachi
Río Bulubulu
Guayaquil
OCEANO PACIFICO
REGION MONTAÑOSA ANDINA
2.000m
REGION AMAZONICA
ISLA PUNA
Golfo de Guayaquil
Machala
Jubones
ARCHIPIELAGO DE JAMBELI
PERU
Cuenca del Chone
Llanura costánera
Cuenca de Borbón
Cuenca del Guayas
Cuenca de Gómez Rendón
Cordillera costanera
Islas y manglares
ESCALA
0
50
100 km
* Línea del Protocolo de Río de Janeiro de 1942
** Zona en la que el Protocolo de Río de Janeiro es inejecutable.
Mapa base I.G.M.
Mapa parcial del Ecuador

El paisaje Manabita

Avanzando hacia el Sur, sobre el perfil costanero, encontramos una depresión o cuenca nucleada sobre el eje de los ríos Carrizal-Chone y extendida hacia el norte y sur del perfil costanero. Es la cuenca manabita.
El sistema fluvial del río Chone recoge el escurrimiento de la cuenca que tiene un régimen hídrico torrencial, sujeta a grandes variaciones de lluvias que caen en el sector, desbordándose sobre la llanura adyacente, cuando las precipitaciones son extraordinarias.
Los relieves tabulares formados por areniscas de la última etapa del Terciario, aparecen al interior y exterior de la cuenca que se halla rodeada de montañas en distribución circular.
Esta depresión es el centro de mayor concentración agraria debido al potencial de los suelos que pese al clima que alterna de épocas de lluvias con temporadas de sequía, tiene una suficiente humedad que permite cultivos desde el café hasta frutas tropicales.
Si continuamos al sur, por los suaves y pintorescos declives de Pedro Carbo se llega a la provincia del Guayas, pasando un bosque seco que creció sobre suelos básicos y poco regados.
Los contrastes del paisaje manabita de suelos húmedos al norte a tierras secas al sur y de las montañas centrales hacia las llanuras que bajan al mar le confieren una gama de vegetación diferente que nos revela sus posibilidades productivas, en los años lluviosos.
Manabí requiere de riego, de caminos y de capitales para convertirse en un pujante centro productivo.
No toda la cuenca es apta para los cultivos, por lo cual, convendrá guardar las áreas de suelos muy inclinados o deleznables como parques y reservas naturales. Hay que impedir la destrucción de los bosques secos que podrían convertirse en áreas de recreación ecológica.

La Península de Santa Elena

Hace decenas de años, la península de Sta. Elena estaba cubierta de un bosque tropical seco que daba otra apariencia a esta cuenca sedimentaria, de areniscas y conglomerados de origen marino, rodeada de montañas bajas monoclinales.
Este sitio tiene, además, una cuenca hidrocarburífera explotada desde la década del 30 que ahora apenas tiene una pequeña recuperación secundaria.
En su relieve podemos notar suaves cuestas y poco drenaje dado su clima seco; su vegetación pobre y espinosa.
Los suelos de origen marítimo se hallan revalorizados con el trasvase del Daule-Peripa y el riego a más de 10.000 hectáreas.
Por muchos años, la ciudad de Guayaquil, a partir de la Independencia del Ecuador (1822), buscó el carbón de madera y la leña para las necesidades de la ciudad, lo cual estimulaba la pérdida irremediable de los bosques secos de la provincia. Esto duró hasta mediados del S. XX, en que prácticamente se habían agotado todos los bosques. A ello habría contribuido la provisión de leña para el ferrocarril durante las primeras décadas de su existencia.
Las repetidas invasiones del mar sobre estas tierras pueden verse en sus suelos recubiertos por depósitos de sedimentos marinos.
El paisaje actualmente es desértico y triste, pero en un sector al que llega el riego, lucen ya haciendas fruteras y ganaderas que van a obtener buenos réditos a sus inversiones.
Los agricultores deberán sacar provecho de estas tierras que no siendo muy fecundas tienen un alto valor económico, por hallarse cerca de importantes mercados nacionales y puertos de exportación.
Una de las técnicas es la rotación de cultivos, más aún en estas zonas marítimas con suelos algo salinos. Se espera que las siembras y cosechas vayan construyendo un tipo de suelo concurrente con el clima y el ambiente marítimo.

El riesgo de las inversiones en el lugar se refiere, sobre todo a la comercialización antes que a su producción. Hay muchos inversionistas que han iniciado ya el aprovechamiento de esta tierras, antes abandonadas. El declive de la cuenca es una ventaja para el aprovechamiento total del agua de riego.

Playas y costas

El perfil costanero está conformado por varios tipos de playas y costas, desde las accidentadas y escarpadas del norte, hasta otras más bajas y sumergidas del sur.

Vale destacar en el Golfo de Guayaquil, algunos accidentes de importancia:

- La isla Puná emplazada en el centro y sumergida hacia el este.
- Un conjunto de canales y esteros que cubren gran parte del estuario en donde puede verse una rica vegetación natural en peligro de desaparición.
- Al sur, encontramos el archipiélago de Jambelí rodeado de manglares y de playas sumergidas. Este lugar debería ser revalorizado para el turismo, defendiendo el ambiente natural que le caracteriza y proporcionando mayores facilidades para la navegación turística a través de los canales y bosques del manglar.

Las playas de la Costa ecuatoriana son plataformas escalonadas desde el mar hacia el interior del continente, originadas en sucesivos movimientos eustáticos, es decir, movimientos ascendentes y descendentes del mar vinculados con los niveles del agua, y el tectonismo. A los relieves mencionados se los denomina tradicionalmente "tablazos" porque tienen la forma de grandes y alargados mesones constituidos por depósitos marinos, cuando estaban las playas sumergidas en el agua. Estas estructuras marítimas se hallan más destruidas, mientras más alejadas se encuentran de la línea de costa. Otro aspecto del relieve relacionado con el perfil costanero son los cordones litorales, es decir, montículos lineales de depósitos marinos sobre las playas.

Durante el permanente trabajo de acumulación de sedimentos marinos, con el trabajo de las olas, sobre el perfil costanero van acumulándose conglomerados marinos que con el tiempo y la acción del mar se convierten en rocas consistentes. Estos cordones litorales que tienen la apariencia de pequeñas cadenas montañosas, muchas de ellas bastante erosionadas, se hallan como atalayas frente a la furia del mar que poco a poco va erosionándolas y destruyéndolas.

En otro lugares, en medio de la llanura se divisa un morro o montículo que quedó como recuerdo de esta morfología litoral.

La infinidad de formas que tienen las rocas de las costas marítimas se debe a varios procesos de desgaste originados en la diferente consistencia física y química de las rocas. Hay costas formadas por areniscas antiguas que resisten el embate de las olas, mientras otras han desaparecido del lugar.

Hay varios tipos de costas, entre las cuales se pueden nombrar las siguientes:

- Costas rectilíneas o recortadas, dependiendo de su apariencia externa.
- Costas bajas, que frecuentemente se hallan invadidas por el agua o sumergidas en el mar formando lagunas o marismas.
- Costas acantiladas, que se manifiestan como murallas más o menos elevadas, contra las cuales se estrellan las olas.
- Costas abiertas, expuestas al viento y a las olas.
- Costas protegidas, por acantilados en forma de ensenada.
- Costas pintorescas, peligrosas, etc.

Para conocer la génesis y evolución de los relieves marinos, hace falta una paciente elaboración de la historia geológica de esas geoformas.

Por tanto, no es fácil la interpretación de su origen, pudiendo contemplarse en los esquemas realizados sobre una planicie marítima, depresiones colmadas por sedimentos marinos, levantamientos de playas desgastados de manera diferencial por la acción de las olas o hundimientos tectónicos con rellenos selectivos.

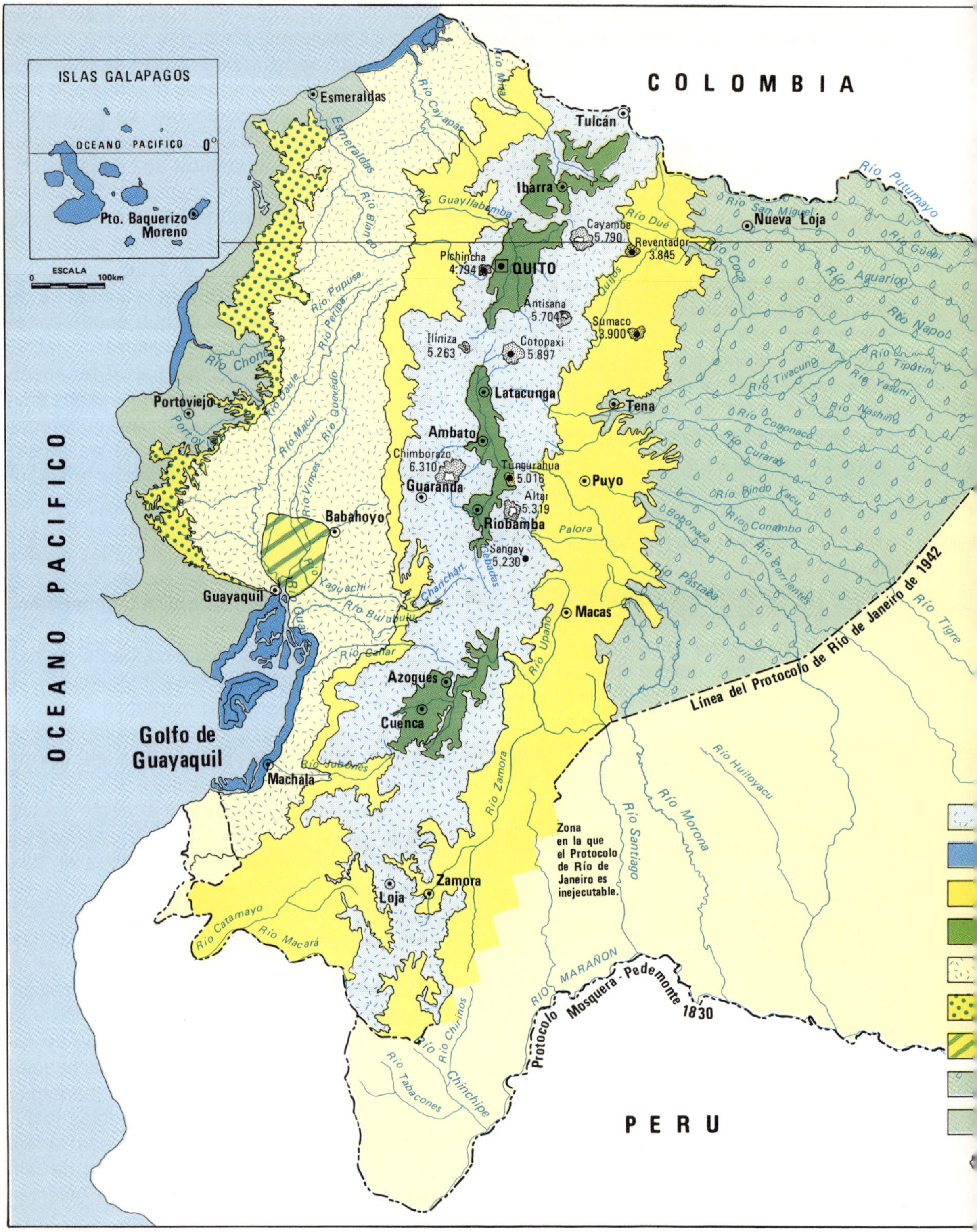
COLOMBIA
PERU
OCEANO PACIFICO
ISLAS GALAPAGOS
OCEANO PACIFICO 0°
Pto. Baquerizo Moreno
ESCALA
0
100km
Golfo de Guayaquil
Esmeraldas
Tulcán
Ibarra
Nueva Loja
Cayambe 5.790
Reventador 3.845
Pichincha 4.794
QUITO
Antisana 5.704
Sumaco 3.900
Iliniza 5.263
Cotopaxi 5.897
Latacunga
Tena
Portoviejo
Ambato
Chimborazo 6.310
Tungurahua 5.016
Puyo
Guaranda
Altar 5.319
Babahoyo
Riobamba
Sangay 5.230
Guayaquil
Macas
Azogues
Cuenca
Machala
Zamora
Loja
Palora
Zona en la que el Protocolo de Río de Janeiro es inejecutable.
Línea del Protocolo de Río de Janeiro de 1942
Protocolo Mosquera - Pedemonte 1830
Río Mira
Río Cayapas
Esmeraldas
Río Blanco
Guayllabamba
Río Dué
Río Coca
Quijos
Río Putumayo
Río San Miguel
Río Güepi
Río Aguarico
Río Napo
Río Tiputini
Río Yasuni
Río Tivacuno
Río Nashiño
Río Cononaco
Río Curaray
Río Bindo Yacu
Río Conambo
Bobonaza
Río Corrientes
Río Pastaza
Río Tigre
Río Pupusa
Río Peripa
Río Chone
Río Daule
Río Quevedo
Río Macul
Río Vinces
Portoviejo
Río Yaguachi
Río Bulubulu
Río Guayas
Chanchán
Cebadas
Río Cañar
Río Upano
Río Jubones
Río Zamora
Río Santiago
Río Morona
Río Huiloyacu
Río Catamayo
Río Macará
Río Chirinos
Río Tabacones
Chinchipe
RIO MARAÑON

Principales variaciones del relieve

Otras esculturas marinas

Los sedimentos continentales arrastrados por los ríos y riachuelos que van al mar, forman en su desembocadura bancos de arena, pequeñas o grandes islas y una infinidad de esculturas fluvio-marinas.

Por otro lado, los cordones litorales encerraron al interior del continente, lagunas marinas que poco a poco, con la evaporación y los depósitos aluviales de los escurrimientos continentales, quedaron reducidas a pantanos sobre los cuales creció una vegetación halófila, llamada localmente manglar.

Estos relieves formados por la dinámica marina son fuentes de vida que alojan en su seno una variedad de animales y plantas de los dos hábitat.

Otro accidente importante es la gran Ría de Guayaquil o Estero Salado, de 50 km. de longitud que llega hasta la misma ciudad.

Este gran canal marítimo se inicia en la Isla Puná y penetra en tierra firme terminando en un conjunto de canales en forma arborescente y conectados unos con otros, entre los cuales crece una vegetación natural de baja estatura propia del medio salino.

Estas formaciones de canales y rías indican que el curso de agua en la desembocadura cambió de dirección varias veces, porque su cauce se rellenó con el depósito de grandes cantidades de sedimentos, en épocas extraordinarias, o también, porque al perder velocidad la corriente, principalmente en los bucles y recodos que describen los ríos de llanura caen al fondo los sedimentos en suspensión llegando un momento a cerrar el paso al agua obligándole a buscar otro cauce.

En otras ocasiones, el mar restituyó en la salida o boca del río los sedimentos transportados por aguas torrenciales, obligándole al río a buscar otra salida.

Podemos decir que existen otros accidentes costaneros como las bahías, los golfos o las ensenadas que son entrantes más o menos profundos en las costas o más abiertos y redondeados.

Las Montañas Andinas

Hace millones de años

La zona montañosa andina, que tiene entre 100 a 120 km. de ancho, y como 700 km. de largo en el Ecuador, recorre el territorio de norte a sur y está formada por tres importantes conjuntos que son: la Cordillera Occidental, la fosa interandina y la Cordillera Real u Oriental.

Las dos cordilleras andinas están alineadas en el territorio de manera paralela, con alturas medias entre 4.000 y 4.500 metros s.n.m.; mientras la fosa interandina, ubicada entre 2.200 y 2.800 metros de altura s.n.m. forma un alargado valle, separado de trecho en trecho, por macizos montañosos transversales denominados nudos.

Esta distribución en forma de valles intramontanos ha logrado una individualidad espacial de cuencas rodeadas de montañas que las denominamos Hoyas.

Hace varios millones de años, las dos cadenas montañosas estuvieron afectadas por volcanismo, en distintas épocas.

Como ejemplo podemos señalar, el volcanismo pliocénico (6 millones de años A.P.) de gran alcance en la sierra norte, cuyos recubrimientos lávicos en forma de mantos pueden verse en las formaciones denominadas Pisayambo y Tarqui.

Al inicio del Cuaternario, hace aproximadamente 2 millones y medio de años A.P., se desencadenó una actividad volcánica explosiva, dando origen a estrato-volcanes que recibieron varias capas de lava y ceniza y cuyos edificios sobrepasan, en algunos casos, los 5.000 metros s.n.m., cubriéndose de casquetes de hielo permanente.

De otro lado, tanto los materiales del volcanismo como los sedimentos de la erosión andina, rellenaron la fosa interior modificándola de manera que en algunos lugares, los valles andinos aparecen como extensas llanuras encajadas en medio de montañas.

El tectonismo, esto es, el movimiento de los estratos rocosos subterráneos y las erupciones volcánicas de las dos cordilleras andinas, cambiaron varias veces las formas del relieve que se levantó, dobló, fracturó o basculó de manera caprichosa, contemplándose ahora un paisaje montañoso de diversas formas, alturas y consistencia.

En realidad, el volcanismo tuvo etapas de actividad y períodos de descanso que van en la escala geológica de decenas a centenas y, de miles a millones años.

Cabe destacar los efectos de la erosión y volcanismo en las áreas adyacentes a las cordilleras andinas, tanto en la llanura costanera como en la amazónica, principalmente con la formación de depósitos de aluviones al pie de los cañones de desfogue, presentando la forma de abanicos o conos de deyección, compuestos de bloques, cantos rodados, arenas y limos.

En el límite con Colombia las cordilleras andinas toman un marcado rumbo hacia el noreste y forman una sola estructura montañosa.

El volcanismo andino ecuatorial

El paisaje interandino ecuatoriano debe su forma actual a varios procesos entre los cuales el volcanismo desempeña un papel muy importante en la modificación de su relieve.

Los fenómenos previos al volcanismo andino fueron los plegamientos de la corteza terrestre causados por la subducción de la placa oceánica bajo la placa sudamericana.

Este proceso orogénico del levantamiento cordillerano debilitó la corteza terrestre, ascendiendo el magma ardiente y provocándose un volcanismo muy complejo durante algunas épocas de la evolución andina.

Las erupciones volcánicas desatadas desde el Plioceno hasta nuestros días tuvieron mucha importancia en la formación del actual relieve, modificadas por los materiales de relleno producto de la erosión hídrica, eólica y glaciar.

El volcanismo central, que formó los nudos o macizos transversales de la sierra andina data del Cuaternario y se dio sobre fallas transversales, por rotura de la base de la plataforma intra-andina, demasiado larga para soportar las tensiones del tectonismo interior.
Las cordilleras del norte andino son más esbeltas y nítidas y se hallan ramificadas, por sistemas más pequeños que salen de las líneas de falla de la montaña central o van paralelas a los grandes sistemas montañosos meridianos.
De norte a sur podemos distinguir dos fases de volcanismo que caracterizan a las sub-regiones: una, el volcanismo explosivo de la sierra septentrional y otra, un volcanismo más antiguo, en la sierra meridional, de carácter más tranquilo.

El volcanismo andino talló esculturas diferentes

Unos edificios adquirieron la forma de escudo o coraza, por la superposición de lavas viscosas que fueron extendiéndose durante varias épocas de actividad, como es el caso de los volcanes de las islas Galápagos en el Océano Pacífico.
Otros, más esbeltos, como los que se hallan en la sierra norte ecuatoriana, entre ellos, el Tungurahua, el Cotopaxi o el Cayambe, se formaron por recubrimientos sucesivos de lavas y, sobre todo, por la acumulación de cenizas caídas sobre un cono regular que, en algunos casos, fue protegido por los recubrimientos de hielo.
Encontramos también volcanes con cráteres destruidos producto de una actividad más violenta, como el caso del Quilotoa, el Cuicocha o el Pululahua
En la sierra norte pueden verse frecuentemente barrancos y valles fosilizados con lavas endurecidas que poco a poco ceden a la descomposición química del agua, fracturándose, para luego ser arrastrados por las aguas.

Salinas (Provincia de Bolívar)

Hacia el sur, en cambio, se dio una actividad lávica en forma de grandes mantos que han dado lugar a plataformas andesíticas sobre declives montañosos.

Este tipo de volcanismo en el que las alturas han perdido su esbeltez y los relieves se manifiestan muy quebrados y redondeados, pertenece al volcanismo antiguo del Ecuador en el cual, los edificios han sido fuertemente erosionados y algunos casi destruidos por el tiempo.

Otro es el volcanismo islándico o fisural, que afectó a la Cordillera Real en la sierra norte, tal es el caso de Guamaní, en donde podemos encontrar lavas andesíticas, como la de Pinantura, la de Papallacta o la de Itulcachi.

En cambio, la modalidad de caída de cenizas del volcanismo estromboliano se manifiesta con aparatosas explosiones, con emanación de gases y vapor de agua.

Una de estas formas de volcanismo afectó al Pichincha en el S. XVII, de lo cual existen narraciones impresionantes realizadas por los cronistas de entonces.

Una de las manifestaciones del volcanismo de tipo peleano, es la expulsión de un magma viscoso, que con su expansión violenta, da origen a las denominadas nubes ardientes.

El nombre le dio la "Montaña Pelada" (Mont Pelée) en la isla francesa de la Martinica, que tuvo este tipo de volcanismo cuando, el 8 de mayo del año 1902, explotó una columna eruptiva del volcán generando una nube ardiente que mató súbitamente a unas 25 mil personas que habitaban la ciudad de San Pedro al pie de este volcán.

En el Ecuador se encuentran vestigios de esta actividad en las laderas del Pichincha, en el Pululahua, en la quebrada de Itulcachi, etc., sin que esto quiera decir que no hubo este tipo de volcanismo en otros lugares de la sierra norte.

Todas estas formas de actividad estuvieron presentes en los Andes, a veces, de manera sucesiva, otras, alternando con etapas de calma, o entremezcladas unas formas con otras.

Los basamentos metamórficos de las cordilleras andinas

Los volcanes ecuatorianos, en su gran mayoría se hallan sobre las cordilleras andinas que descansan sobre basamentos de rocas muy antiguas.

La Cordillera Real u Oriental está formada por rocas sedimentarias del Precámbrico, es decir, por formaciones rocosas de hace más de 600 millones de años.

En la base de la Cordillera Occidental podemos observar igualmente rocas metamórficas, es decir, aquellas que por las tensiones y presiones que se aplicaron sobre ellas, cambiaron su forma molecular, y se convirtieron de areniscas o limos en pizarras, de calizas en mármol u otro tipo de rocas metamórficas.

Este complejo volcano-sedimentario de la llanura occidental ante-andina constituida a fines del Cretácico, es decir, hace más de 65 millones de años, forma parte de otra de la regiones más antiguas del Ecuador

En los taludes de las carreteras que van a la Costa al descender de los Andes podemos observar una diversidad de rocas con apariencias y colores diferentes que forman parte de esta diversidad de rocas.

Los cráteres volcánicos

Unos intactos como el del Cotopaxi, otros taponados como el caso del Antisana, otros casi desaparecidos por la erosión, como el del Rumiñahui, etc., presentan formas caprichosas y bellas que hacen juego con la luz.

En otros casos el edificio volcánico colapsó formando al interior un lago, como el de Quilotoa, Cuicocha o, Mojanda.

Hay cráteres humeantes, como el del Sangay, al Sur de Riobamba o el del Reventador, en la Región Amazónica.

Existen volcanes con fumarolas y a veces, con sorpresivas explosiones volcánicas, como la que, en el año 1993, mató a dos geólogos del Instituto de Geofísica de Quito que se hallaban recogiendo muestras en el cráter del Pichincha o, un año antes, una terrible explosión mató a una decena de científicos que observaban el cráter del volcán Galeras en la ciudad de Pasto, República de Colombia.

Los circos glaciares

Son anfiteatros que se forman sobre cráteres que se hallan sobre los 5.000 metros de altura y están cubiertos de hielo, como es el caso del Altar, estrato-volcán, ubicado hacia el este de Riobamba.
Este tipo de geomorfología volcánica puede sugerir la existencia de cráteres coalescentes semidestruidos.

Los depósitos morrénicos

Se hallan al pie de conos volcánicos desde donde emigraron hacia abajo por la presión que ejerce el hielo que va acumulándose en las alturas. Los depósitos morrénicos son acumulaciones de bloques y piroclastos arrastrados por el hielo en movimiento. Cuando éste se fundió esos materiales quedaron aislados de la montaña como pequeñas barreras de rocas, cenizas y piroclastos. Podemos verlos al pie del cono del Cotopaxi y cerca de Quito, sobre la población de Pifo, apenas a 2.800 metros.
Los "maares", como Cuicocha, Mojanda o Quilotoa, son lagos formados por la fusión del hielo en las calderas volcánicas y alimentadas por los deshielos contemporáneos

Los conos adventicios

Como los que existen dentro del Pululahua, en Cuicocha, Pichincha, etc., son edificios volcánicos menores, formados a través de un cráter por la lava o acumulaciones de cenizas dentro o al lado de un cráter principal.
Los conos de deyección.
Son relieves inclinados, compuestos por bloques, sedimentos aluviales, lavas, cenizas o escombros que se deslizan desde las alturas principalmente por erosión o transporte del agua de los ríos, torrentes o deslaves.
El esparcimiento de estos materiales que bajan de los declives montañosos se detienen de manera ordenada siguiendo la gravedad y leyes de la inercia, según sus magnitudes, dando la forma de un gran cono o abanico en la salida de un cañón montañoso.
Existen numerosos relieves de este tipo al pie de la Cordillera de los Andes, desde pequeños abanicos aluviales hasta enormes conos de deyección, el desfogue del Pastaza en la Región Amazónica.
Naturalmente que el principal agente de estas formas fue el volcanismo y los procesos de degradación del suelo, pero no se debe despreciar el tectonismo, que se manifiesta en las innumerables fallas que se hacen patentes con sus abruptos en el pie de monte y a lo largo de las cuencas interandinas.

Los flujos de piroclastos

Los depósitos de piroclastos (material incandescente) son comunes en los volcanes de la sierra norte ecuatoriana.
Estos flujos se manifiestan como nubes ardientes, densamente cargadas de pómez, cenizas, fragmentos líticos y gases que se desprenden de la columna eruptiva, desarrollando grandes velocidades con temperaturas alrededor de los mil grados C.
Pueden recorrer largas distancias calcinando todo lo que se encuentra a su paso; hubo ocasiones que viajaron decenas de kilómetros. Este tipo de volcanismo se desarrolló en la Cordillera Occidental, junto a los volcanes, Quilotoa, Chalupas, Pichincha, Pululahua y Cuicocha.
Lo más espectacular, sucedió en el Chalupas, al lado del Cotopaxi, de donde salieron flujos piroclásticos que cambiaron la topografía del lugar, cuyos testimonios son los campos de pómez que actualmente se hallan cerca de San Felipe de Latacunga y Pujilí.

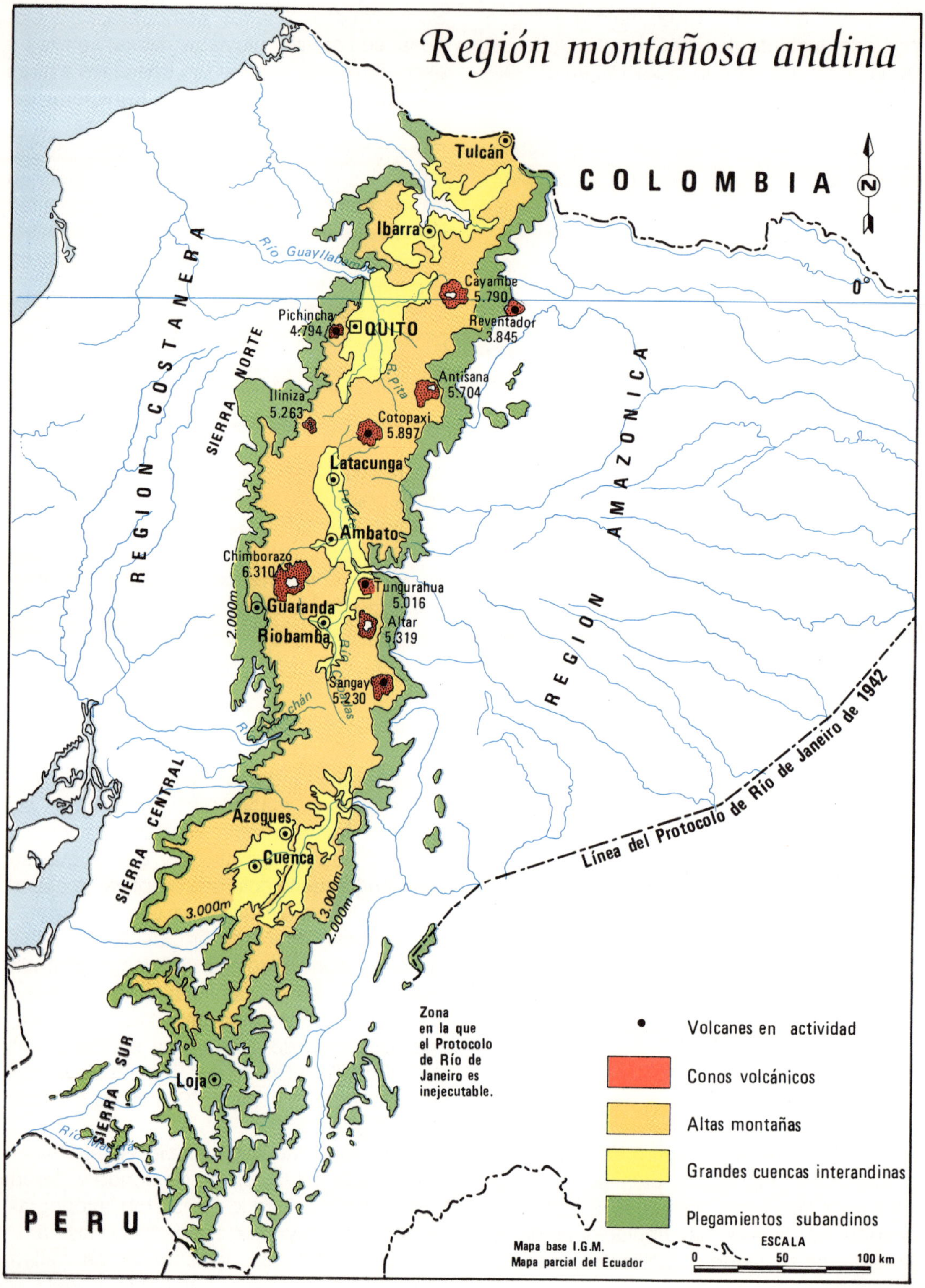
Región montañosa andina
COLOMBIA
N
0°
Tulcán
Ibarra
Río Guayllabamba
Cayambe 5.790
Reventador 3.845
Pichincha 4.794
QUITO
Antisana 5.704
Iliniza 5.263
Cotopaxi 5.897
R. Pita
Latacunga
Ambato
Chimborazo 6.310
Tungurahua 5.016
Guaranda
Altar 5.319
Riobamba
Río Chambo
Sangay 5.230
Azogues
Cuenca
3.000m
2.000m
Loja
Río Macará
REGION COSTANERA
SIERRA NORTE
SIERRA CENTRAL
SIERRA SUR
REGION AMAZONICA
Línea del Protocolo de Río de Janeiro de 1942
Zona en la que el Protocolo de Río de Janeiro es inejecutable.
PERU
Volcanes en actividad
Conos volcánicos
Altas montañas
Grandes cuencas interandinas
Plegamientos subandinos
Mapa base I.G.M.
Mapa parcial del Ecuador
ESCALA
0 50 100 km

La avalancha de escombros

La avalancha de escombros se produce por la destrucción de un edificio volcánico, causada por movimientos sísmicos, acumulación de lava en pendientes muy inclinadas, o por derrumbamiento por pérdida del equilibrio.

El colapso del edificio da como resultado una gran cavidad en forma de circo y, además, el abanico de escombros al pie del volcán, como sucedió con el Tungurahua, el Imbabura y Cotopaxi.

Según estudios científicos recientes se encontró que el Chimborazo se destruyó de esta manera en el flanco sur-este, hace unos 40 o 50 mil años.

La avalancha de escombros cubrió unos 250 km.^{2} y se desplazó entre 20 y 30 km. de distancia. Estos escombros forman parte de la topografía actual de San Andrés, Riobamba y Guano.

Los lahares

Se producen por la fusión del hielo en presencia de la lava ardiente o por el ascenso del magma sobre un medio acuoso, como es el caso de los lagos existentes en los cráteres, Quilotoa o Cuicocha.

Cuando hay efusión de lava sobre el hielo, al fundirse repentinamente los casquetes nevados, el agua se precipita con gran fuerza sobre las vertientes, arrastrando grandes bloques que, a su vez, hacen las veces de cizalla y van arrancando otros materiales a las montañas; luego a través de los valles se deslizan por gravedad invadiendo campos aledaños en los que van dejando grandes cantidades de enormes piedras, cantos rodados, en una matriz de lodo que recubre todo lo que encuentra a su paso.

El Cotopaxi, nevado que se observa desde Quito, tuvo unas treinta erupciones volcánicas con flujos de lodo y grandes bloques hacia el norte, sur y este del volcán.

En el Valle de los Chillos se abatió un lahar producido por una erupción volcánica del Cotopaxi, hace 2.400 años, que parece estuvo asociado con una avalancha de escombros. Cubrió una zona de 226 km.^{2}, mientras en el lado de Latacunga, esta misma erupción, afectó a unos 200 km.^{2}.

Hay lugares en el Valle de los Chillos en donde la altura del depósito tiene como 80 metros. Tómese en cuenta que sobre el Valle de los Chillos ahora habitan unas 200 mil personas, según el censo de 1990.

Sin embargo, parece que el fenómeno "regular" es de menor intensidad ya que posteriores lahares fueron más moderados, como el que tuvo lugar en la erupción volcánica del 26 de junio de 1877.

Flujos de lava y domos

En el año 1979, en la Isla Isabela de las Galápagos uno de los volcanes entró en erupción derramándose una lava fluida que recorrió varios kilómetros hasta llegar al mar.

También en 1773 el volcán Tungurahua emitía un flujo de lava que descendió unos 7 km. y represó el río Pastaza; durante 24 horas, causando inundaciones en el valle del Patate.

Otra erupción en 1886 represó nuevamente el Chambo y Patate por unos 15 días.

Igualmente, se estima que en 1728 del Antisanilla salió una lava andesítica que recorrió como 10 km. en dirección a Pintag y, en 1773, otro flujo de lava recorrió como 7 km. represando el río Papallacta.

Un fenómeno asociado con el volcanismo es la formación de domos o colinas de lava ácida. Lo más típico pueden ser los islotes de la laguna de Cuicocha.

Existen otros domos de esta forma, cercanos a los grandes estrato-volcanes, en Quito, podría ser el Panecillo o el Ungüi. Estas colinas redondeadas han sido formadas por la expulsión de una lava muy viscosa.

En el cráter del Guagua Pichincha existe el domo más joven que se hizo probablemente en la erupción de 1660.

Las placas del planet

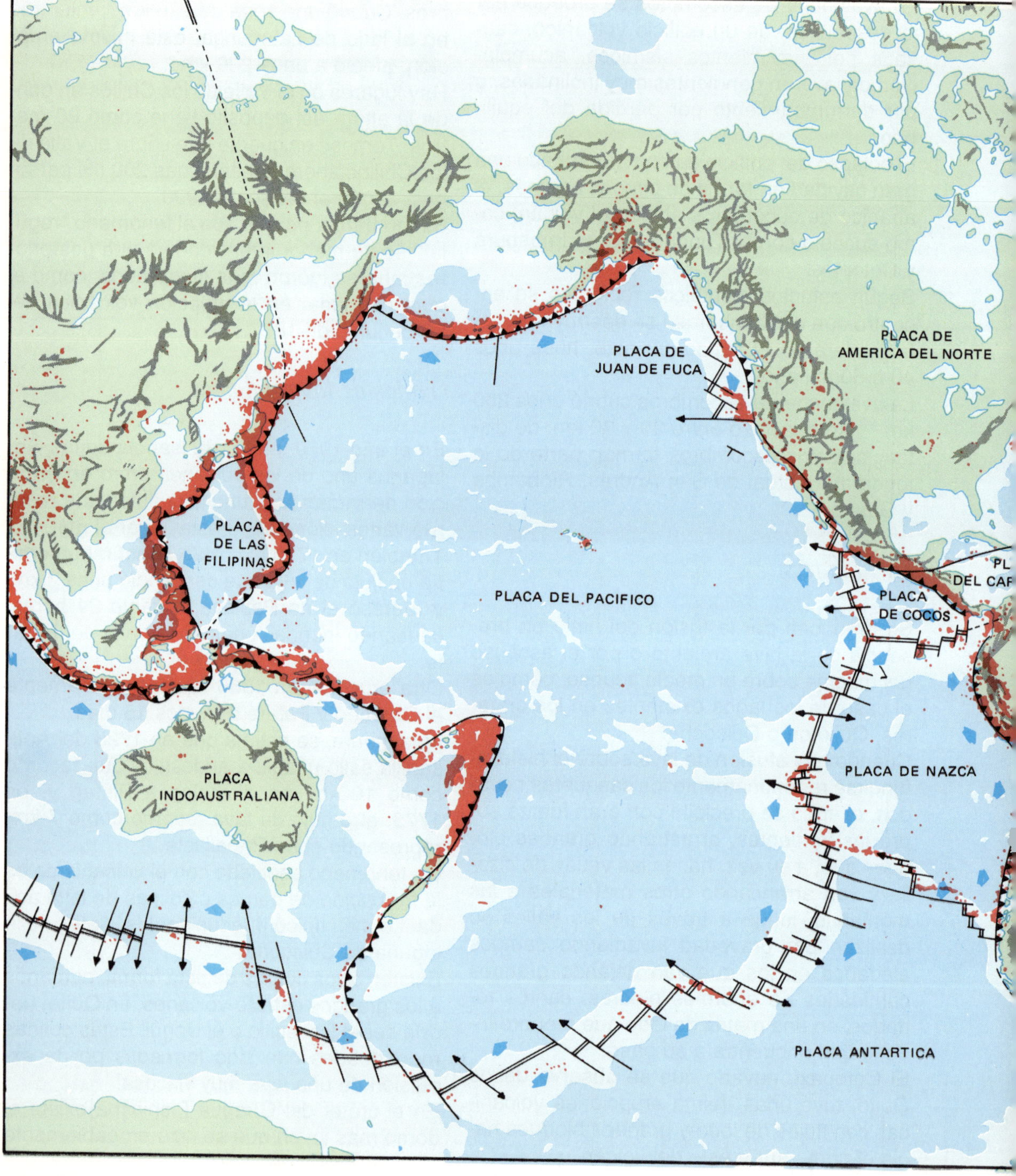

y sus movimientos

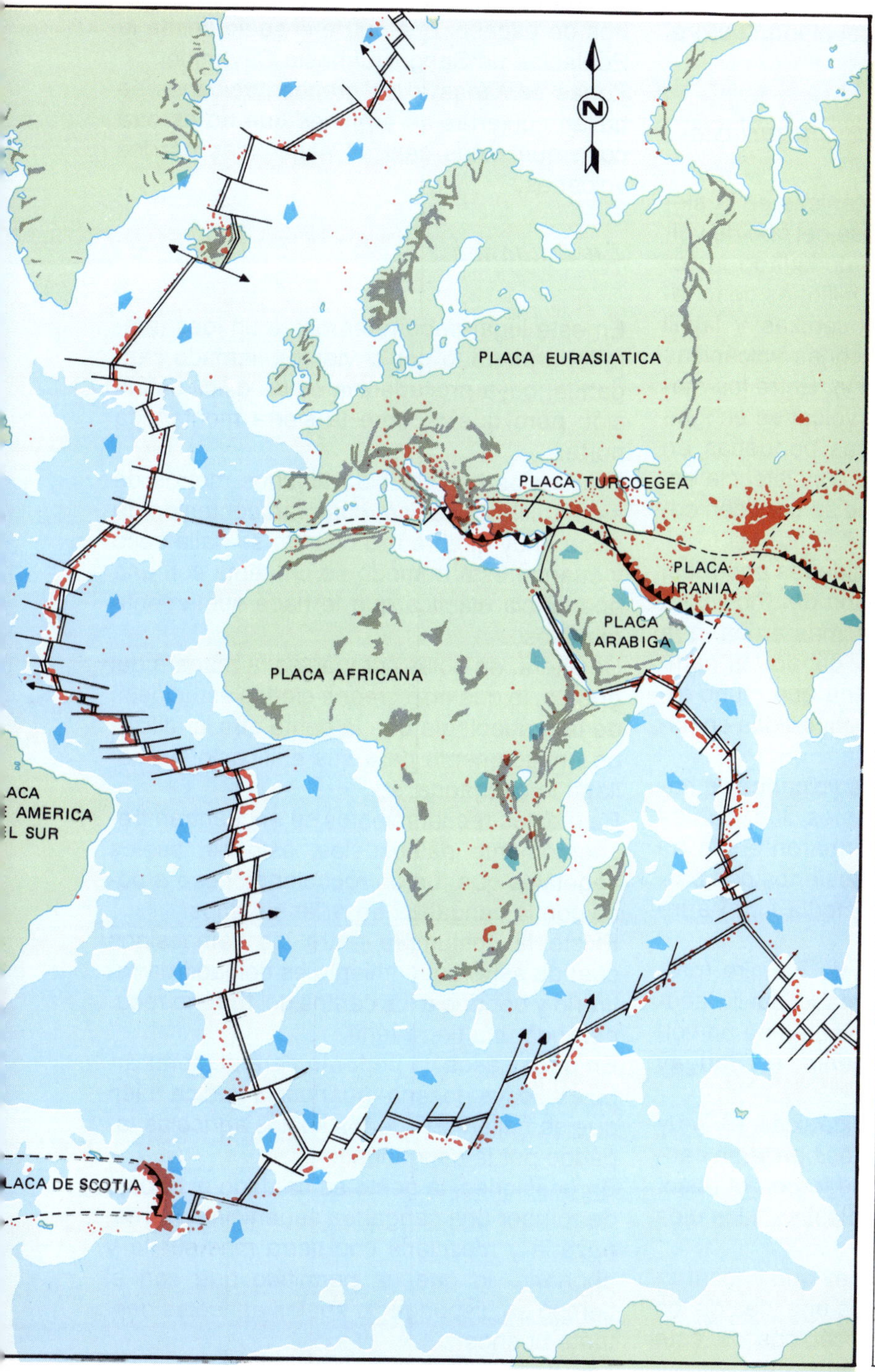

Hasta el año 1960 en que se acepta la teoría llamada de tectónica de placas era difícil explicar de otro modo los sismos y terremotos.

Las placas que son grandes lozas sobre las cuales se hallan los continentes y los mares se mueven en distintas direcciones, colisionando unas con otras y produciendo deformaciones de la corteza terrestre.

Otras placas se unden en el magma incandescente, produciendo terremotos y volcanismo mientras se regeneran en el lado opuesto surgiendo del magma ardiente.

Avtividad sísmica mundial

Grandes fallas geológicas

Dirección en que se mueven las placas (hasta 10 centímetros por año).

Convergencia y colisión de placas.

Regeneración y separación de placas.

Grandes dorsales oceánicos (cordilleras submarinas)

Orientación de las fallas.

Los flujos de lava ardiente se deslizan por los valles con una temperatura que bordea los 1.000 grados C. El recorrido que hace la lava antes de detenerse depende de la fluidez de la lava y la inclinación del plano sobre el que se desliza.

Caída de escorias, cenizas y piroclastos

Durante las erupciones volcánicas en la sierra norte ecuatoriana, a causa del tipo de volcanismo explosivo que ha dominado la región, los volcanes lanzaron millones de toneladas de materiales como cenizas y lapilli (piedrecillas), bombas y escorias volcánicas que cayeron en toda la región. Entre los materiales que cayeron de los volcanes en ignición se hallan algunas rocas pequeñas en forma de cantos rodados de consistencia esponjosa y de color pardo que se conocen como escorias volcánicas.

La caída de cenizas en cantidades enormes, como sucedió con la erupción del Pichincha a la que hicimos referencia, más arriba, o la del Cotopaxi del año 1767, cubrió los campos con tal cantidad de arena que murió toda vegetación y quedaron convertidos en tierras malas e improductivas

Al pie de las cumbres de los volcanes se hallan frecuentemente arenales los cuales arrastrados por el viento formaron al pie de las montañas, verdaderos desiertos con barjanes (dunas en forma de media luna) aunque de pocas hectáreas.

Un caso típico es el arenal de Palmira (provincia del Chimborazo) formado por la acumulación de cenizas provenientes de un volcán en actividad permanente el Sangay (5.230 metros).

En caso de erupciones volcánicas es muy peligroso el que los techos reciban tanta cantidad de ceniza que se hundan con el peso. Además, causa grandes molestias a los ojos y garganta.

La enorme cantidad de pómez que encontramos en la sierra norte nos da una idea de los innumerables episodios volcánicos de este género.

La erupción del volcán Chacana, cercano a Quito, en la Cordillera Oriental, entre el Puntas y el Antisana lanzó una enorme cantidad de piedrecillas de pómez (lapilli) de 1 a 2 metros de espesor que cubre el suelo desde la Población de Sangolquí hasta Cayambe.

Zonas cercanas a los grandes volcanes se hallan cubiertas de arenales que no es otra cosa que estas cenizas esparcidas por los volcanes.

La cangahua

En este lugar cabe referirnos a un loes (material arrastrado por el viento), llamado cangahua, cuya procedencia es de difícil definición pero que recubre la sierra montañosa norte.

Los suelos han recibido algunos metros de esta arcilla volcánica, con gran contenido de sílice, muy quebradizo cuando se halla seco y cuando está húmedo se presenta con una apariencia elástica que le hace sumamente resbaloso.

Se altera, en bolas compactas, a manera del granito, lo que hizo creer a ciertos estudiosos de la arqueología que la gente que lo utilizaba antiguamente para sus edificaciones, tallaba la cangahua.

Bajo estos recubrimientos se encuentran frecuentemente paleosuelos, esto es, suelos vegetales que fueron recubiertos poco a poco con la cangahua en miles de años.

Existe la costumbre entre los campesinos cuando este recubrimiento es delgado de retirarlo y ponerlo a los cantos del terreno recuperando una tierra fértil.

En otros casos, la perforan para sembrar árboles, cuya lozana apariencia indica bien que se hallan en buenos suelos agrícolas tapados por la cangahua.

En ocasiones, la gente se ha dado el trabajo de romper una cangahua superficial, desmenuzarla y mezclarla con tierra más suelta y abonarla, lo que ha permitido que con el tiempo se disponga de suelos agrícolas bastante buenos.

Esquema del volcanismo reciente, Sierra norte y Galápagos

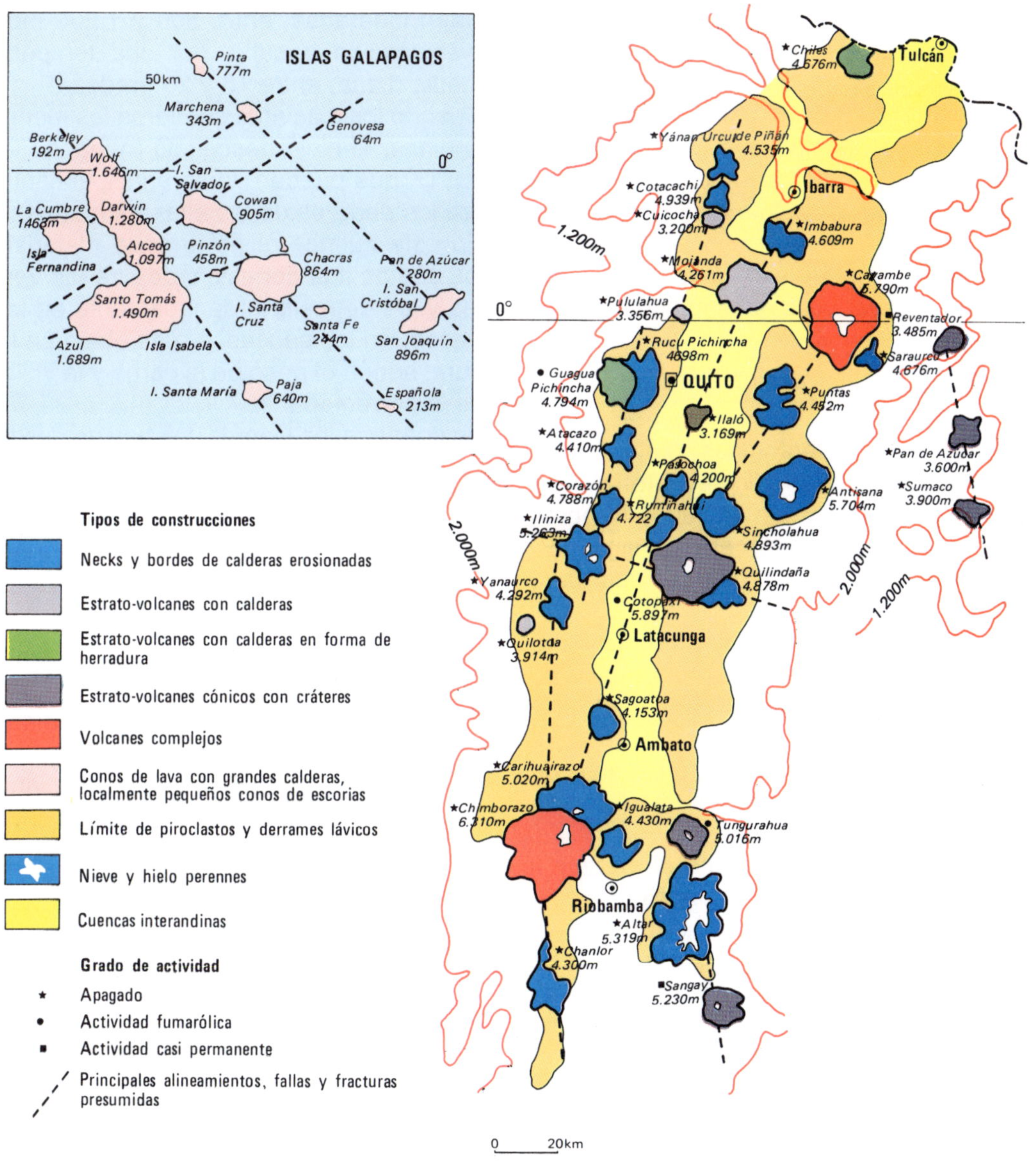

Fuente: Atlas del Mundo, Ecuador, Banco Central, 1982

El volcanismo siendo una manifestación tan espantosa a los ojos del hombre, se halla dentro de los procesos naturales y benéficos de la construcción permanente del mundo.
En efecto, las cenizas y lavas alteradas se convierten en suelos fértiles sobre los cuales crece la vegetación natural que acaba por integrarse dentro de los procesos de transformación.
Los gases de los volcanes fueron los formadores de la primitiva atmósfera de la Tierra.
Los volcanes, en la mayoría de los casos, nos avisan con tiempo que van a entrar en actividad. Con meses de anticipación tiembla regularmente el suelo, luego se hincha la cúpula del volcán y emite otras señales, como ruidos subterráneos, calentamiento de aguas termales, expulsión de gases tóxicos, etc.

Las hoyas o cuencas interandinas

Las depresiones interandinas, mejor conocidas en el ámbito geográfico ecuatoriano con el nombre de hoyas, son unidades fisiográficas interandinas que tienen las siguientes características comunes que conviene anotarlas:
- Por su morfología, las hoyas son valles rodeados por cadenas de montañas y cerradas por macizos transversales, denominados nudos.
Un río principal, en forma arborescente desagua la hoya hacia el Océano Pacífico o hacia la cuenca Amazónica.
Dada la importancia que tiene el drenaje la hoya lleva el nombre del río principal
Las principales son, de norte a sur: la Hoya del Chota, la hoya del Guayllabamba, la hoya del Pastaza y la hoya de Paute. Hay otras más pequeñas, como la de Chimbo, la de Girón o la de Catamayo, y otras menores.
En algunos casos, en la hoya puede verse una fosa tectónica de grandes proporciones anarquizando la cuenca que se ha vaciado hacia el exterior a través de profundos cañones que han logrado la formación de un valle de penetración desde la costa hacia la región interandina.
En los flancos abiertos, principalmente por la acción erosiva de las aguas, el río ha construido terrazas laterales que son aprovechadas por los agricultores para sus cultivos. De tiempo en tiempo se ven sorprendidos por las crecidas del nivel de las aguas que varían según el temporal.
- El clima de las hoyas se caracteriza, por lluvias moderadas, entre 500 y 1.200 mm. de precipitación anual y por una temperatura media diaria, entre 13 y 20 grados C.
Cuando los glaciares cubrieron las montañas andinas, el hielo descendió formando valles en "U" que pueden verse principalmente sobre los declives de las altas montañas.
En esta cuenca el río arranca materiales a los suelos mal cohesionados de las vertientes y los deposita ordenadamente en las terrazas, en los cauces, o más abajo en la llanura, según el peso de la carga y la violencia de la correntada.
En cuanto a los vientos, los hay de dos tipos, unos de origen orográfico y otros originados en la mecánica de los vientos terrestres.
Los primeros tienen un movimiento vertical (convencciónales) provocado por las masas de aire frío que ingresan en las cuencas y se deslizan sobre los declives montañosos.
Desde las llanuras adyacentes asciende el aire cargado de humedad que la va perdiendo hasta entrar en la cuenca por una abertura de la cordillera, desatando un viento tibio y seco denominado el foen y manteniendo la zona seca. Es el caso del valle del Chota o del Guayllabamba.
- Los rellenos andinos, son cuencas flanqueadas por fallas que llevan el nombre de "graben". Es muy común al pie de las cordilleras encontrar numerosas fallas geológicas de orientación longitudinal y transversal, dando la apariencia de suelos muy inestables. Los materiales del relleno de las hoyas están constituidos por sedimentos glazo-fluviales del Terciario y Cuaternario y, además, por aluviones recientes, así como por materiales de origen volcánico: cenizas, coladas de lava, lahares, o materiales llevados por el viento, como la cangahua.

La forma del recubrimiento fue variada, sea por arrastre del agua, esparcimiento de cenizas, por volcanismo aéreo, sea por depósitos de partículas llevadas por el viento, o morrenas arrastradas por el hielo.

Una infinidad de fracturas recorren bajo estos rellenos andinos, sobre las cuales ingresaron torrentes cavándolos o descargando sus sedimentos.

Parece extraño que estos profundos ríos lleven tan poco caudal pero debemos recordar que la persistente erosión de un hilo de agua puede cortar de esta manera las llanuras de relleno.

- Los Nudos o macizos andinos transversales son en buen número estrato-volcanes, ubicados entre 3.500 y 4.500 metros de altura que surgieron en la depresión central de manera transversal de modo que formaron cuencas individualizadas.

En otros casos, surgieron conos volcánicos aislados en medio del valle, como montañas solitarias, tal es el caso del Ilaló cercano a Quito, en el valle de los Chillos, el Pambamarca en la misma hoya del Guayllabamba o en la hoya del Chota el Imbabura sobre la Laguna de San Pablo.

Desde el Nudo del Azuay hacia el Norte, en el paisaje de las cuencas se pueden observar:

- Volcanes de gran belleza y eternamente nevados, como el Sangay, el Altar, el Chimborazo, el Tungurahua, el Cotopaxi, el Antisana, el Cayambe o el Chiles en la frontera con Colombia.
- Densas neblinas que cubren las alturas por largas horas, como sucede en los valles de penetración andina
- Vientos orográficos, que causan sorpresivos aguaceros que duran poco tiempo.
- Bosques de eucaliptos y cultivos en diversas tonalidades, formando un gran tablero de ajedrez.
- Terminada la última glaciación, hace 12 o 15 mil años, con la fusión de los glaciares, se formaron lagos intra-andinos de los cuales perduran todavía algunos, como San Pablo, en Imbabura .

Otros se extinguieron, como el de Cayambe, el del Valle de los Chillos o como el que había en Quito hasta hace no más de 200 años y que se llamaba la laguna del Rey. También se extinguirán Yaguarcocha, Yambo, Colta o el mismo lago de San Pablo.

La desaparición de estos lagos está ligada más a la sedimentación del fondo del lago, que a la falta de un torrente que les alimente. Cuando el lecho se halla cerca de la atmósfera surgen plantas acuáticas, las bacterias aumentan la temperatura y la evaporación en pocos años termina su trabajo, convirtiendo el lago en un pantano y luego en un bosque con vegetación del lugar.

En donde hay un lago existe la preocupación del hombre por conservarlo. Con el fin de alargar su vida, es indispensable el cuidado del agua que ingresa en ellos, principalmente cuando proviene del escurrimiento pluvial. Si la zona tiene tierras flojas (como la de los cultivos), pronto se rellenará el lecho del lago, y habrá sido tarde para conservarlo.

- Finalmente, los suelos de estas cuencas intra-andinas, ricos en nutrientes y de variada estructura y potencial, se hallan amenazados por el peligro de erosión, dadas las inclinadas vertientes, las lluvias y humedad, lo cual provoca frecuentemente, deslizamientos y remociones en masa que se vienen abajo causando interrupciones y daños en caminos y vías, sobre todo en la época de lluvias. No pocas veces estos fenómenos naturales cobran numerosas vidas humanas.

El suelo en peligro

El relieve inclinado de las montañas andinas es propenso al descenso ya que actúa sobre éste el influjo de la gravedad.

El agua, principal agente químico de la descomposición de las rocas es un factor importante que cambia el equilibro del suelo.

Sus principales formas de transporte son:

- La remoción de masas de suelo en los declives arrastrados por cualquiera de los agentes señalados que dejan nichos o bóvedas que se los conoce como "cucharazos".

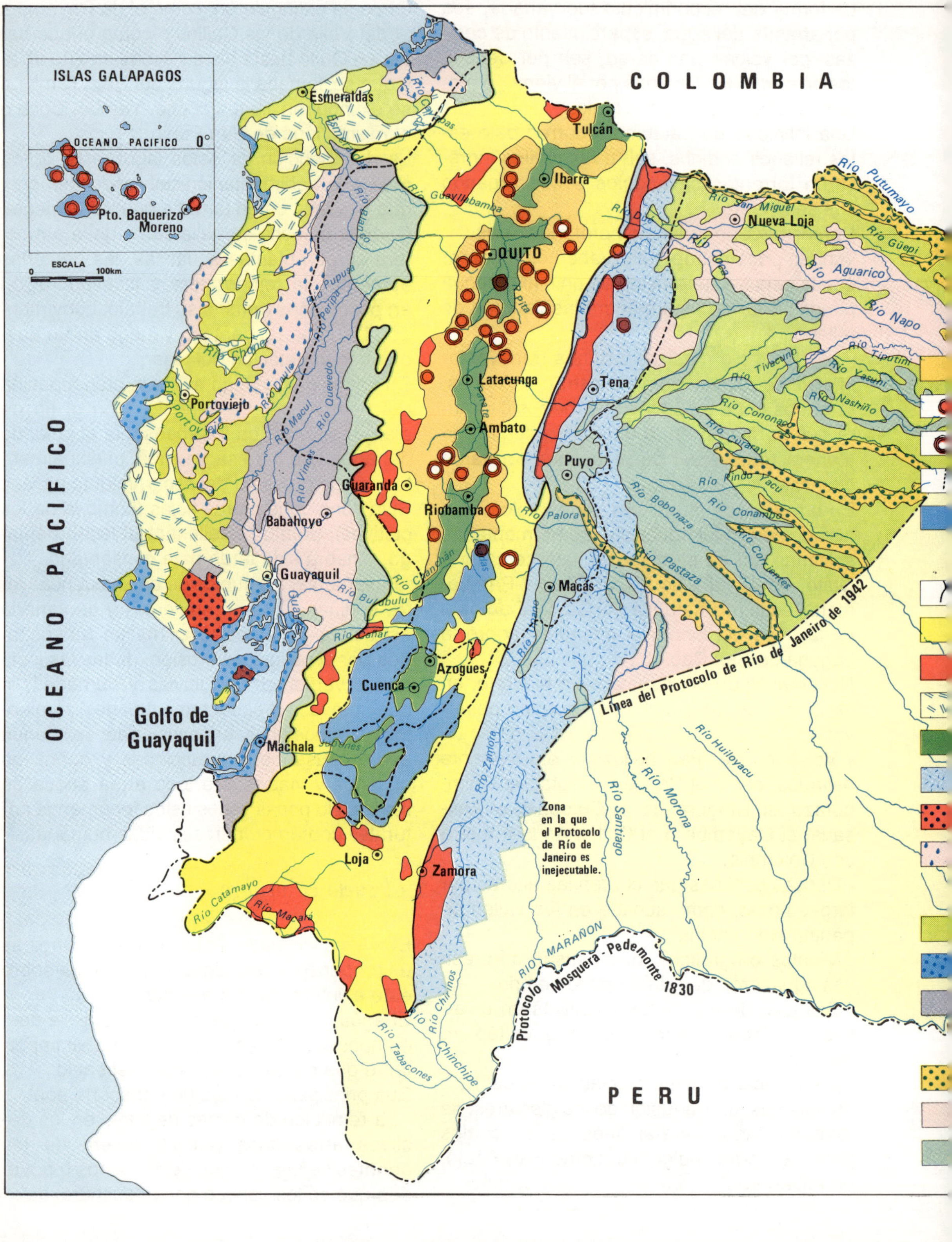
ISLAS GALAPAGOS
OCEANO PACIFICO
0°
Pto. Baquerizo Moreno
ESCALA
0
100km
COLOMBIA
OCEANO PACIFICO
Esmeraldas
Tulcán
Ibarra
Nueva Loja
QUITO
Latacunga
Ambato
Tena
Puyo
Guaranda
Riobamba
Babahoyo
Portoviejo
Guayaquil
Macas
Azogues
Cuenca
Golfo de Guayaquil
Machala
Loja
Zamora
Río Putumayo
Río San Miguel
Río Güepi
Río Aguarico
Río Napo
Río Tiputini
Río Tivacuno
Río Yasuní
Río Nashiño
Río Cononaco
Río Curaray
Río Rindo Yacu
Río Conambo
Río Bobonaza
Río Corrientes
Río Pastaza
Río Palora
Río Chone
Río Daule
Río Portoviejo
Río Macul
Río Quevedo
Río Vinces
Río Pupusa
Río Peripa
Río Blanco
Río Guayllabamba
Río Pita
Río Coca
Río Chanchán
Río Bulubulu
Río Cañar
Río Zamora
Río Catamayo
Río Macará
Río Chinchipe
Río Tabacones
Río Chirinos
Río Santiago
Río Morona
Río Huiloyacu
RIO MARAÑON
Línea del Protocolo de Río de Janeiro de 1942
Zona en la que el Protocolo de Río de Janeiro es inejecutable.
Protocolo Mosquera - Pedemonte 1830
PERU

Geomorfológico

Fuente: En base del croquis geomorfológico de A. Winckell.

A su vez, este deslizamiento si cae en el cauce de un río puede represarlo transitoriamente llegando a formarse un lago que al destruirse se precipita invadiendo terrazas cultivadas o habitadas, sembrando muerte y destrucción.

La presa de la Josefina en el Azuay en el año 1993 en que una colina se fue sobre el río Cuenca represándolo durante meses y formando un enorme lago. Todas las construcciones de valle arriba fueron invadidas y se malograron cosechas, sembríos y pastos. Cuando estalló la presa, arrasó puentes, caminos y poblados, dejando destruido todo a su paso.

También podemos citar innumerables catástrofes causadas por derrumbes sobre las vías a lo largo de la zona montañosa andina.

Uno de éstos, fue el ocurrido en el sector de Chimbo, al sur de Riobamba, en el cual a causa de la vibración de un tractor que trabajaba en el mejoramiento del sector, un enorme talud se vino abajo desde la montaña, sepultando a decenas de vehículos que se hallaban a la fila en espera a que se abra el paso. Todo esto demuestra que los declives andinos tienen un equilibrio frágil que se rompe fácilmente, por cualquier detonante, a veces, de apariencia insignificante.

Los factores que inciden en este problema son la deforestación y tala del bosque en tierras muy inclinadas; las obras públicas realizadas sin las seguridades del caso, como sucede con los taludes que no tienen ni recubrimiento ni protección,y sobre todo la ignorancia de la gente, principalmente de los campesinos, que no han previsto estos peligros y asientan sus casas en cualquier lugar.

La tierra pierde su piel

Dentro de los procesos que modifican permanentemente el relieve de la región andina se halla la erosión, es decir, el desgaste del suelo causado por agentes físicos y químicos que favorecen el acarreo de materiales hacia localizaciones más bajas, rellenando valles o esparciendo materiales en la llanura.

El denudamiento del suelo

Desde las rocas más duras, pasando por las de consistencia media, hasta los recubrimientos más suaves del suelo, todos tienen un comportamiento dinámico en la topografía andina.
En efecto el agua, principal agente físico de transporte y agente químico para la solifluxión de las rocas, actúa permanentemente sobre éstas, sea mediante el escurrimiento, o sea por la humectación de las rocas.
Por eso se dice que el denudamiento del suelo es uno de los aspectos que más favorece la descomposición de las rocas y el transporte de la tierra vegetal, ya que las raíces de las plantas sirven como red que retiene el suelo, manteniéndolo cohesionado frente al ataque del agua de escurrimiento.
En el paisaje ecuatoriano podemos ver principalmente en los declives andinos, suelos erosionados por el mal uso que la población ha hecho de ellos. Pese a los insistentes reclamos que se realizan para que no se ocupen las pendientes con cultivos o pastos, la gente, alegando pobreza y falta de medios de subsistencia, talan el bosque y se asientan en pendientes mayores del 30% que son presa de la erosión.
Los efectos negativos no se dejan esperar, luego de algunas siembras, muy pocas por lo general, el suelo se queda despojado de su tierra vegetal y sobre ella es inútil cualquier cultivo.
En otros casos más severos, se hidrata el suelo, con el peso del agua pierde su equilibrio y se desliza con todo hacia abajo.
Una vez que se han acabado los suelos agrícolas y se ha quedado la roca pelada, los campesinos abandonan esas tierras para continuar con el despojo de otras.
Si se retira la vegetación natural, en suelos poco inclinados también hay que tener algunas precauciones para mantener los suelos en buen estado
Las técnicas que aconsejan los conservacionistas son las siguientes:
- Arar siguiendo las curvas de nivel, dejando fajas de vegetación natural en los lugares de mayor pendiente.
- Otra técnica que ya conocían los agricultores del medio andino, hace miles de años, son las terrazas agrícolas.

Cuando se retira la capa vegetal de los suelos, sea para construcción de caminos, sea para aprovechamiento de los recursos naturales, se debe cuidar que no se pierda la protección vegetal de los taludes que deben mantener la debida inclinación. Los revestimientos deben ir desde muros de piedra a simples recubrimientos vegetales.

La naturaleza conspira

Las precipitaciones ecuatoriales sobre suelos inclinados ponen en grave riesgo su estabilidad, principalmente en las vertientes húmedas en donde la tierra es frágil.
El viento igualmente es capaz de transportar miles de toneladas métricas de tierra agrícola si ésta se halla seca y descubierta. Más aún, si son vientos persistentes y en una misma dirección pueden en breve terminar con toda la tierra agrícola. Es el caso de amplias zonas en la cuenca de Guayllabamba, en las poblaciones de Tocachi, La Esperanza, y Cusubamba que se perdieron por la erosión eólica.
Los glaciares, con menor fuerza en nuestros días pero en otros tiempos muy dinámicos arrastraron enormes cantidades de materiales y las depositaron al pie de las montañas.
Hasta ahora cuando se desprenden de las montañas heladas avalanchas de hielo pueden causar tragedias humanas como fue el caso de los andinistas que a fines del año 1993 perecieron en el Chimborazo sepultados por el hielo.

Los aluviones o deslaves

Frecuentemente vemos después de fuertes aguaceros que desde las montañas bajan crecidas llevando palos, arrastrando bloques y lodo que se depositan en calles, alcantari-

llas y cunetas de las ciudades que se hallan bajo ellas, taponándose todo el sistema del drenaje urbano. Lo mismo sucede en el campo con los canales de riego, las carreteras y otras obras de infraestructura que no previeron el paso del escurrimiento torrencial. Cuando por la fuerza de la correntada vuelven a removerse esòs materiales son depositados nuevamente según los diferentes ciclos de arrastre que tiene el agua (coluviones).
Grandes porciones de la provincia del Chimborazo se empobrecieron con el paso de las lluvias torrenciales. Las deforestación ha sido la causa principal, y por allí mismo está su remedio, sobre todo en las zonas secas azotadas por un viento depredador.
La erosión en los suelos agrícolas en el Ecuador ha destruido como el 50% de las tierras ocupadas, muchas de ellas nunca debieron ser intervenidas dadas sus condiciones de pendiente o de fragilidad. La erosión se ha incrementado, según los tiempos, tanto por la marginación del indio hacia tierras inapropiadas para los cultivos, como por la mala mecanización agrícola en los suelos tradicionalmente productivos.
Estos problemas del relieve son conocidos desde hace mucho tiempo, por lo cual, los científicos en los países desarrollados se dedican a realizar investigaciones de la dinámica erosiva, llevando registros muy puntuales que se dan a conocer en los tratados y normas de uso del suelo, para de esa manera luchar contra los problemas que afectan a la producción.
Después de la II Guerra Mundial con el establecimiento de las Naciones Unidas lograron los países miembros ponerse de acuerdo para evitar las catástrofes, no sólo de las guerras sino también las que provienen de las fuerzas naturales y del mal uso de sus recursos.

Cuando la tierra tiembla

Todo el territorio ecuatoriano se halla sobre una zona de extremada fragilidad sísmica, ya que dos factores concurren para este efecto.
Uno, el que Ecuador cabalgue sobre el denominado cinturón de fuego de la tierra conformado por una cadena de volcanes.
Otro, el que nuestro país se halle sobre la placa sudamericana, justamente en el costado de colisión y subducción de la placa oceánica, convirtiéndola en un centro de impacto sísmico.
Los fenómenos sísmicos, cuyas causas y orígenes se conoce poco hasta ahora, se preparan en silencio, a kilómetros de profundidad, acumulando energía que un momento dado, se libera, generando una onda sísmica que recorre la superficie terrestre, causando más intensos y destructivos daños mientras más cercano sea su epicentro.
La historia de la sísmica ecuatoriana nos cuenta numerosos terremotos en los que desaparecieron ciudades completas con pérdidas cuantiosas de vidas humanas.
Según narran las crónicas de la época colonial, en el terremoto de fines del S. XVIII murieron en la ciudad de Riobamba, unas 5 mil personas, lo que hacía más de la mitad de la población total.
A tanto llegó la desolación, que los habitantes abandonaron el lugar para siempre y se trasladaron al sitio que actualmente ocupa la ciudad.
En la historia republicana del Ecuador se lee que en Ibarra en 1878, murieron 10 mil personas e igualmente abandonaron el lugar y se fueron a establecer en otro sitio.
Varios terremotos fueron completamente destructivos, como el que tuvo lugar en este mismo siglo, en Ambato el 5 de agosto 1949, en el que murieron como 5 mil personas. Esta ciudad se había destruido en la época colonial por lo menos dos veces y había cambiado de lugar cada ocasión. A pocos kilómetros de Ambato, Pelileo desapareció completamente en esta ocasión.
También hubo sismos en Esmeraldas en el año 1956, en Baeza, en marzo de 1987, en que murieron unas mil personas.
Grandes tragedias causadas por estos desastres naturales en la historia ecuatoriana azotaron prácticamente a todo el territorio.

ESCALA SISMICA DE RICHTER

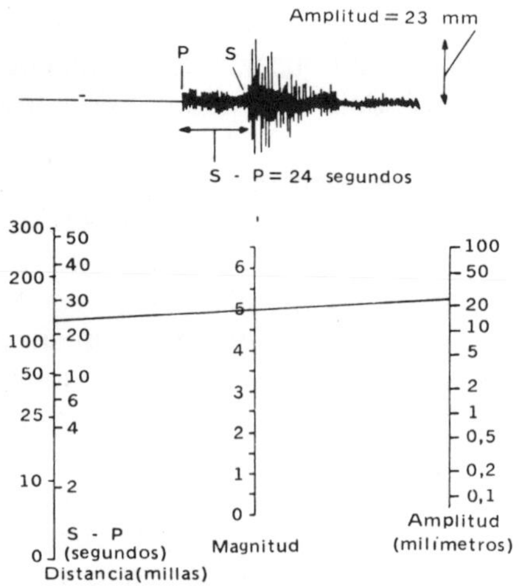

En la escala de Richter, la observación se centra en el sismograma, es decir, en el gráfico que describe el aparato que mide la intensidad del mismo. Podemos ver que hay dos tipos de vibración, la causada por las ondas de profundidad (P) y el desplazamiento causado por las ondas superficiales (S). La duración de las primeras (en el gráfico 24 segundos) dará la distancia y la máxima amplitud del desplazamiento de las ondas S, (en el gráfico 23 mm) dará la amplitud. Uniendo con una línea recta el un dato con el otro, dará la magnitud del sismo.

Tómese en cuenta que la escala de magnitudes, tiene una representación logarítmica con base 10 de modo que cada unidad que avanza en la escala de Richter, representa un sismo de intensidad 10 veces mayor que la unidad anterior.

FUENTE: "Terremotos", TIME LIFE, 1987

Se recuerda todavía el terremoto de Sangolquí en 1937 en que se vinieron al suelo o se cuartearon la mayor parte de los edificios. Hubo terremotos en Guayaquil, otro muy famoso en Loja, cuyo epicentro estaba, en Piura, en el norte del Perú.

Los movimientos de la corteza terrestre atribuidos a las placas se deben a las fuerzas de tensión o compresión de la rocas internas que en un momento dado liberan su energía hasta la superficie en donde provocan movimientos oscilatorios y trepidatorios de intensidad variable.

Las placas son inmensas losas de rocas que se mueven sobre el magma, flotando en distintas direcciones. Hay como trece placas que recubren toda la Tierra. Cuando unas se hunden en el magma siguiendo una dirección, éstas mismas se regeneran en el lado opuesto, por lo cual, los continentes y mares que se hallan sobre ellas, "viajan" con distintos rumbos. África estaba unida a la América del Sur hace 180 millones de años; ahora se halla a 7.000 km. de distancia que los recorrió a razón de 4 cm. por año.

Según los geofísicos también el Archipiélago de Galápagos viaja hacia el continente americano a razón de 6 cm. por año, por esto después de 16'500.000 años se hundirá para siempre, a pocos kilómetros de las costas sudamericanas, cuando la placa sobre la cual se encuentra se introduzca debajo de la placa sudamericana, en ese viaje sin regreso.

En otros sitios debido al empuje de unas placas sobre otras los continentes se plegaron, se rompieron o cambiaron de dirección provocando tremendos cataclismos.

Estas enseñanzas de la naturaleza nos indican que todo se mueve, y como decía el sabio griego, "nada hay fijo en este mundo, siendo la única realidad la transitoriedad de las cosas".

Nacen los mundos, en medio del espacio infinito, viven una larga vida pero al fin mueren, como también morirá nuestro hermoso planeta cuando, después de miles de millones de años el sol arda durante unos minutos y luego se convierta en escombros.

La Región Amazónica

Trasponiendo los Andes hacia el poniente se halla una región húmeda, de unos 120.000 km.², recubierta de un bosque milenario.

Esta región forma parte de la cuenca amazónica, cuyas características, en el lado correspondiente al Ecuador, tienen dos aspectos netamente diferentes: uno, la zona montañosa del pie de monte y otra, la llanura ondulada, atravesada por grandes ríos.

La primera, se compone de algunos conjuntos de relieve que describimos rápidamente:

- Los flancos exteriores de la Cordillera Real que aparecen como altas murallas de más de 4.000 metros de altura adosadas a los macizos andinos cuyos conos, al norte, se hallan cubiertos de nieve.

- Hacia el poniente existe una zona montañosa más baja y plegada, sobre estratos sedimentarios antiguos, denominada comúnmente "cordillera oriental" y, entre ésta y los Andes, desde Baeza hasta el Puyo, podemos observar intrusiones graníticas que se repiten al sur a la altura de Zamora.

- Luego puede verse una gran peni-llanura que recibió más de 3.000 metros de sedimentos terciarios, cuaternarios y recientes, en parte erosionada por las precipitaciones abundantes del lugar.

Los valles colindantes con los cauces de los ríos tienen grandes terrazas de aluviones recientes y bancos de arena en medio del agua. Muchos de ellos atraviesan llanuras inundables formadas por la sedimentación.

A la salida de la zona montañosa se encuentran, conos de esparcimiento formando terrazas sobre la extensa llanura. En general los valles de pie de monte son muy productivos pero también conllevan sus peligros.

Siendo estas montañas tan inestables como los Andes, generan miles de toneladas de materiales que van a parar a los ríos sobre los poblados y caminos.

En la llanura donde aparentemente no hay estos peligros hay otros como las inundaciones y la fragilidad del suelo.

Poblado amazónico

Bloques graníticos que llevan oro

En algunos casos, los batolitos incrustados en los plegamientos andinos formaron mineralizaciones de oro, que hicieron famosos estos lugares, por que los ríos que arrastraban sedimentos depositaron sus arenas auríferas en las terrazas laterales.
Su situación en medio de dos cadenas montañosas han vuelto la topografía muy accidentada y su clima muy húmedo.
Los bosques recubiertos de nubes casi permanentemente hacen un paisaje solitario e inaccesible.
Los indígenas encontraron el oro aluvial o de placeres en los ríos orientales en donde lavaban con una técnica muy simple que pasó de mano en mano. Con los españoles ávidos de oro, se organizó una explotación diferente, sacando las rocas, siguiendo las vetas del precioso metal, luego esos minerales se los trituraba, se molía y por decantación se extraía los metales más pesados. Estas prácticas duraron toda la vida, cuando por épocas llegaba la fiebre del oro, como ahora sucede en Nambija, en donde se ha improvisado una pequeña ciudad con techos de plástico que alberga a los sufridos aventureros del oro.

Los valles habitados hace milenios

A través de los Andes orientales, por los "pasos" naturales de acceso, desde las cuencas interandinas a la Región Amazónica, se llega a los valles formados por el encajonamiento que forman las cordilleras andinas y los plegamientos sub-andinos orientales.
En estos estrechos valles que siguen paralelos a los Andes, se halla asentada la principal población urbana amazónica. Se comprende bien la preferencia de los grupos humanos por estas tierras porque los valles aluviales que allí se encuentran son muy productivos.
Al norte se halla el valle del Cosanga-Quijos, el más estrecho de todos, poblado desde épocas inmemoriales por una tribu indígena llamada de los Quijos que resistieron a los Incas.
Los flancos orientales de la cordillera Real son una zona muy empinada y de una colosal magnitud. Es justamente en los bordes del valle encañonado en donde vive la gente y realiza una actividad agrícola y ganadera que apenas les brinda los recursos para sobrevivir.
En algunos trechos más extendidos se desarrolló un poblado de indios con mayor renombre que más tarde albergaron a las misiones de los jesuitas del S. XVII y XVIII, uno de cuyos recuerdos es la población de Borja.
Gonzalo Pizarro entró tras el dorado y su lugarteniente, Francisco de Orellana internándose por el Napo en busca de alimentos descubrió el río de las Amazonas.
Otra población histórica fundada por los españoles y luego caída en decadencia casi hasta su desaparición fue la ciudad de Baeza. Ahora ha recobrado su valor como la entrada al Oriente desde la ciudad capital.
El valle del Misahuallí-Anzu que une, Tena con Puyo, tempranamente explorado por los españoles que buscaban el oro, es más abierto y con mayores recursos de tierras. Ahora el puerto de Misahuallí es la entrada turística para el Napo.
El valle del Upano-Namangoza que es el más espacioso y hermoso de los valles del pie de monte, era el asiento de una numerosa comunidad indígena silvícola que existe hasta ahora, con una desarrollada cultura y con gente orgullosa de su origen étnico, los Shuar. Allí fundaron los españoles las ciudades de Sevilla del Oro y Logroño que más tarde cayeron en total decadencia hasta desconocerse incluso el lugar de su primitiva fundación.
Finalmente, el valle del Nangaritza-Zamora, situado entre los Andes y la Cordillera del Cóndor, muy famoso por sus minas de oro que se explotan hasta ahora, en el sector de Nambija.
Estos valles tienen en común las siguientes características:

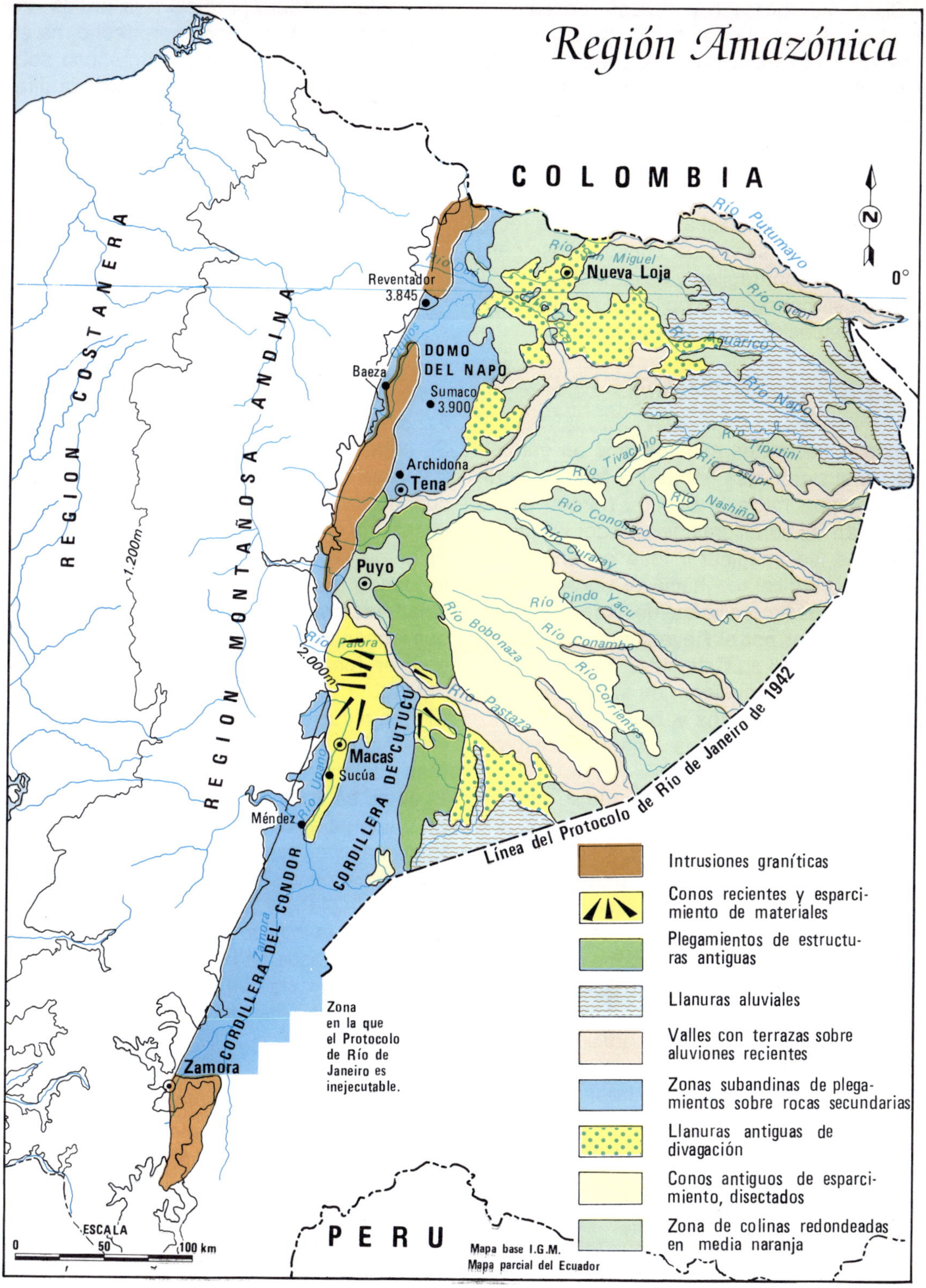
Región Amazónica
COLOMBIA
PERU
N
0°
REGION COSTANERA
REGION MONTAÑOSA ANDINA
1.200m
2.000m
DOMO DEL NAPO
CORDILLERA DE CUTUCU
CORDILLERA DEL CONDOR
Reventador
3.845
Baeza
Sumaco
3.900
Archidona
Tena
Nueva Loja
Puyo
Macas
Sucúa
Méndez
Zamora
Río Putumayo
Río San Miguel
Río Guepi
Río Aguarico
Río Napo
Río Tiputini
Río Tivacuno
Río Yasuní
Río Nashiño
Río Cononaco
Río Curaray
Río Pindo Yacu
Río Bobonaza
Río Conambo
Río Corrientes
Río Pastaza
Río Palora
Río Upano
Zamora
Línea del Protocolo de Río de Janeiro de 1942
Zona en la que el Protocolo de Río de Janeiro es inejecutable.
Intrusiones graníticas
Conos recientes y esparcimiento de materiales
Plegamientos de estructuras antiguas
Llanuras aluviales
Valles con terrazas sobre aluviones recientes
Zonas subandinas de plegamientos sobre rocas secundarias
Llanuras antiguas de divagación
Conos antiguos de esparcimiento, disectados
Zona de colinas redondeadas en media naranja
ESCALA
0
50
100 km
Mapa base I.G.M.
Mapa parcial del Ecuador

- Clima muy húmedo y lluvioso, persistente neblina, durante largas horas, días y semanas; con precipitaciones cercanas a 5.000 mm., distribuidas en casi todos los meses del año.
- Tierras atravesadas por grandes ríos y riachuelos, con sus valles habitados por tribus indígenas de gran prestancia.
- Suelos con potencial agrícola, por los recubrimientos de aluviones cuaternarios, pero en cierto modo frágiles y deleznables.
- Paisajes hermosos y bosques de nubes ricos en especies vegetales y fauna.

Otra variedad de montañas

Algunos geógrafos ecuatorianos de este siglo, supusieron que había una tercera cordillera andina hacia el oriente, porque así lo sugerían las cordilleras del Cóndor y Cutucú. Además, se imaginaron que continuaba el sistema cordillerano hacia el norte con las denominadas cordilleras de Napo-Galeras, para empatar por el Reventador a las cordilleras de Pasto en Colombia.

Estas teorías expusieron en sus tratados de Geografía ecuatoriana y, por mucho tiempo, formaron parte de textos y manuales escolares.

En nada ofende a la verdad el que se siga designando, como tercera cordillera, a los plegamientos de Cutucú y Cóndor, siempre que se distinga la diferencia que existe entre los Andes y estas cordilleras sub-andinas del sur.

Este conjunto montañoso se desarrolló sobre estratos antiguos, asociados a las cordilleras andinas, pero de diferente estructura y conformación.

En efecto, estas dos sub-cordilleras no se continúan en el norte, por lo cual, el conjunto Arajuno-Canelos (900 metros), luce aislado como las denominadas cordilleras de Napo-Galeras que son un levantamiento en forma de bóveda.

Al sur se halla aislado el Reventador con un volcanismo explosivo reciente.

Por consiguiente, lo que a simple vista y con ayuda de un poco de imaginación puede parecer una cordillera paralela a la de los Andes, interrumpida de trecho en trecho, no es otra cosa que un conjunto montañoso subandino, de varios cuerpos y estructura diferente.

Un relieve en forma de cúpula

El Domo del Napo es un levantamiento tectónico al que circunda el río Napo en su curso inicial hasta encontrarse con el Coca que igualmente lo ciñe por el Norte.

Se lo designa con el nombre de domo, por adoptar una forma de cúpula, coronada por el Sumaco (3.900 metros s.n.m.) y el Pan de Azúcar de (2.500 metros).

Su origen data de fines del Terciario, como los otros conjuntos montañosos orientales, cuando se reactivó el tectonismo andino, por la colisión de las placas.

El domo se halla levantado hacia el oeste formando una barrera montañosa perpendicular, mientras al este lucen suaves declives que engendran una red hidrográfica que se abre en forma arborescente hacia la llanura oriental.

El área recubierta de cenizas volcánicas y de vegetación tupida es rica en especies arbóreas y fauna.

El domo se ve como un macizo descomunal en la llanura amazónica, casi siempre cubierto de neblina, con esporádicos espacios de luz que hacen ver la montaña del Sumaco en todo su esplendor, valiéndole el nombre de hermoso que lo lleva en idioma quichua.

Los relieves escarpados en que crecen estos bosques tropicales húmedos, forman verdaderos jardines botánicos dada la variedad climática y altimétrica de la región.

El trabajo de los grandes ríos

Desde Mera hasta la frontera con el Perú, una extensa planicie de aluviones cuaternarios y valles con terrazas laterales de algunos metros de espesor atestiguan el desfogue andino hacia el oriente.

Por ese enorme cañón sobre el hiato andino, desemboca una cuenca de gran inestabilidad, por sus riesgos sísmicos y volcánicos, lahares y otros fenómenos de la erosión hídrica. Esta formación aluvial dio lugar a zonas de mesas o plataformas que se manifiestan como suaves llanuras inclinadas hacia el sureste.

Estos relieves no son el privilegio solamente del Pastaza, sino que ésta es su representación más típica.

En su época los ríos activaron los procesos erosivos, debido a las deglaciaciones, al volcanismo del Holoceno y a la elevada humedad del clima de las vertientes orientales, lo cual se puede ver, en los valles, terrazas, bancos de arena y en todo el impacto que causaron las permanentes lluvias que se abatieron sobre los Andes.

En otros lugares de la cuenca amazónica podemos contemplar "un mar de colinas" redondeadas en forma de "media naranja" talladas sobres depósitos terciarios erosionados por la acción diluvial de varias épocas climáticas.

Un paraíso llamado Galápagos

Hacia el Occidente del territorio continental ecuatoriano, como a 1.000 km. de distancia, en pleno océano Pacífico, se halla un archipiélago de origen volcánico, formado por trece islas de varios tamaños, cuya superficie total hace unos 8.000 km.².

La más importante de ellas es la Isabela con 4710 km.², situada hacia el occidente. Otras

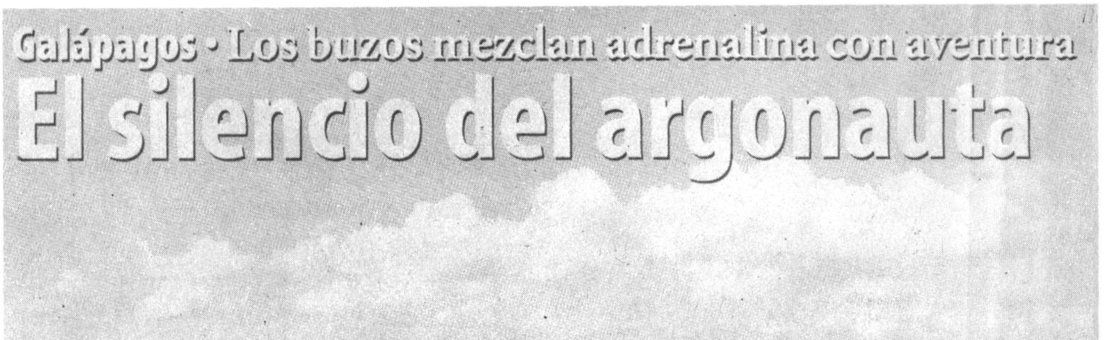

92°
91°
Isla Darwin
(Culpepper)
1° 30'
Isla Teodoro Wolf
(Wenmen)
1° 20'
1° 10'
Isla Pinta
(Abigdon)
Cabo Chalmers
Cabo Ibbetson
Canal de Pinta
Isla Marchena
(Bindloe)
Punta Montalvo
Punta Mejía
Playa Negra
Punta Espejo
Punta Calle
OCEANO PACIFICO
0°
33 Punta Albemarle
Punta Flores
Volcán Wolf 1660 m
Cabo Berkeley
Cabo Marshall
Punta Vicente Roca
Bahía Banks
Caleta Bucanero
Isla Albany
Punta Córdova
Cabo Cowan
Cerro Cowan 920 m
Isla Santiago
(San Salvador o James)
Bahía James
Bahía Sullivan
Isla Bartolomé
Punta Martínez
Caleta Black
Volcán Darwin 1330 m
Punta Espinosa
Punta Baquerizo
Punta García
Cabo Nepean
Cabo Douglas
Volcán La Cumbre
Isla Fernandina
(Narborough)
Cabo Hammond
Bahía Urbina
Volcán Alcedo 1125 m
Isla Rábida
(Jervis)
Punta Alfaro
Canal Isabela
Cabo
Isla Beagle
Canal de San Salvador
Isla Daphne
Isla Seymu
Isla Ba
Islas Guy Fawkes
Isla Edén
Santa Cruz
Cerro Crocker 870 m
Sta. Rosa
Bellavista
Estación Charles
Pto. Ayora
Bahía Acad
Isla Isabela
(Albemarle)
Isla Mariela
Bahía Elízabeth
Ensenada Flores
Bahía Cartago
Cabo Barrington
Isla Pinzón
(Duncan)
Punta Ballena
Canal de Pinzón
Canal de Santa Cr
Punta Morena
Caleta Webb
Punta San Juan
Volcán Santo Tomás 1490 m
Punta Davis
Tomás de Berlanga
Punta Veintimilla
Punta Cristóbal
Cerro Azul
Caleta Iguana
Punta Essex
Pto. Villamil
Punta Lobería
Bahía Villamil
Isla Tortuga
Roca Unión
Cabo Rosa
Punta Cormorant
Isla Campeón
Cerro Pajas 550 m
Pto. Velasco Ibarra
Punta Ayora
Isla Caldwell
Isla Gardn
Isla Sta. María
(Floreana o Charles)
Punta Sur
Escala Gráfica
0 25 50 km.
Mapa Base IGM

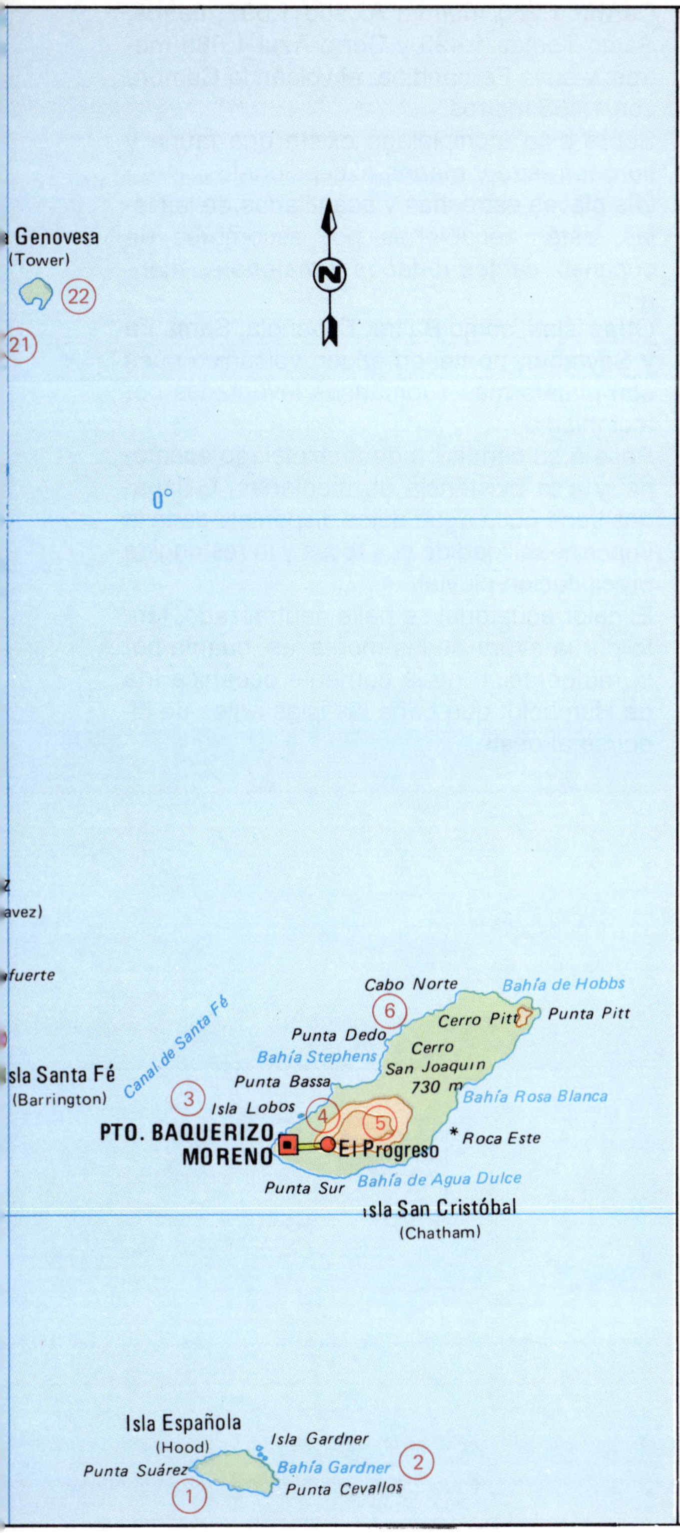

Islas Galápagos

SITIOS DE VISITA

1. Punta Suárez
2. Bahía de Gardner
3. Isla Lobos
4. Cerro de las Tijeretas
5. Laguna El Junco
6. Puerto Grande
7. Isla Santa Fé
8. Plaza Sur
9. Media Luna
10. La Caseta
11. Los Gemelos
12. Bahía Ballena
13. Bahía La Tortuga
14. Bahía Conway
15. Playas Bachas
16. Estación Científica Charles Darwin
17. Caleta Tortuga Negra
18. Isla Mosquera
19. Isla Daphner
20. Isla Seymour
21. Bahía Darwin
22. El Barranco
23. Isla Bartolomé
24. Bahía Sullivan
25. Caleta Bucanero
26. Playa Espumilla
27. Puerto Egas
28. Isla Sombrero Chino
29. Isla Rábida
30. Punta Espinosa
31. Volcán Alcedo
32. Punta García
33. Punta Albemarle
34. Punta Tortuga
35. Caleta Tagus
36. Bahía Urbina
37. Bahía Elizabeth
38. Punta Moreno
39. Lagunas de Villamil
40. Volcán Sierra Negra
41. Punta Cormoran
42. Bahía Post Office
43. Corona del Diablo

islas medianas como la Santa Cruz, la Fernandina, la San Salvador, la Cristóbal y la Floreana se hallan bastante dispersas completando el archipiélago con la Marchena, Pinta, Genovesa, Española, Santa Fe y Pinzón, que son de tamaño menor.
No nos referimos a otros islotes y peñones que se hallan en la región insular, ni a una pequeña isla denominada Wolf que se encuentra a gran distancia hacia el norte.
La actividad volcánica subacuática que se inició hace unos 3 millones de años, en la fractura de la placa oceánica y que dura hasta ahora, es la causa de los grandes sismos y volcanismo, principalmente en la Islas Isabela y Fernandina.
Las lavas de tipo hawaiano que se deslizaron sobre sus vertientes dieron multitud de formas a sus declives y playas. Rocas ennegrecidas se encuentran por doquier y sus playas de descuelgan bruscamente sobre el mar.
La construcción de las islas se hizo por diferentes estadios de volcanismo, permitiendo la formación de esculturas rocosas bastante caprichosas, como las dos fosas llamadas "los gemelos" cercanas una de otra, en la isla Santa Cruz.
Igualmente, se puede encontrar en la misma isla un túnel sobre la lava con estrías causadas por el deslizamiento del hielo.
Cerca de la isla Floreana, "La corona del Diablo", es un cráter sumergido cuyos cuernos aparecen en forma de un círculo a manera de una corona.
Estas islas emergieron con el trabajo de millones de años de un volcanismo subacuático que formaron edificios volcánicos que tienen hasta 1.500 metros de altura s.n.m. y sobre un basamento submarino que desciende hasta 2.000 metros de profundidad.
Una lava en la bahía de Sullivan de la isla San Salvador tiene como 100 km.^{2}. Esta efusión tuvo lugar apenas hace un siglo, lo que nos demuestra que las islas continúan construyéndose en épocas modernas.
Los volcanes de la Isabela de norte a sur son los siguientes: Wolf 1.646 metros s.n.m., Darwin 1.280 metros, Alcedo 1.097 metros, Santo Tomás 1.490 y Cerro Azul 1.689 metros; y en la Fernandina, el volcán la Cumbre con 1.463 metros.
Sobre este archipiélago existe una fauna y flora terrestre y marina excepcionales.
Las playas estrechas y acantiladas de las islas, están recubiertas por escombros de conchas, cantos rodados y materiales marinos.
Otras islas, como Baltra, Española, Santa Fe y Seymour, no tienen origen volcánico pues son plataformas submarinas levantadas por tectonismo.
Pese a su condición de archipiélago ecuatorial y a la existencia de montañas, Galápagos tiene poca agua dulce disponible dada la impermeabilidad de sus rocas y la restringida precipitación pluvial.
El calor ecuatorial se halla neutralizado, tanto por la altura de las montañas, cuanto por la refrigeración de la corriente oceánica fría de Humboldt que baña las islas antes de dirigirse al oeste.

Capítulo 2

Clima e hidrografía

Cascada de Peguche, Provincia de Imbabura

El Ecuador, un museo de climas del mundo

El Ecuador se halla situado en la zona tórrida del planeta, sobre el arco andino, lo cual, le ha permitido una variedad de climas que van, desde los muy húmedos hasta los climas secos y desde los macrotérmicos de las selvas a los gélidos de las montañas.
El clima dentro de la geografía física desempeña un papel muy importante en el modelado del relieve y en la vegetación.
El sol, el agua y el aire entran en relación con las rocas y los recubrimientos vegetales, dándole al mundo la vida y el movimiento que le anima. Por lo cual, nuestro país dotado de un clima tropical en las grandes llanuras y fresco en las alturas andinas, goza de una escala climática muy variada.
Esto ha permitido hablar de pisos o zonas de vida bien diferentes, de variados suelos y variadas especies botánicas y faunísticas.

Altas temperaturas y lluvias

La cantidad de luz y calor que recibe un lugar determinado del planeta, durante todo el año, está determinado por el número de horas que brilla el sol sobre su suelo.
En el caso del Ecuador, la línea equinoccial atraviesa su territorio que se halla entre 1 grado de latitud norte y 5 grados de latitud sur, aproximadamente, es decir, sobre la zona tórrida de la Tierra. Esto le permite una insolación diaria de 12 horas, durante todo el año, por lo cual, al nivel del mar se vuelve un clima muy cálido (macrotérmico), pero en las montañas, por el frío de las alturas y los vientos orográficos, se refrigera de manera escalonada, llegando al frío glacial (nival).
La característica de un país ecuatorial son los climas macrotérmicos, y las frecuentes lluvias. Por esto, el clima general del Ecuador es muy cálido y muy húmedo.
Solamente en alturas mayores a los 3.000 metros se siente fresco y, pasados los 4.000 metros, es frío y gélido.
Esta condición de país fuertemente insolado le permite el aprovechamiento de la energía solar, para uso doméstico, pero en mayor escala para la agricultura y la industria.
La fuerte insolación ecuatorial tiene efectos directos en la vida de las plantas o de la fauna, obteniéndose paisajes cargados de verdor en las zonas húmedas y abundante vida silvestre.
Otros efectos de la insolación en el clima son: el calentamiento de las aguas, su mayor evaporación y el movimiento de la atmósfera por la refracción del calor de la tierra. Estos aspectos van a incidir en las variaciones del clima.

Las lluvias fecundantes

El agua de lluvia tiene dos efectos sobre la tierra, uno, la filtración en el suelo y otro el escurrimiento sobre la superficie.
Cuando el agua penetra en los suelos se deposita en los acuíferos subterráneos y humedece las capas superficiales, manteniéndose una buena reserva para el aprovechamiento del hombre.
Sin embargo, la mayor parte de la lluvia se escurre sobre la superficie terrestre formando, torrentes, ríos y espejos de agua.
Otro fenómeno dentro del clima ecuatoriano es la desigualdad de las lluvias.
Según podemos ver en el gráfico de precipitaciones, hay lugares más fuertemente afectados, mientras otros reciben poca agua de precipitación.
Tratemos de explicar sencillamente este fenómeno climático.
Siendo el Ecuador parte de la faja central del planeta que tiene rotación haciendo eje en los polos, nuestro país se halla afectado por un fenómeno atmosférico que consiste en el movimiento del aire hacia el centro, con vientos convergentes desde el noreste y sureste que se los conoce con el nombre de "vientos alisios".

ISLAS GALAPAGOS
OCEANO PACIFICO
0°
Pto. Baquerizo Moreno
ESCALA
0
100km
COLOMBIA
OCEANO PACIFICO
Esmeraldas
Tulcán
Ibarra
QUITO
Nueva Loja
Latacunga
Ambato
Tena
Puyo
Guaranda
Riobamba
Babahoyo
Portoviejo
Guayaquil
Macas
Azogues
Cuenca
Golfo de Guayaquil
Machala
Loja
Zamora
Río Cayapas
Río Esmeraldas
Río Guayllabamba
Río Putumayo
Río San Miguel
Río Dué
Río Coca
Río Güepi
Río Aguarico
Río Quijos
Río Napo
Río Pupusa
Río Chone
Río Daule
Río Tiputini
Río Tivacuno
Río Yasuní
Río Nashiño
Río Cononaco
Río Curaray
Río Macul
Río Quevedo
Río Vinces
Río Pindo Yacu
Río Bobonaza
Río Conambo
Río Palora
Río Cebadas
Río Yaguachi
Río Pastaza
Río Corrientes
Río Tigre
Río Upano
Río Cañar
Línea del Protocolo de Río de Janeiro de 1942
Río Huiloyacu
Río Morona
Río Zamora
Río Santiago
Zona en la que el Protocolo de Río de Janeiro es inejecutable.
Río Catamayo
Río Macará
RÍO MARAÑON
Protocolo Mosquera - Pedemonte 1830
Río Chirinos
Río Tabacones
Río Chinchipe
PERU

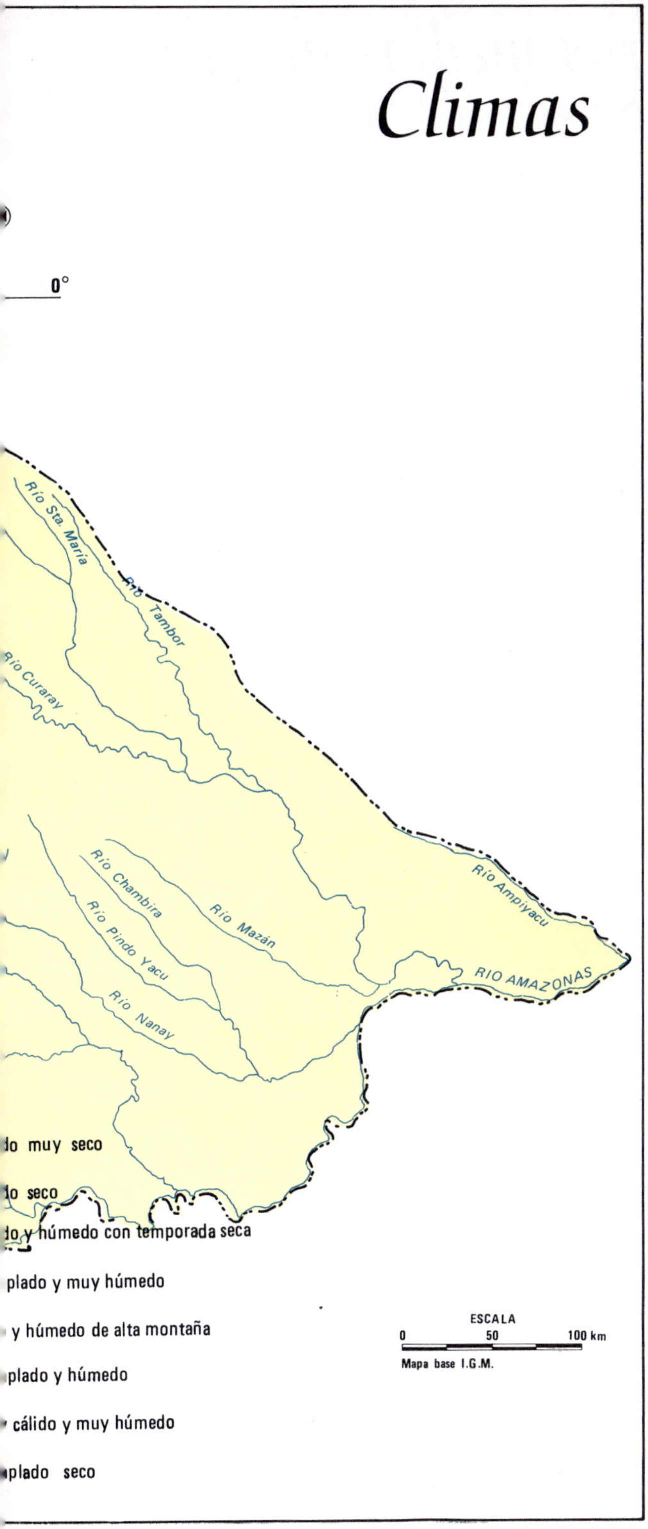

La convergencia lleva consigo a las nubes que cabalgan sobre los vientos, en un movimiento del este al oeste, de manera que aquellas que vienen del Caribe o de la cuenca amazónica al topar en las montañas andinas se elevan, se enfrían y precipitan en las vertientes orientales, en tal cantidad que los declives andinos están permanentemente mojados.

Este frente intertropical (FIT) que recorre del este al oeste, a su vez, tiene un desplazamiento hacia el norte en el verano septentrional y hacia el sur en el verano meridional. Al pasar sobre el Ecuador, en los meses de octubre a diciembre y de regreso seis meses después, en abril y mayo, aparecen las lluvias en el primer caso o se incrementan en el segundo.

Las aguas que caen sobre la Costa y en algunas cuencas andinas ecuatorianas, durante los meses de fines de diciembre a mayo, corresponden a la evaporación de la contracorriente ecuatorial de aguas cálidas que se hace presente en estos meses y se la conoce como corriente cálida de Panamá.

Otros fenómenos climático-oceánicos serán tratados cuando hablemos de la oceanografía ecuatoriana, estos son los climas influidos por el fenómeno de El Niño y las corrientes marinas.

Las precipitaciones denominadas orográficas tienen lugar principalmente en la región montañosa y provienen del movimiento vertical de la atmósfera.

Este fenómeno del deslizamiento del aire frío por los fuertes declives del relieve, brinda la ocasión a las masas de aire caliente cargadas de humedad, de ascender hacia regiones atmosféricas más altas en donde halla núcleos de condensación.

Una atmósfera enrarecida

Estos factores climáticos de orden atmosférico, relieve e insolación, permiten en conjunto, diferentes climas y microclimas.

De otro lado el agua que recibe el suelo, por el calentamiento solar, vuelve a evaporarse y se mantiene en la atmósfera.

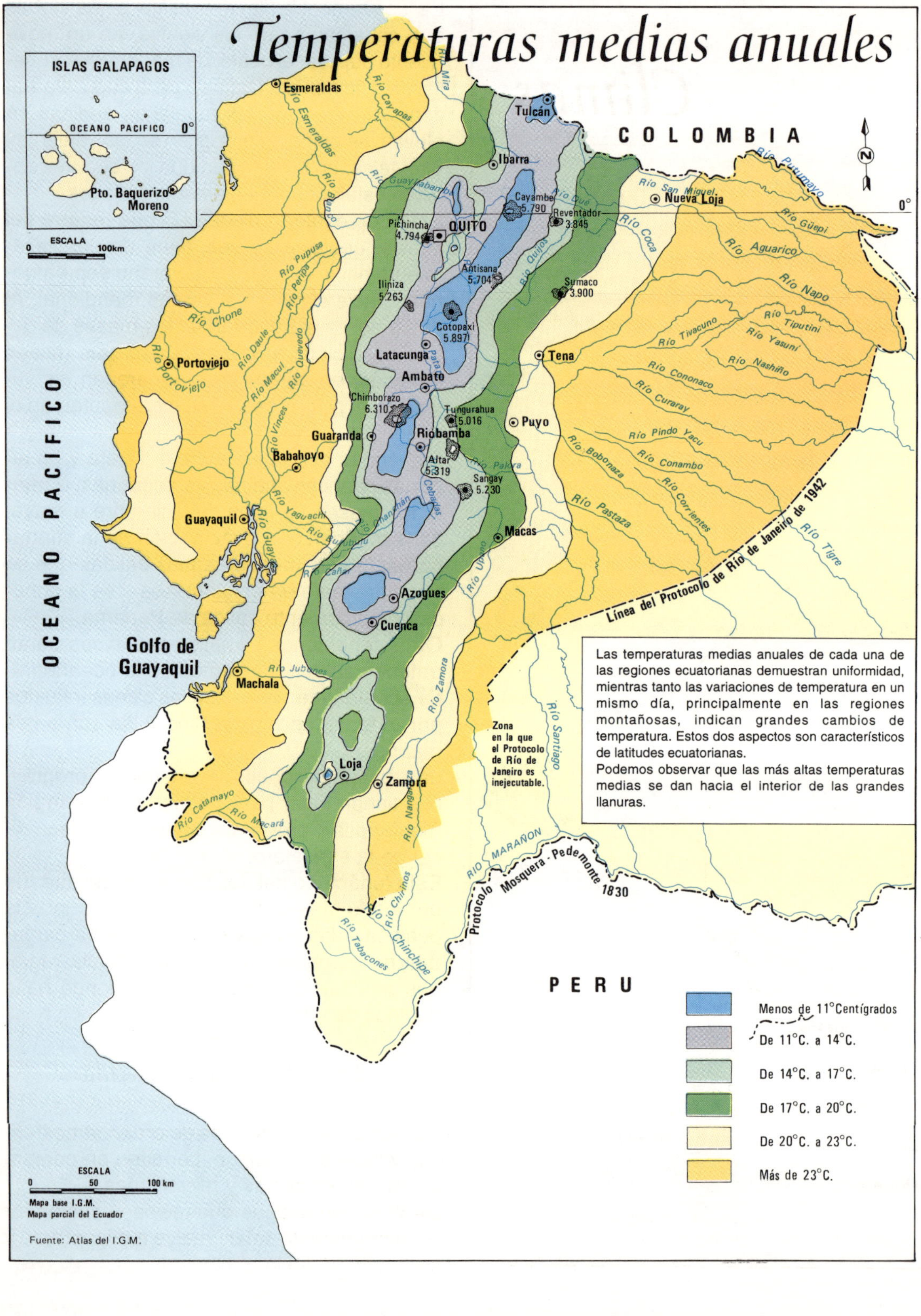

Las temperaturas medias anuales de cada una de las regiones ecuatorianas demuestran uniformidad, mientras tanto las variaciones de temperatura en un mismo día, principalmente en las regiones montañosas, indican grandes cambios de temperatura. Estos dos aspectos son característicos de latitudes ecuatorianas.

Podemos observar que las más altas temperaturas medias se dan hacia el interior de las grandes llanuras.

Fuente: Atlas del I.G.M.

Lluvias medias anuales

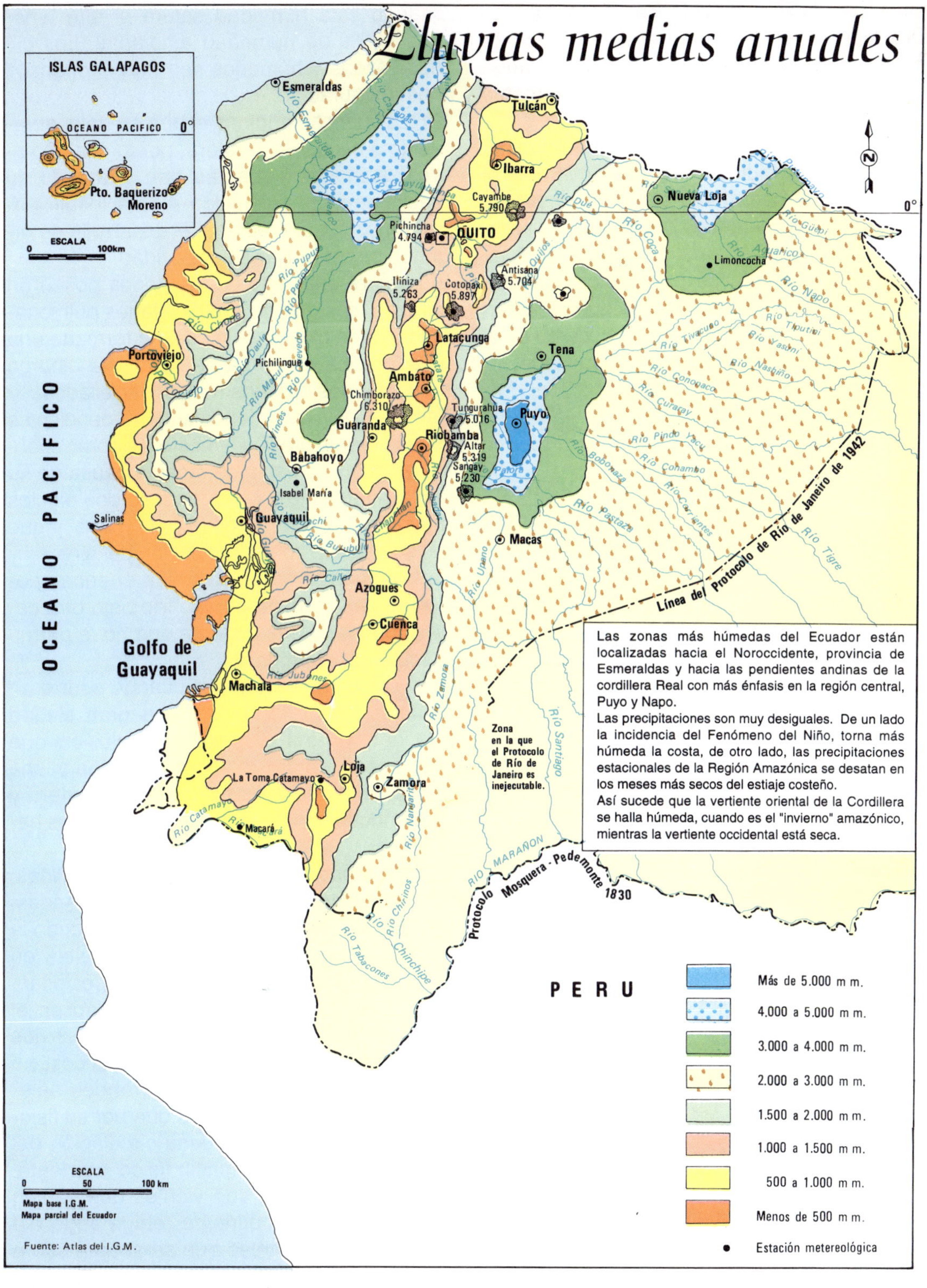

Las zonas más húmedas del Ecuador están localizadas hacia el Noroccidente, provincia de Esmeraldas y hacia las pendientes andinas de la cordillera Real con más énfasis en la región central, Puyo y Napo.

Las precipitaciones son muy desiguales. De un lado la incidencia del Fenómeno del Niño, torna más húmeda la costa, de otro lado, las precipitaciones estacionales de la Región Amazónica se desatan en los meses más secos del estiaje costeño.

Así sucede que la vertiente oriental de la Cordillera se halla húmeda, cuando es el "invierno" amazónico, mientras la vertiente occidental está seca.

Esta circulación atmosférica compensa un desbalance térmico entre el mar y el continente, dada la capacidad que tiene el agua de calentarse y enfriarse más lentamente que el suelo.

Las brisas del mar hicieron posible un clima más suave en el litoral marítimo, mientras al interior las temperaturas son más elevadas, por lo cual, las ciudades del interior se acercan a las montañas para obtener algo de refrigerio proveniente de los vientos orográficos que bajan de los Andes, ya que soportan el rigor del clima húmedo tropical, como es el caso de Quevedo, el Carmen y Quinindé.

Una nomenclatura complicada

El carácter de los climas tropicales en general es húmedo y cálido, sería así para todo el país si la topografía fuera plana y las lluvias iguales en todas partes.

Pero como sabemos existen otros factores modificantes del clima tropical, como son relieve, corrientes marinas, vientos, presión atmosférica, etc. El clima tiene sus variaciones y hasta cierto punto estos cambios son bastante anárquicos.

Los climas fríos de altura

En esta faja ecuatorial donde el sol calienta la tierra de manera ardiente, la altura es un factor que le permite refrescar el clima tórrido, haciéndole suave y en ocasiones frío o gélido. Esto se debe a que la atmósfera se va enfriando conforme se sube en altura, ya que cada 200 metros que se asciende, baja un grado de temperatura.

Por consiguiente, los climas de las montañas andinas, a partir de los 3.000 metros, son frescos o fríos y aún llegan al punto de congelación. Por esto, desde los 5.000 metros de altura se encuentran cimas cubiertas de nieve perpetua, vientos que corren a gran velocidad agitados por las masas de aire frío que se precipitan sobre los declives montañosos.

Cuando esta humedad satura el aire tenemos 100% de humedad ambiental. Los climas cálidos y húmedos son muy propensos a esta saturación.

En las cuencas andinas el aire se halla enrarecido a causa de la altura, por lo cual, hombres, animales y plantas han adaptado su funcionamiento fisiológico a esta insuficiencia atmosférica, mediante el desarrollo de órganos para ampliar su capacidad.

El hombre originario de los Andes posee un corazón más grande con cavidades pulmonares también mayores, lo cual ha formado una caja torácica en forma de barril que alberga mejor a estos órganos más desarrollados.

También hay otros fenómenos dependientes de la diferente presión atmosférica como cuando las cuencas están cerradas a causa de su enclaustramiento y pueden darse dos efectos muy conocidos en el ámbito del clima y que tienen relación con la circulación del aire.

La inversión atmosférica o sea el entrampamiento de una capa de aire frío bajo otra capa superior de aire caliente que no le permite moverse al primero.

Esto es sumamente grave cuando ocurre en un lugar en donde existe una gran ciudad que genera una cantidad de polución que permanece dentro de éste como bajo una tienda, llegando a envenenar la atmósfera y siguiéndose de ello la intoxicación de sus habitantes.

También sucede en las regiones cálidas, tanto del este como del oeste de los Andes, en la época de las grandes lluvias, cuando la humedad y el calor se hallan envueltas en pesadas nubes que no circulan ni precipitan.

Hay que tener cuidado para el futuro en el caso de las ciudades industriales, que los centros de producción de gases tóxicos, no se encuentren dentro de las grandes aglomeraciones, sino en lugares que por su fisiografía favorezcan una buena circulación del aire y dispongan de espacio físico suficiente.

Las brisas marinas, son vientos que soplan desde el mar al continente refrigerando así los calores atosigantes que se abaten sobre los suelos tropicales de la Costa.

En esa orgía de los elementos naturales, en juegos combinados del relieve y temperatura, las nubes descargan lluvias sorpresivas, después de las cuales sonríe un tiempo maravilloso y despejado. La bruma desaparece súbitamente o se instala por largas horas sobre las montañas, dando una impresión de grandes contrastes.

Climas templados de las cuencas interandinas

En las depresiones montañosas, abrigadas por las murallas andinas, entre 2.200 y 2.800 metros de altura, se dispone de un clima templado y apacible.

En general los días son soleados todo el año y en la temporada de lluvias, las aguas se hacen presentes hacia mediodía y luego vuelve a brillar el sol.

Las brumas incursionan solamente en algunos valles de penetración o en los declives de las montañas. Los vientos son moderados y el calor es suave.

En algunos casos el viento sopla en la misma dirección, sobre suelos secos y mal protegidos provocando la erosión eólica y la deflación de las rocas, como es el caso de la región de Malchinguí-Cusubamba, en la provincia de Pichincha.

Clima seco del litoral

Afectado por la corriente fría de Humboldt el litoral marítimo es seco desde la frontera con el Perú hasta el paralelo cero, en que esta corriente marítima se dirige hacia el occidente.

Todo el sur costanero y las Islas Galápagos se hallan afectados por la falta de lluvias, estas aguas frías no se evaporan ni con el sol ecuatorial. Por esta razón la península de Santa Elena de alguna manera, participa de la aridez de las costas peruanas, sin que por eso llegue a su condición desértica, ya que estas tierras se hallan beneficiadas por la humedad ambiental del Golfo de Guayaquil.

Reserva Casfica-Totoras (Provincia de Bolívar)

ISLAS GALAPAGOS
OCEANO PACIFICO
0°
Pto. Baquerizo Moreno
ESCALA
0
100km
COLOMBIA
PERU
OCEANO PACIFICO
Golfo de Guayaquil
Esmeraldas
Tulcán
Ibarra
QUITO
Nueva Loja
Latacunga
Tena
Ambato
Puyo
Guaranda
Riobamba
Babahoyo
Guayaquil
Macas
Azogues
Cuenca
Machala
Loja
Zamora
Portoviejo
1
2
3
4
5
6
7
8
Río Mira
Río Cayapas
Río Esmeraldas
Río Blanco
Río Guayllabamba
Río Dué
Río Coca
Río San Miguel
Río Putumayo
Río Güepi
Río Aguarico
Río Napo
Río Tiputini
Río Tivacuno
Río Yasuni
Río Nashiño
Río Cononaco
Río Curaray
Río Pindo-Yacu
Río Conambo
Río Bobonaza
Río Pastaza
Río Palora
Río Tigre
Río Quijos
Río Pita
Patate
Río Cebadas
Río Chanchán
Río Chone
Río Daule
Río Peripa
Río Pupusa
Río Macul
Río Quevedo
Río Vinces
Río Yaguachi
Río Bulubulu
Río Cañar
Jubones
Río Upano
Río Zamora
Río Santiago
Río Morona
Río Huiloyacu
Río Catamayo
Río Macará
Río Nangaritza
Río Chirinos
Río Chinchipe
Río Tabaconas
Río Marañón
Línea del Protocolo de Río de Janeiro de 1942
Protocolo Mosquera - Pedemonte 1830
Zona en la que el Protocolo de Río de Janeiro es inejecutable.
300m
600m
1200m
2000m
3000m

Grandes cuencas hidrográficas

CUENCAS HIDROGRAFICAS MAS IMPORTANTES DEL ECUADOR

VERTIENTE	CUENCA	APORTACIONES MEDIAS Hm^3/año	SUPERFICIE km^2
CUENCA DEL PACIFICO	Mataje	1.890,00	821
	Mira - San Juan	7.255,00	6.329
	Carchi	189,00	341
	Verde	2.961,00	1.970
	Cayapas	15.467,00	5.919
	Muisne	1.008,00	1.600
	Cojimíes	945,00	1.859
	Esmeraldas	31.217,00	21.418
	Jama	536,00	2.205
	Chone	1.292,00	2.583
	Portoviejo	504,00	2.110
	Jipijapa	158,00	2.515
	Guayas	36.572,00	32.674
	Zapotal	504,00	7.720
	Taura	1.796,00	2.630
	Cañar	2.268,00	2.462
	Balao	1.890,00	3.470
	Jubones	1.827,00	4.326
	Arenillas - Zarumilla	693,00	2.340
	Puyango - Tumbez	3.119,00	4.965
	Catamayo - Chira	3.150,00	11.012
CUENCA DEL AMAZONAS	San Miguel	19.688,00	7.627
	Aguarico	33.548,00	12.662
	Napo	74.655,00	32.628
	Curaray	36.351,00	16.476
	Pastaza	43.470,00	20.543
	Tigre	14.238,00	6.450
	Santiago	14238 ,00	26.127
	Morona	52.038,00	7.236
	Mayo - Chinchipe	5.261,00	3.720
	Cenepa	19.593,00	6.165

Fuente: FIGURAMA, E. et al., 1988. Actualización del Diagnóstico del Medio Ambiente en el Ecuador. Fundación Natura.

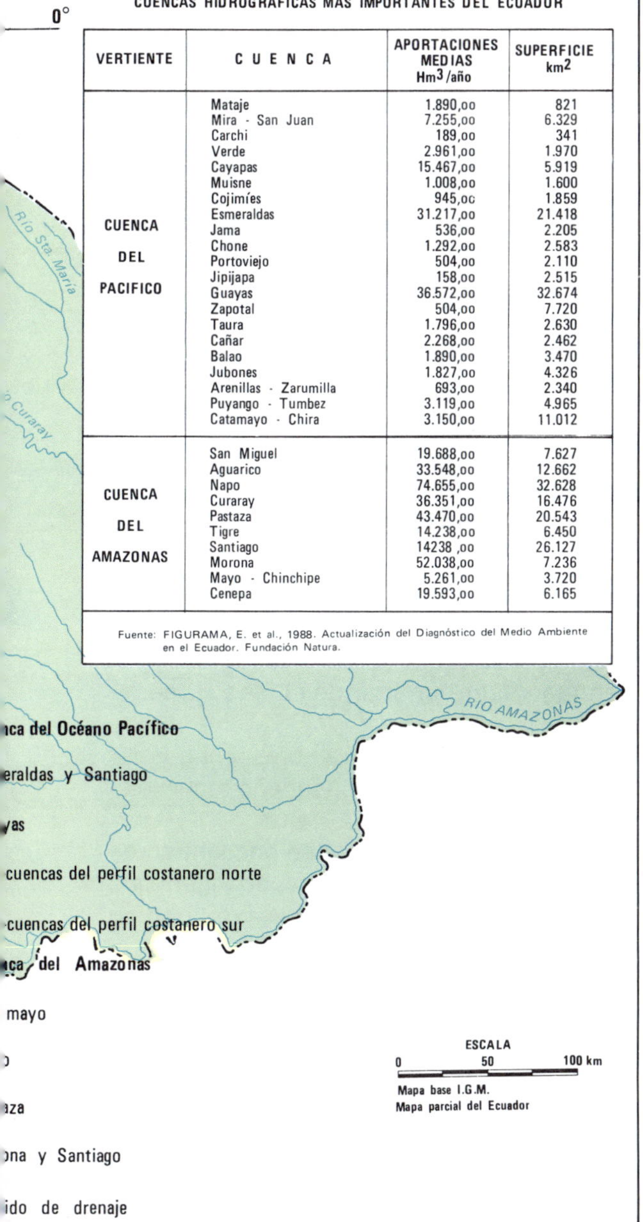

En otros tiempos, esta faja semiárida estaba recubierta de un bosque seco que, se convertía en una verdadera selva, cuando venían las agua de algún año húmedo, lo que hizo pensar a mucha gente que tuvo noticias de ello que el clima de la zona había sido diferente en otros tiempos. De igual manera, el archipiélago de Galápagos tiene una condición de clima seco y se halla visitado por lluvias torrenciales de tiempo en tiempo.

El calor y la humedad

En la Costa ecuatoriana y en el Oriente amazónico el clima es cálido y húmedo. Durante los meses de julio a septiembre, en el litoral es seco mientras la Región Amazónica apenas tiene un alivio en el mes de diciembre o enero, siendo el resto del año muy húmedo con precipitaciones entre 3.000 y 5.000 mm. Estos climas tropicales húmedos afectan también a la llanura costanera en la que vive la mayor parte de los habitantes del Ecuador. Sin embargo, en el perfil costanero el clima se halla temperado por la brisa marina que hacia el sur es más fresca durante los meses de secano. Mientras hacia el interior, principalmente en la época de las grandes lluvias, de enero a mayo, el clima es macrotérmico y húmedo. Desde junio hasta septiembre se goza de una temporada seca que le permite la maduración de los frutos y le confiere un clima fresco. También influyen en el clima del Ecuador las corrientes oceánicas y la temperatura del agua del mar.

El agua

El drenaje del territorio ecuatoriano va hacia dos vertientes, una la del Océano Pacífico y otra la del Amazonas que vierte en el Atlántico. La divisoria de aguas hacen las altas cumbres de las dos cordilleras andinas, en diferentes lugares.
Dada la desigualdad de las lluvias el drenaje también depende en gran medida de esta circunstancia para el caudal de los ríos.

Los ríos amazónicos

Los principales ríos amazónicos son de norte a sur, el San Miguel, el Aguarico, el Napo, el Pastaza, el Morona y el Santiago.

Los ríos tributarios de la cuenca alta amazónica tienen su origen en los Andes por lo cual, mientras descienden sobre los suelos inclinados de las montañas van arrastrando sedimentos de cenizas volcánicas superficiales que cubren la región; también llevan sus aguas los materiales arrancados al suelo por la erosión o por la formación de torrentes. Los ríos crecen y llevan consigo, enormes bloques que se trituran o se detienen en los cauces formando escollos o pequeñas islas que dividen el cauce en dos, o gargantas con rápidos y remolinos.

También se acomodan estos sedimentos en los flancos del río depositándose arena y limos que se manifiestan como terrazas cubiertas de vegetación.

Los ríos amazónicos del Ecuador se dirigen hacia el sur en donde encuentran al Amazonas que recorre hacia el este.

Cuando se hallan en plena llanura los ríos se vuelven divagantes y meándricos, dejando lechos abandonados en forma de bucles que pronto son cubiertos por la vegetación (marmitas de gigantes).

Los diques son bajos y fácilmente se desbordan llenando los valles aledaños durante las frecuentes crecidas.

Sus aguas tienen numerosas especies de vida y en algunos lugares los sistemas hidrográficos forman pequeños lagos, como los de Cuyabeno o Lagartococha.

Son también frecuentes lo esteros o pantanos alimentados por el agua de lluvia, apareciendo como pequeños cuerpos de agua rodeados de vegetación.

Los cursos de los ríos tropicales en general y, de manera especial, de los ríos de la selva ecuatoriana conllevan algunos peligros que conviene conocerlos.

Las crecidas de los ríos arrastran casas, animales y plantas asentadas en las terrazas que aparentemente han sido abandonadas para siempre por el agua, pero que de tiempo en tiempo, según las estaciones climáticas, sobreviene un año de grandes y torrenciales lluvias, cuando el río sube algunos metros de nivel, arranca la vegetación y con ella árboles de los que se sirve la corriente como de un ariete que va golpeando y sembrando la destrucción.

En esta situación los remolinos del agua son muy peligrosos y pueden hacer zozobrar fácilmente las pequeñas embarcaciones, que se aventuran por el río.

Esto sucede por la torrencialidad del agua y por la velocidad modificada por el relieve del cauce. A parte de estos grandes caudales existen también riachuelos medianos y pequeños, muchos de ellos tienen su gracia y encanto especiales.

Otro peligro en los ríos de la selva son los insectos que se incrustan en la piel de quienes se sumergen en el agua, formándose después dolorosas llagas.

Los ríos del Pacífico

Los ríos que van al Océano Pacífico son: el Cayapas que se halla en la provincia costanera de Esmeraldas y desagua con el Santiago sobre un mar de costas sumergidas.

Tiene un sistema fluvial arborescente, y depositan sus aguas en un pequeño archipiélago denominado de San Lorenzo.

En las orillas de estos ríos se encuentran algunas poblaciones de gente aborigen que lleva una vida bastante simple y que en su gran mayoría viven de la pesca.

Los parajes que recorre el río son bosques húmedos y enmarañados, llenos de vida silvestre y vegetación exótica.

El río Esmeraldas que ha dado su nombre a la provincia, fue llamado así, no porque llevara en sus aguas piedras preciosas o tuviera alguna mina cercana, sino porque en este río se comerciaban esmeraldas que provenían de Colombia.

Sus aguas proceden desde las cuencas andinas y recorren en gran parte la provincia húmeda de Esmeraldas.
Al llegar al mar se encuentran algunas islas alargadas en medio del río, formadas por los sedimentos que depositan sus aguas al freno de las olas. La navegación es muy difícil por los numerosos bancos de arena y el bajo nivel de las aguas en temporadas de estiaje.
Sin embargo, pequeñas piraguas u otras embarcaciones de balsa recorren sus aguas con la gente del lugar.
Su camino serpenteante en la llanura formó terrazas laterales en que se hallan cultivos y viviendas, en peligro durante las crecidas.
El paisaje actualmente tiene que ver con los campos de pastizales y bananeras que le rodean; los agricultores sacan sus productos en pequeñas balsas aprovechando el deslizamiento de las aguas hacia el mar.
El río Chone, principal curso de agua de la provincia de Manabí atraviesa una zona agrícola muy importante.
Las lluvias sobre la cuenca y las montañas circundantes proveen del agua a este río de diques relativamente bajos, de modo que, en temporadas se desborda e inunda la llanura dejando los suelos anegados y cubiertos por el agua.
El sistema fluvial del Guayas tiene un recorrido de norte a sur debido al encajonamiento formado por la Cordillera occidental de los Andes y la Cordillera costanera. Este sistema fluvial nace en las cuencas andinas y en sus vertientes exteriores.
En los ríos andinos se forman profundos cañones que drenan las aguas, a veces en tal magnitud que desbordan los ríos en la llanura, inundándolo todo; mientras, otras veces, tan escasos que apenas se ven hilos de agua por los profundos cauces.
Los ríos tributarios del sistema Guayas forman la cuenca más grande de la Costa y se distribuyen en ella de manera arborescente.
Los ríos del sur costanero recorren una llanura marítima que frecuentemente se halla invadida por las aguas que provienen de la sierra andina.
El Cañar, el Bulubulu, el Tenguel se desbordan casi cada año. Sus puentes estrechos son presa de la corriente que pasa con furor y son descuajados de sus goznes, causando enormes pérdidas a la infraestructura vial.
El Jubones, más caudaloso que los anteriores, aunque su cuenca es menos húmeda, sin embargo cuando crece causa verdaderos destrozos.
Estos ríos que recorren en dirección perpendicular a la costa arrastran muchos sedimentos que el agua arranca en sus crecidas a las laderas andinas.

Los ríos de las cuencas interandinas

Su condición de ríos de montaña los hace correntosos, de cauces llenos de grandes bloques y de paredes deleznables.
Los ríos de la cuencas interandinas tienen un carácter torrencial y violento. Frecuentemente crecen e inundan las terrazas laterales ocupadas por cultivos y a veces por la vivienda de la gente pobre.
Se caracterizan por la profundidad de sus valles encañonados y por los pasos de la cordillera para dirigirse al exterior.
A veces, una lava volcánica se fue sobre ellos, cambiando el nivel del río que al desbordarse formó una cascada, como la de Agoyán, ahora desaparecida por una presa hidroeléctrica.
Muchos de los ríos serranos se hallan contaminados por los desagües de las ciudades convirtiéndose a la hora actual en uno de los grandes problemas del medio ambiente.

Un mar diferente

Desde el 16 de noviembre de 1994, 65 países que se adhirieron a la convención de las Naciones Unidas sobre derechos del mar entraban a ejercer soberanía marítima sobre las 12 millas de mar adyacente, a partir de las líneas de base que unen los puntos más sobresalientes de sus costas.

El mar territorial ecuatoriano

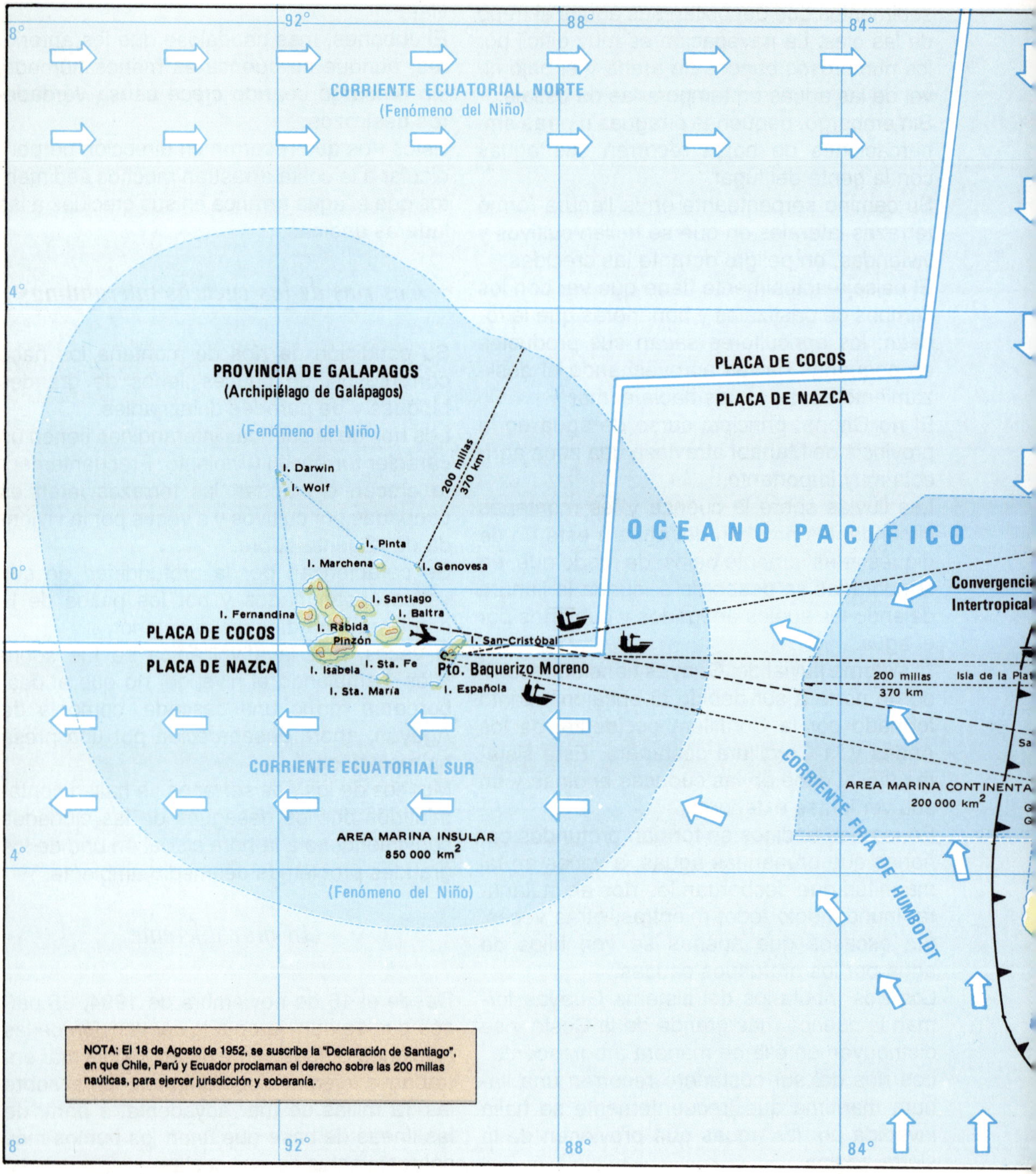

NOTA: El 18 de Agosto de 1952, se suscribe la "Declaración de Santiago", en que Chile, Perú y Ecuador proclaman el derecho sobre las 200 millas naúticas, para ejercer jurisdicción y soberanía.

us referentes

El Archipiélago de Galápagos se halla situado al Oeste del territorio continental ecuatoriano, en el Océano Pacífico, a una distancia de 1.000 kilómetros aproximadamente.
Los mares que lo rodean pertenecen a la soberanía ecuatoriana, como lo dice la Constitución política del Ecuador y las declaraciones conjuntas de los países que profesan la misma doctrina de las 200 millas.
Además, la proyección de este territorio, siguiendo los meridianos tangenciales a las extremidades del dominio ecuatoriano y proyectados sobre la Antártida le dan derecho al Ecuador, con justa razón, para reclamar ante la comunidad internacional, un espacio del Continente helado.

Esta soberanía se extenderá al espacio aéreo así como al lecho y subsuelo marinos. Además, sobre una zona que no exceda las 200 millas marinas cada nación firmante del acuerdo tendrá el derecho al cuidado y explotación de los recursos bióticos y abióticos de los fondos oceánicos.

En este trascendental acuerdo que tiende a generalizarse se regula todos los aspectos referentes a los océanos, desde la delimitación de ámbitos hasta la protección del medio ambiente, la investigación científica, las actividades económicas y comerciales y la solución de las controversias.

En el caso de los archipiélagos se introduce el concepto de "aguas archipielágicas", según el cual, se reconoce la soberanía sobre las aguas de un grupo de islas.

De otro lado sabemos que el Ecuador con Chile, Perú y Colombia el 18 de agosto de 1952 emitían la Declaración de Santiago sobre el derecho del mar, según la cual, los cuatro estados firmantes declaraban poseer 200 millas náuticas de mar soberano.

Este concepto ha sido dejado de lado por los países firmantes del nuevo acuerdo y los países de la Declaración de Santiago no se han pronunciado todavía sobre dicha Convención de las Naciones Unidas.

El mar, no es solamente las aguas superficiales y profundas es también el lecho marítimo y el subsuelo marino.

El mar ecuatoriano en el subsuelo marino tiene algunos elementos que conviene conocerlos:

Uno, la fosa de subducción marítima que se halla a unos 40 km. del perfil costanero y tiene entre 3.500 y 4.000 metros de profundidad. Esta fosa como lo hemos dicho anteriormente, está originada en la introducción de la placa marítima bajo la placa continental sudamericana.

Otro accidente importante del mar es el dorsal de Carnegie que arranca del archipiélago de Galápagos y se dirige hacia el continente. Este accidente es una verdadera cordillera submarina que recorre cientos de kilómetros.

Las corrientes marinas

Cuando llegó Humboldt en el año 1802 a las costas del Perú, pudo constatar que el agua del mar se movía como un gran río de sur a norte, tangencial a las costas sudamericanas. Esto era solamente una de las grandes corrientes oceánicas mundiales que se mueven por la rotación de la Tierra, los vientos, la diferencia de temperatura, salinidad o la atracción de la luna. El agua tiene una temperatura baja con relación a la del norte y se puede apreciar en ella una abundante presencia de zoo-fitoplancton.

Otra corriente marina que afecta las costas ecuatorianas es la cálida de Panamá que baña las costas del Norte ecuatoriano.

Estas corrientes modifican fundamentalmente el clima y tienen su impacto sobre el territorio nacional.

El fenómeno de "El Niño"

Cuando en el año 1982, los meteorólogos observaron una caída brusca en la presión atmosférica en el Pacífico sur y, al mismo tiempo, el nivel del mar descendía en unos 15 cm. al occidente, mientras hacia las costas de Sud América el agua subía de nivel en unos 20 a 30 cm. con temperaturas de 5 grados más altos que lo normal, con todo esto se temía que algo grave estaba sucediendo. Hacia fines del año se daba inicio a una desastrosa variación climática, que continuó hasta junio de 1983, con lluvias torrenciales y prolongadas inundaciones.

Los peces habían desaparecido de la región o habían muerto, mientras la cantidad de agua caliente sobre el mar (termoclina) había aumentado en varios metros.

En algunos lugares del sur del Asia y del África, había en contraposición una sequía sin precedentes, mientras en América del Sur, principalmente en las zonas tropicales, se desplomaba un verdadero diluvio que duraba ya algunos meses.

Los científicos habían logrado dar algunas explicaciones sobre este fenómeno que se lo denomina tradicionalmente "El Niño", porque aparece hacia fines del mes de diciembre de algunos años extraordinarios.

El caso es que los vientos alisios soplan sobre el Pacífico y transportan sus aguas hacia el oeste. Cuando cesan estos vientos, el mar se vuelve hacia el este y con la fricción las aguas se recalientan. Este retorno, cuando es normal, no afecta al clima sino de manera moderada, pero, cada siete o diez años aproximadamente viene con mayor o menor furor, producto de la combinación de fuerzas de vientos, corrientes marinas y otros factores bastante desconocidos todavía. Es allí cuando se producen cambios importantes en el clima, como se los ha descrito arriba, este fenómeno es temido por las consecuencias anotadas.

Ahora es posible predecir un Niño extraordinario con unos meses de anticipación, pero en cuanto a la intensidad es todavía bastante difícil prever sus consecuencias.

Dentro del comportamiento anómalo de El Niño, puede anotarse un fenómeno climático de lluvias torrenciales localizado hacia el hemisferio norte o hacia el hemisferio sur, dejando las zonas periféricas en condiciones contrarias de humedad. Así podemos hablar de un fenómeno inverso desde el punto de vista climático, como sucedió en el año 1995, en que las lluvias de invierno casi no llegaron, mientras en el hemisferio norte desde los 21 grados de latitud se descolgaban lluvias torrenciales con efectos catastróficos en las costas de California

Capítulo 3

Flora y fauna

Bosque protector Mindo Nambillo, Provincia de Pichincha

La geografía de las plantas

Cuando se iniciaba la última descongelación de la Tierra, hace unos 15 mil años, los Andes ecuatorianos se hallaban cubiertos por el hielo desde los 4.000 metros de altura hacia arriba, con un clima seco y fresco.
La vegetación del territorio era diferente a la que tenemos ahora, principalmente en la cuenca amazónica, ya que esta lucía semejante a una pradera de sabana dado su clima seco, en cambio, los Andes tenían un páramo más bajo y en las tierras de las cuencas interandinas, un sotobosque como el que crece en las zonas secas de la sierra.
La Región costanera era muy semejante a la amazónica pero, al sur, más desértica y sin vida.
Luego del calentamiento de la Tierra, la fusión de enormes masas de hielo y las lluvias abundantes que azotaban los trópicos, permitieron el nacimiento de los bosques tropicales, al oriente y occidente de los Andes, con su tupida vegetación, mientras algunos lugares que habían sido un desierto, como el sur, se cubrían de una vegetación de sabana. Durante miles de años se conservó esta vegetación andina y las selvas tropicales hasta que las culturas indígenas comenzaron a poblar estas tierras.

Los grandes paisajes vegetales

Los paisajes vegetales ecuatorianos son muy variados y no podemos agruparlos por regiones ya que dentro de estas extensiones de tierras se encuentran variedades de bosques y asociaciones vegetales, que le dan al entorno una fisonomía bastante compleja y singular, esto se debe a los diferentes pisos climáticos y microclimas.
Sin embargo existe una tradicional forma de ver la vegetación ecuatoriana que vamos a seguir en esta clasificación muy general que exponemos a continuación.

Los ecosistemas andinos y tropicales

Llamamos ecosistemas a los ambientes homogéneos en los cuales conviven las plantas y animales en comunidad, sin disturbios y mutuamente relacionados en condiciones normales de vida.
La naturaleza durante millones de años experimentó tales vicisitudes de adaptación que le obligaron a adoptar mecanismos de supervivencia para desarrollarse y evolucionar apropiadamente.
Las condiciones físicas en la vida de plantas y animales obedecieron a un sin número de factores de los cuales los más importantes fueron, los climáticos, edáficos, atmosféricos e hídricos. Esto ha permitido la formación de unas zonas de vida que constituyen los primeros niveles para reconocer los ecosistemas.

Las zonas de vida

Ideado por L. Holdridge un sistema de clasificación de las zonas de vida, se consideró que el mundo se hallaba dividido en unidades definidas formadas por los tres factores climáticos primarios, a saber, lluvias y temperatura y la relación de las dos, la humedad ambiental.
Según esto, las zonas de vida nacen de una clasificación ecológica basada en la biotemperatura y la humedad, expresada en un gráfico que pone en juego las provincias de humedad, los pisos altitudinales que corresponden en temperatura a los pisos latitudinales y la relación evapo-transpiración potencial.
Pongamos algunos ejemplos para entender mejor estas designaciones: Con una temperatura media anual de 24 grados C. en un clima tropical, si tenemos 1.000 mm. de precipitación al año, estamos en una zona de vida de bosque seco, porque se supone que con esa temperatura la evapo-transpiración es muy intensa y el agua que cae se evapora rápidamente.

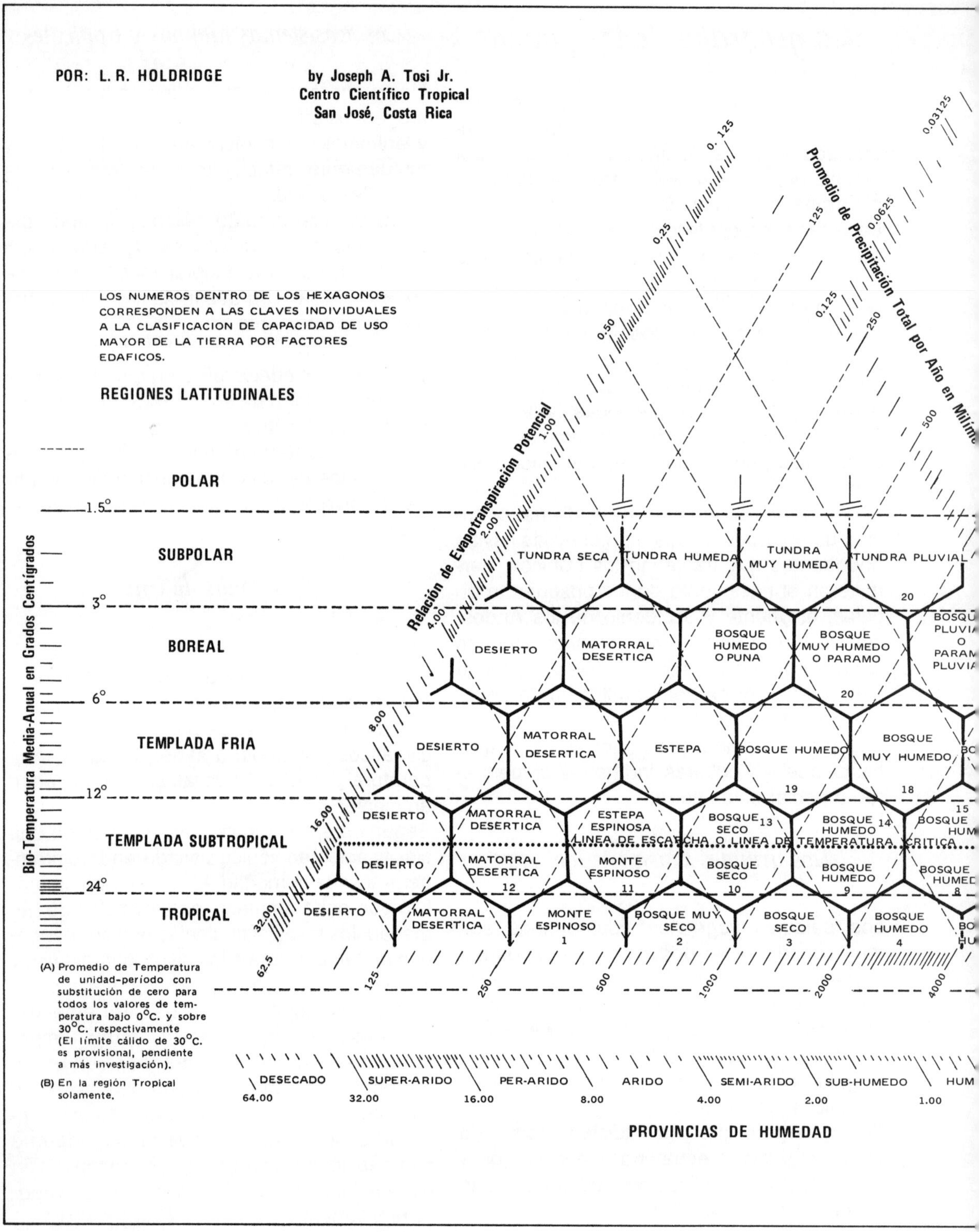
POR: L. R. HOLDRIDGE
by Joseph A. Tosi Jr.
Centro Científico Tropical
San José, Costa Rica
LOS NUMEROS DENTRO DE LOS HEXAGONOS CORRESPONDEN A LAS CLAVES INDIVIDUALES A LA CLASIFICACION DE CAPACIDAD DE USO MAYOR DE LA TIERRA POR FACTORES EDAFICOS.
REGIONES LATITUDINALES
POLAR
SUBPOLAR
BOREAL
TEMPLADA FRIA
TEMPLADA SUBTROPICAL
TROPICAL
1.5°
3°
6°
12°
24°
Bio-Temperatura Media-Anual en Grados Centígrados
Relación de Evapotranspiración Potencial
Promedio de Precipitación Total por Año en Milím
TUNDRA SECA
TUNDRA HUMEDA
TUNDRA MUY HUMEDA
TUNDRA PLUVIAL
DESIERTO
MATORRAL DESERTICA
BOSQUE HUMEDO O PUNA
BOSQUE MUY HUMEDO O PARAMO
ESTEPA
BOSQUE HUMEDO
BOSQUE MUY HUMEDO
ESTEPA ESPINOSA
BOSQUE SECO
MONTE ESPINOSO
MONTE ESPINOSO
BOSQUE MUY SECO
BOSQUE SECO
BOSQUE HUMEDO
LINEA DE ESCARCHA O LINEA DE TEMPERATURA CRITICA
20
19
18
15
14
13
12
11
10
9
8
1
2
3
4
(A) Promedio de Temperatura de unidad-período con substitución de cero para todos los valores de temperatura bajo 0°C. y sobre 30°C. respectivamente (El límite cálido de 30°C. es provisional, pendiente a más investigación).
(B) En la región Tropical solamente.
DESECADO
SUPER-ARIDO
PER-ARIDO
ARIDO
SEMI-ARIDO
SUB-HUMEDO
64.00
32.00
16.00
8.00
4.00
2.00
1.00
62.5
125
250
500
1000
2000
4000
0.03125
0.0625
0.125
0.25
0.50
1.00
2.00
4.00
8.00
16.00
32.00
PROVINCIAS DE HUMEDAD

Diagrama para la clasificación de zonas de vida y formaciones vegetales del mundo

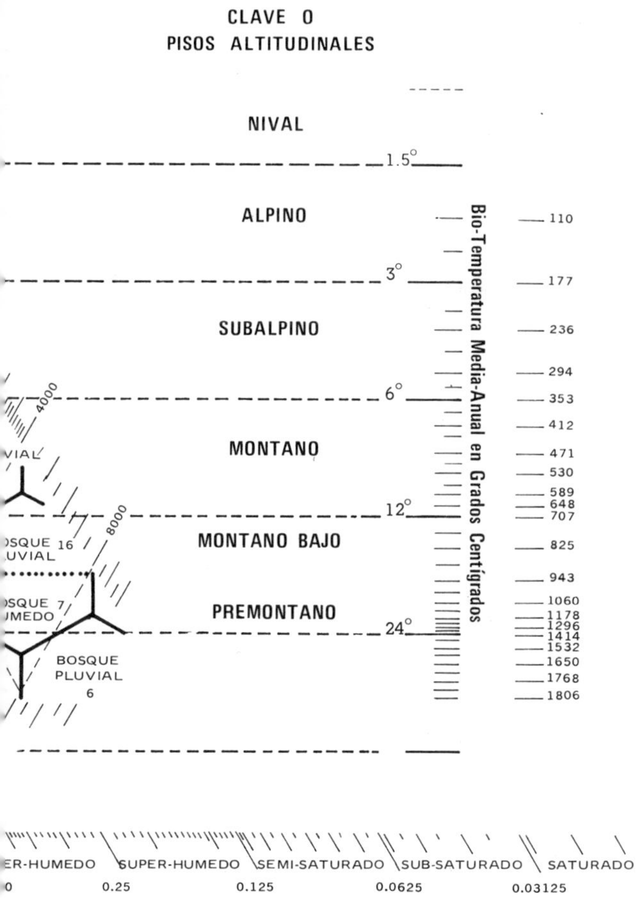

Más arriba, hacia la montaña en donde existe una temperatura media anual de 12 grados C., con la misma precipitación el bosque es húmedo, porque hay menos evaporación. Como también en una altura en donde la temperatura tiene una media de 6 grados C. se habla de un bosque muy húmedo, pese a que no aumentó la precipitación de 1.000 mm. anuales. Estas zonas de vida dan un tipo de vegetación característica que tienen designaciones convencionales que se hallan en los términos siguientes, con algunas modificaciones para las variantes.

Desde las formas más pobres de vida como el desierto, pasando por la tundra, producto de un suelo frío cubierto de líquenes y musgos, hasta las estepas que son asociaciones de herbáceas rígidas. Luego tenemos el matorral compuesto de arbustos y leñosas retorcidas; para llegar al bosque integrado por árboles de diversos tamaños. Estos pueden ser bosques espinosos, bosques secos, bosques húmedos, bosques muy húmedos o bosques pluviales, según el grado de humedad que mantiene la zona de vida a la que se refiere.

En los lugares donde hay vegetación natural puede reconocerse la zona de vida, por el conjunto de plantas que allí se encuentran. Muchas de ellas se relacionan como en una familia o comunidad por características semejantes o simplemente la una se halla asociada con la otra de manera vital, como el caso de la epifitas.

En las áreas cultivadas se puede también descubrir la zona de vida por las plantas domésticas que allí crecen.

Los suelos

El suelo es parte integral de los ecosistemas. Representa el basamento sobre el cual se han desarrollado todas las comunidades de vida terrestre.

El suelo es un conjunto de minerales pero también de vida formada por una gran abundancia de protozoarios, hongos y otras formas de vida bacteriana que permiten su des-

ISLAS GALAPAGOS
OCEANO PACIFICO
0°
Pto. Baquerizo Moreno
ESCALA
0
100km
COLOMBIA
OCEANO PACIFICO
PERU
Esmeraldas
Tulcán
Ibarra
Nueva Loja
QUITO
Latacunga
Tena
Ambato
Guaranda
Puyo
Babahoyo
Riobamba
Portoviejo
Guayaquil
Macas
Azogues
Cuenca
Golfo de Guayaquil
Machala
Loja
Zamora
Río Mira
Río Cayapas
Esmeraldas
Río Blanco
Río Guayllabamba
Río Pupusa
Río Peripa
Río Chone
Río Daule
Río Quevedo
Río Macul
Río Portoviejo
Río Vinces
Río Yaguachi
Río Bulubulu
Río Cañar
Río Jubones
Río Catamayo
Río Macará
Río Putumayo
Río San Miguel
Río Dué
Río Güepi
Río Coca
Río Aguarico
Río Napo
Río Tivacuno
Río Tiputini
Río Yasuní
Río Nashiño
Río Cononaco
Río Curaray
Río Pindo Yacu
Río Bobonaza
Río Conambo
Río Palora
Río Corrientes
Río Pastaza
Río Tigre
Río Upano
Río Zamora
Río Huiloyacu
Río Morona
Río Santiago
RIO MARAÑON
Río Chirinos
Río Tabacones
Chinchipe
Línea del Protocolo de Río de Janeiro de 1942
Zona en la que el Protocolo de Río de Janeiro es inejecutable.
Protocolo Mosquera - Pedemonte 1830

randes asociaciones egetales y agrícolas

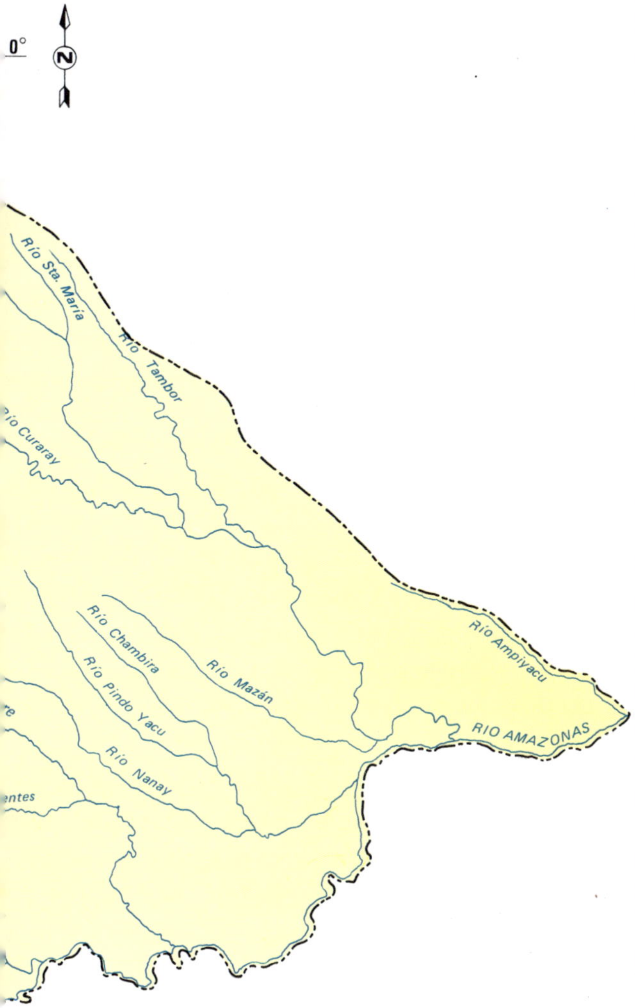

icultura serrana: pastos, cereales
gumbres

ques húmedos

a pluvial

ivos tropicales

ivos de zona seca, en parte regada

ESCALA
0 50 100 km
Mapa base I.G.M.

composición transformación y asimilación por parte de las plantas.

Las raíces que se hunden en el piso, así como el agua y otros factores de alteración física y química forman parte de la increíble transformación que se opera en el suelo vegetal. Por eso se dice que los ecosistemas dependen fundamentalmente de los suelos, de la temperatura y de la humedad.

Por consiguiente, los ecosistemas ecuatorianos se hallan profundamente influenciados por su situación tropical, el relieve andino y el tipo de suelos volcánicos. A esto se debe la formación de los principales ecosistemas que podemos observar en el paisaje ecuatoriano. Citaremos los más importantes.

El bosque húmedo de las vertientes andinas

Entre los 1.200 y los 3.600 metros de altura, sobre los declives de las montañas andinas crece un bosque húmedo y frondoso afincado sobre suelos volcánicos estables sólo por la vegetación que le sustenta.

Su raíces fuertemente pegadas al piso reciben lluvias copiosas que se detienen en sus hojas y en un suelo alfombrado de helechos gigantes, musgos y herbáceas que crecen sobre una capa de hojarasca tejida de raíces.

Altos árboles de la región como sisines, cedros, mataches, aguacatillos, motilones, canelos, guarumos, etc., alternan con palmas, algarrobos y otros arbustos enmarañados.

Es un bosque que va de húmedo a muy húmedo y hasta pluvial, como en el caso de las vertientes orientales.

El paisaje nos muestra una transición del bosque húmedo y templado hacia un sotobosque de tallos enmarañados y copas en forma de parasol.

Los suelos deleznables sobre los que se asientan estos bosques se erosionan rápidamente si son pelados de la vegetación que los recubre, para destinarlo a la agricultura o pastoreo.

Bosque protector Mindo-Nambillo, noroccidente Provincia de Pichincha

Igualmente, debido al mal manejo de estos bosques, se producen deslizamientos de tierra, principalmente cuando se hallan en construcción las carreteras que atraviesan estas zonas. Una espesa niebla los cubre frecuentemente desde el medio día hasta la noche. Estos bosques tienen una gradiente térmica que va desde las zona templada de los 1.200 metros hasta las zonas frías de los páramos en donde la vegetación se vuelve enrarecida. El sotobosque denominado ceja andina, compuesto de pequeños arbustos y otras leñosas retorcidas que van desapareciendo en la vegetación de páramo, constituyen la frontera boscosa hacia arriba en las vertientes andinas.

De otro lado, asociadas a la ceja andina, podemos encontrar, mortiños, romerillos, puyas, sacha-chochos, chuquiraguas, etc.

Estos bosques no deben tocarse ya que sus tierras con una pendiente mayor de 30%, se exponen a erosionarse rápidamente quedando la roca pelada.

Los páramos andinos

Sobre los 3.300 metros al norte y, al sur sobre los 2.900 metros crece una asociación florística y herbácea cuyas características se basan en la altura y la humedad ambiental.

Los páramos desde el punto de vista físico son tierras altas en forma de cabalgadura, formados por levantamientos tectónicos cordilleranos y recubiertos de lavas y cenizas volcánicas. De hecho, poco importa la forma superficial del suelo porque más cuenta, para su denominación el clima y el tipo de vegetación, por lo cual, los páramos pueden definirse mejor por su flora que por la apariencia de su relieve.

La planta que caracteriza a los páramos es una hierba de hojas alargadas y cilíndricas, en forma de agujas, de color amarillento que crece en mechones y soporta bajas temperaturas. Se halla permanentemente azotada por fuertes vientos y asida con firmeza al suelo, se la conoce vulgarmente como paja de páramo y al conjunto, como "pajonal".

Esta hierba de monte tiene muchas utilidades en la vida de los campesinos. En otros tiempos, los indígenas la utilizaban para los techos de sus viviendas ya que les proporcionaba abrigo y les cubría de las aguas.
A más de la paja de páramo, en las alturas andinas, crecen algunas leñosas raquíticas, al abrigo de hondonadas y quebradas que reciben una mayor humedad.
Más arriba de los pajonales, con climas fríos y gélidos, a ras del suelo, crece una vegetación de plantas pequeñas asidas fuertemente al suelo, con hojas verdes en forma de estrella y en el medio una flor bastante grande y colorida.
Hay otras plantas de hojas lanudas del tipo espeletia, como los fraylejones del páramo del Ángel o de la cordillera de los Llanganates. También se dan plantas arrosetadas con densas raíces que crecen en un clima frío.
Igualmente encontramos en estas alturas plantas almohadilladas, tipo azorellas o vegetación en turberas.
Es admirable encontrar plantas que crecen en grietas o taludes rocosos, en esteros o lagunas, en donde la vegetación nace gracias al microclima formado por estas defensas del frío y ayudadas por la humedad reinante.
El clima de las alturas tropicales es extremadamente inestable, horas en que luce el paisaje descubierto totalmente, y puede verse el azul de cielo con el perfil nítido de las montañas. Después, llegan las nubes que lo cubren todo, cae una garúa, es decir, una lluvia tenue y pasajera, sopla el viento con persistencia, mientras poco a poco vuelve a descubrirse el sol, el ambiente se calienta por minutos para luego sumirse nuevamente en el frío glacial o la neblina. Todas estas variaciones se deben a vientos orográficos que trabajan de arriba hacia abajo influidos por la gravedad y la densidad atmosférica.
Los páramos se ocupan para el pastoreo del ganado vacuno o lanar, o también para siembras de papas. Esta costumbre ha deteriorado los pastos naturales con el pisoteo del ganado o, peor aún, por las labores para la siembra.
Los páramos deberían ser declarados tierras protegidas por el Estado ya que el uso actual causa problemas ecológicos y los beneficios son muy pobres.
Así se destruyeron importantes extensiones de suelos de la provincia de Chimborazo en donde existían en la época colonial grandes cantidades de ovejas que proporcionaban lana para los obrajes.

Los cultivos intra-andinos

Las cuencas interandinas se hallan ocupadas por ciudades, poblados y campos de cultivo, casi en toda su extensión.
Los pisos climáticos fueron aprovechados por los agricultores tradicionales, no solamente para los productos alimenticios de cereales, legumbres o frutales, sino también dentro de las mismas especies para diferentes clases de cultivos.
Los eucaliptos fueron plantados por primera vez, hace poco más de cien años y ahora se los encuentra asociados a la propiedad hacendaria en bosques que sirven como cortinas para potreros y grandes sementeras y también en caminos y quebradas.
Las plantaciones cubren las vertientes andinas en gran parte. Se los puede admirar sobre la ciudad de Quito en los declives del Pichincha.
Desde el siglo pasado cerca de las ciudades serranas se los plantaron para obtener madera que ha servido para construcciones, combustible doméstico e industrial.
Las parcelas o minifundios, tienen la apariencia de un tablero de ajedrez con diferentes tonalidades, según los cultivos, entre los que sobresalen las "chacras de maíz". Se hallan principalmente en las tierras tradicionales de los indios. Últimamente en algunas provincias, como la de Tungurahua se siembra intensamente legumbres y granos tiernos que se consumen en las grandes ciudades. En otras provincias de la sierra norte han vuelto a funcionar las antiguas haciendas dedicadas a pastizales para los rejos de leche.

Propiedades medianas, con riego artificial, ayudados de mecanización, con potreros bien divididos y siembras cuidadosamente mantenidas, medianos propietarios progresistas que han vuelto al campo, se instalaron en las buenas tierras agrícolas de los valles interandinos.

En otros casos han incursionado en la producción de frutales de altura, como la manzana, el tomate de árbol y los cítricos.

Este tipo de paisaje se ve en la provincia de Tungurahua. La frutilla, la manzana, claudia, mandarina, etc., le han granjeado el nombre de la provincia de la frutas.

En otras provincias de la Sierra se siembran espárragos, frutillas, babacos, quínoa, flores y otros cultivos de exportación que permiten así, un mejor manejo de estas plantaciones.

Frecuentemente se halla en estas fincas una casa moderna, con instalaciones bien construidas y distribuidas.

Las plantaciones de flores tienen instalaciones muy costosas con regadío, desinfección e invernaderos.

Decenas de hectáreas cubiertas de carpas de plástico e iluminadas por la noche, forman un nuevo paisaje andino, principalmente al norte de la provincia de Pichincha.

Esto se halla principalmente en la zona de Checa, Otón, Cayambe y Tabacundo.

El cultivo de flores ha venido en aumento, pasando de las grandes inversiones también a pequeñas plantaciones artesanales, con buenos resultados.

Forman parte del paisaje andino, las montañas peladas de climas secos o suelos erosionadas por la sobrecarga de trabajo sin mantenimiento agrario.

Otras zonas arruinadas por las catástrofes naturales, como el volcanismo o las inundaciones dejaron a la vista un paisaje desolado como los campos ocupados por las coladas de lava, lahares, esparcimiento de bloques o enormes arenales. El campo da testimonio de la actividad volcánica que acabó la vegetación o dejó la tierra estéril para siempre, cubierta de piedras o piroclastos, como las tierras malas al pie del Cotopaxi.

En otros lugares, un bosque seco y espinoso recubre las tierras calientes de un valle de penetración, como en el caso del valle del Chota, Guayllabamba, Yunguilla o Catamayo, allí pueden verse, colinas peladas y calcinadas por el sol, caminos polvorientos, pero también, oasis regados y cubiertos de vegetación más densa. En estos valles denominados sub-tropicales crece la caña de azúcar, los frutales y cítricos.

Casi ya no se encuentra un bosque natural al interior de las cuencas andinas, todo ha sido ocupado y transformado.

En las quebradas se hallan relictos de la vegetación que cubría las tierras interiores andinas siendo los lugares predilectos de los naturalistas para analizar la vegetación que se hallaba en el entorno.

Fueron famosos los bosques del sur en la provincia de Loja que, en otros tiempos tenían chanul, guayacán, molles, y otras maderas muy apreciadas que ahora han desaparecido, una verdadera fiebre de maderas para la construcción de muebles acabó en poco tiempo con los bellos bosques del sur.

Los ecosistemas del trópico

Dentro de los tesoros vegetales que guarda la naturaleza y que se han librado de la destrucción del hombre, se hallan algunos bosques tropicales, húmedos y secos.

Los paisajes de los bosques tropicales de la región costanera norte y de la Región Amazónica tienen en común algunos aspectos que podemos resumir en los siguientes puntos:

Son bosques lluviosos, con índices de altas precipitaciones (entre 3 y 5 mil mm. anuales), de árboles corpulentos, selva densa y enmarañada, helechos gigantes, leñosas retorcidas, musgos y otras epifitas así como una agresiva capa de gramíneas de hoja ancha.

Existen árboles de tangaré, cedro, laurel, y caoba, muy apreciados por los madereros, para construcción de muebles y para exportación.

Sus suelos aluviales de origen volcánico, sirven de hábitat a una infinidad de animales y aves.

Sobre sus llanuras onduladas se hallan grandes asociaciones vegetales atravesadas por caudalosos ríos.

Las ricas selvas tropicales del Ecuador cubrían hasta comienzos de este siglo la mayor parte del territorio costanero y toda la selva oriental. Sin embargo, a la hora actual, la frontera agrícola, para las plantaciones de la Costa, así como los asentamientos de cooperativas de colonos en la Amazonía, cambiaron el panorama selvático, por un paisaje agrario que controla la tierra de manera minuciosa.

La riqueza forestal y la biodiversidad de los bosques ecuatorianos es incalculable.

Nombres de árboles muy famosos nos traen reminiscencias en la historia de la medicina mundial como el árbol de la quina, cuyo descubrimiento en los bosques andinos, trajo la curación a la fiebres tercianas o paludismo.

El caucho que usaban los habitantes amazónicos, encontrado por La Condamine en su viaje de regreso a Europa por el Amazonas en 1742, tuvo infinidad de usos industriales, principalmente en Europa.

El árbol de la canela que motivara algunas expediciones de los conquistadores españoles hacia las selvas del oriente, en el S. XVI.

Los árboles de los que se extrae productos de la farmacopea mundial, como la sangre de drago, el árbol del alcanfor, las hojas de la guayusa, el barbasco, la ayahuasca, sin hacer referencia, a la valeriana y otras plantas medicinales que crecen en la selva.

Como parte del paisaje amazónico podemos ver ahora las torres de perforación hidrocarburífera, los oleoductos, las instalaciones petroleras y los mecheros quemando el gas de los pozos advirtiéndonos que ese hermoso bosque se halla en peligro.

Ciertamente que utilizar los recursos naturales de un país pobre como el Ecuador es un imperativo para salir del subdesarrollo, pero el gran desafío es aprovecharlos sin dañar el medio ambiente.

Salinas Provincia de Pichincha "La Salinas"

No basta la reforestación, ni la limpieza de contaminación, hay que llegar a no deforestar ni a contaminar.
Los planes de manejo en caso de emergencia obligan a toda la sociedad que debe estar sensibilizada a esta problemática.

Un bosque seco tropical del perfil costanero

Este bosque comienza a la altura de Jaramijó en la provincia de Manabí y va hasta la frontera con el Perú en que comienza la zona desértica. Su vegetación xerófila humboldtiana, tiene además, ceibos, palo santo, faiques, y matorrales espinosos. La apariencia es triste y desolada.
Hacia el mar, en donde hay más humedad, se aprecian cocoteros agitando sus penachos al viento que sopla con furor, plantas reptantes que crecen sobre las arenas de las playas.
En algunos lugares se encuentran todavía bosques naturales secos, como es el bosque de Machalilla en la provincia de Manabí. Se halla ahora como área protegida.
Otros bosques que crecen en la periferia continental tienen que ver con los pantanos y marismas de agua salobre. Sobre esos suelos halófilos crece el mangle que ha dado nombre y fama a estos lugares.
Hacia el año 1969 se consideraba que existía unas 203.000 ha. de manglares. Hacia 1986, quedaban 177.600 ha., de eso hasta 1990 ya ha desaparecido más de la mitad lo cual ha motivado una prohibición de continuar ocupando los manglares que restan.

Los paisajes costeños de las áreas de cultivos

Sobre la inmensidad de la llanura costanera se puede ver un paisaje de plantaciones y cultivos para la exportación iniciada por la Standard Fruit Co. y que se han extendido desde el norte hasta el sur.
Las bananeras constituyen grandes propiedades con equipamiento moderno y muy tecnificado. Su color verde claro y sus hojas anchas cubren miles de hectáreas incrementándose cada vez debido a las demandas del mercado internacional.
En algunos lugares del norte costeño esta misma apariencia presentan las plantaciones de palma africana y abacá, ahora en franca regresión.
En la zona de Babahoyo, el arroz crece en la llanura inundable, o los cultivos de caña, soya y pastizales. Mientras hacia Quevedo podemos ver las plantaciones de cacao, maíz duro y frutas tropicales.
En Manabí, se cultiva el algodón, el café, los cítricos y legumbres como la cebolla.
Quedan pocos bosques y esporádicamente se puede descubrir la caña guadúa y otros carrizos en medio de una llanura pelada para los cultivos de ciclo corto.
Algunos bosques naturales se hallan hacia el oriente en los valles encañonados de los ríos o en algunos enclaves del relieve costanero.

Los bosques naturales protegidos

La conquista de la frontera agrícola se inició hace miles de años en los lugares más accesibles de la naturaleza, como las zonas templadas de altura, donde había un bosque bajo que podían doblegar con primitivas y escasas herramientas.
También habitaban en el litoral marítimo que era un medio estratégico para los intercambios de las culturas de Valdivia, Puerto López, Salango, Atacames o, a orillas de los ríos, como en la Región Amazónica. La gente habitaba en pleno bosque, como lo hacen hasta ahora, sembrando en medio de la selva pequeñas parcelas que eran abandonadas para luego cultivar en otro sitio.
A la llegada de los europeos, el paisaje andino cambió radicalmente .
Los españoles trajeron técnicas y herramientas de cultivo que tenían en la Península y que fueron aplicándolas en las tierras andinas.

ESTIMADO DEL NUMERO TOTAL DE ESPECIES DE PLANTAS VASCULARES, Y DE ESPECIES ENDEMICAS, EN LAS TRES REGIONES DEL ECUADOR CONTINENTAL

REGION	SUPERFICIE	No. DE ESPECIES	ESPECIES ENDEMICAS	PORCENTAJE ENDEMISMO
Occidente (Costa) < 900 m	80.000 km^2	6.300	1.260	20%
Sierra	102.000 km^2	10.500	2.625	25%
Oriente (Amazonia) < 900 m	81.000 km^2	8.200	1.230	15%
Total, Ecuador Continental	263.000 km^2	25.000	5.115	20%

Cifras tomadas de Dodson (1989)

De este modo se amplió la frontera agrícola, principalmente hacia las alturas a donde debió subir el indio a conseguir las parcelas después de haber sido despojado de las suyas.

Cuando el Ecuador se independizó de España comenzó la conquista de las tierras costeñas, principalmente para la recolección de frutos que se enviaban a los mercados regionales o europeos. Por consiguiente, durante miles de años se ocupó de manera creciente los bosques naturales del Ecuador hasta nuestros días en que prácticamente se han agotado y el país ha emprendido en una vigorosa defensa de los pocos bosques naturales que quedan y que se los debe conservar. Pueden clasificarse en: Parques Nacionales, Bosques Protectores y Reservas Forestales.

Los primeros son áreas naturales que no pueden ser transformadas y deben conservarse tales cuales están. Por ejemplo, el Parque Nacional Galápagos.

Bosque Protector es el área que, si bien podría ser intervenida, dada la configuración de su relieve, los suelos frágiles, el clima u otro factor de sensibilidad, el Estado ecuatoriano ha resuelto no tocarla para preservar mejor los suelos y el entorno. Ejemplo de estos son los bosques protectores de las pendientes andinas muy inclinadas.

Finalmente, constituyen una Reserva Forestal aquellos bosques que se encuentran en áreas silvestres y cuyas características no aconsejan su intervención hasta que se encuentren los mecanismos y tiempo más apropiados para utilizarlos conservando el medio ambiente.

Se estima que durante la vigencia de la Reforma Agraria y Colonización, (1964/94) se adjudicaron entre 200 y 300 mil ha. al año de bosques naturales. Y se considera que de éstos se han deforestado por lo menos 100 mil ha. por año.

Otro uso que ha obligado a la deforestación es la construcción de obras públicas, caminos, presas y diversos tipos de instalaciones.

También han contribuido de manera importante a la deforestación amazónica, la explotación hidrocarburífera de los yacimientos de la cuenca sedimentaria del Oriente ecuatoriano.

Con el fin de preservar la biodiversidad existente en la fauna y flora ecuatorianas se viene desarrollando, desde hace unos treinta años, algunos mecanismos legales de protección de los bosques naturales y lugares en donde se encuentra esa riqueza natural del país. Se estima que un 10% de las especies botánicas del mundo se hallan en este pequeño país, lo que traducido a cifras harían unas 25 mil plantas propias del lugar.

Por lo cual, el Estado ecuatoriano ha dictado normas y leyes que protegen estas riquezas naturales. Hablaremos de las principales áreas protegidas.

Parque Nacional Galápagos

Establecido legalmente mediante decreto supremo del 31 de mayo de 1936 y luego por ley decreto de emergencia del 17 de julio de 1959 y 12 de julio de 1979, en que se señalan los límites. Hace pocos años la UNESCO lo ha incluido entre los parques que pertenecen al patrimonio de la humanidad. Tiene unas 727.800 ha. y se halla en el archipiélago de Galápagos que forma parte la provincia del mismo nombre.

En otros tiempos, este archipiélago servía de refugio a los piratas que asolaban las costas sudamericanas del Pacífico. De allí que cuando el Ecuador tomó posesión definitivamente, anexándolo como parte del territorio nacional, a poco tiempo del inicio de la República (1830), ya se hizo algunos planteamientos de uso especial de las islas. Algunas peripecias sucedieron en el dominio del archipiélago de Galápagos, llamado así por las enormes tortugas que allí existen. En efecto, a mediados del siglo pasado, comenzaron a oírse las primeras referencias internacionales de estas islas, con la visita que hiciera Charles Darwin durante algunos meses investigando el origen de las especies.

Iguana del Parque Nacional Galápagos

Más tarde, sirvieron como lugar de confinamiento a los delincuentes del Ecuador continental y fue en esa época que se organizó algunos conatos de explotación agrícola, con la introducción de animales domésticos, como jumentos, perros y chivos que se convirtieron después en depredadores de las islas. Durante la II Guerra Mundial, los Estados Unidos establecieron una base militar en la Isla Baltra, para las unidades que cuidaban las costas del Pacífico.

Con posterioridad, las Galápagos han sido el objeto de un creciente turismo ecológico que se halla ahora cuestionado por los defensores de la naturaleza.

Es un bosque seco, con zonas de matorral desértico tropical; también puede verse un matorral espinoso tropical; matorral espinoso pre-montano y un bosque seco pre-montano. Su clima seco y sus tierras volcánicas, han contribuido a la variedad de especies de animales y plantas.

Los edificios volcánicos en forma de escudo, algunos de ellos en actividad, se hallan en la isla Fernandina e Isabela, las lavas que recorrieron hasta el mar, los basaltos que forman sus playas, y las mil curiosidades científicas de las Islas le dan un atractivo reconocido mundialmente.

Por tanto, su situación oceanográfica, su clima, sus especies naturales y su paisaje convierten a este archipiélago en un santuario de la naturaleza que el hombre debe protegerlo.

Parque Nacional Sangay

Establecido con un acuerdo ministerial del 26 de julio de 1979 en que se le señala límites. Consta de unas 271.000 ha. y se halla ubicado en una zona montañosa de la cordillera Real, formada principalmente por el volcán activo Sangay. Es un bosque húmedo de nubes que se halla sobre cenizas volcánicas recientes y con su fachada hacia la Región Amazónica de la que forma parte.

Las zonas de vida que se encuentran en este parque van desde formaciones esteparias hasta los bosques húmedos cubiertos de nubes: estepa montano, bosque húmedo montano, bosque húmedo pre-montano, bosque húmedo montano bajo, bosque muy húmedo montano, bosque muy húmedo pre-montano, bosque muy húmedo montano bajo, bosque pre-montano, bosque pluvial sub y bajo alpino, nival.

En este parque hace unos años un investigador ecuatoriano encontró restos de una civilización perdida que confirma que la Región Amazónica estaba habitada desde hace mucho tiempo.

Parque Nacional Cotopaxi

Se estableció definitivamente con sus límites y características con un acuerdo ministerial del 26 de julio de 1979. Consta de unas 33.393 ha. y se halla a unos 60 km. al sur de Quito, junto al estrato volcán del Cotopaxi.

Las zonas de vida que se hallan en este parque son: bosque húmedo montano, bosque muy húmedo montano, bosque muy húmedo sub-alpino, bosque pluvial sub-alpino y nival.

Cabe señalar que, además de la flora y fauna, el parque Cotopaxi es un museo de efectos volcánicos sobre los relieves adyacentes en que se puede ver el impacto de sus erupciones pasadas. Grandes bloques sobre el pie del edificio volcánico producto del colapso del edificio volcánico que tiene cicatrices de la caída de estos escombros en el flanco sur que mira a Quito. Vemos desde el lago periglaciar mirando al volcán morrenas terminales y hacia el este se encuentra al pie de la montaña, drumlins, depósitos de cenizas, piroclastos y escorias volcánicas, campos de piedras, etc. El impacto de la erosión glaciar y el movimiento tectónico del edificio volcánico provocó en tiempos pasados la destrucción de parte del cono. Además, se puede admirar el origen de los ríos Pita-Tambo nacidos de los deshielos del Cotopaxi y recogidos en una pequeña grieta que da origen al caudal del río. Es hermosa la vista del casquete de hielo con un fondo de cielo azul y nubes en movimiento.

Parque Nacional Machalilla

Se establece legalmente con sus límites, mediante acuerdo ministerial del 26 de julio de 1979. Consta de unas 55.000 ha. y se halla ubicado en la periferia sur-occidental de la provincia de Manabí. Es un bosque seco con las siguientes zonas de vida: matorral desértico tropical, matorral desértico pre-montano, matorral espinoso tropical, matorral espinoso pre-montano. Dentro de los límites del parque se pueden encontrar restos arqueológicos de civilizaciones remotas, como las de Puerto López, Salango y la isla de la Plata. Entre ésta y el continente se halla un lecho bajo del mar que antiguamente estaba expuesto a la superficie y en el cual se han realizado excavaciones arqueológicas encontrando restos de una civilización perdida.

Parque Nacional Yasuní

Creado con un acuerdo ministerial del 26 de julio de 1979, consta de unas 679.000 ha. La superficie inicial fue ampliada más tarde en el mes de julio de 1992 cuando se entregó en custodia este parque a sus habitantes los Waorani, llegando casi a un millón de ha.
Es un bosque tropical húmedo, sobre una penillanura de colinas en media naranja de suelo deleznable y frágil. El clima es muy húmedo y los suelos muy lavados. La vegetación primaria del bosque se halla en peligro por la explotación petrolera que no ha puesto los cuidados debidos para mantener el parque inalterado. La colonización está prohibida y los Waorani que reivindican ese territorio para ellos, son sus celosos guardianes.

Parque Nacional Podocarpus

Establecido legalmente con sus límites y características el 15 de diciembre de 1982, consta de unas 146.000 ha. y se halla entre las provincias de Loja y Zamora-Chinchipe, en el nudo de Sabanilla.
Su frontera sur se encuentra en la Región Amazónica en donde los accidentes del terreno cambian enormemente.
Es un bosque nuboso andino en que se pueden encontrar las siguientes zonas de vida: bosque húmedo pre-montano, bosque húmedo montano bajo, bosque muy húmedo montano, bosque muy húmedo pre-montano, bosque muy húmedo montano bajo.

Reserva Ecológica Cayambe Coca

Establecido legalmente por decreto ejecutivo el 26 de agosto de 1979, consta de unas 403.000 ha. Es un bosque húmedo nuboso con zonas de vida similares a las del parque Sangay.
Esta reserva es rica en especies dada su variada topografía y abundante precipitación.
Sus suelos muy frágiles, cubiertos de cenizas volcánicas y cargados de humedad se alteran fácilmente en caso de pérdida de la cubierta vegetal.
Este bosque, casi inaccesible, se halla en las estribaciones orientales del Cayambe incluyendo el hermoso cono del Reventador, extremadamente inestable.

Reserva Ecológica Cotacachi Cayapas

Creada con decreto ejecutivo del 17 de noviembre de 1970 y luego fijados sus límites con acuerdo ministerial del 26 de julio de 1979, tiene unas 204.000 ha. Se halla en la Cordillera Occidental de los Andes entre las provincias de Imbabura y Esmeraldas. Sus principales zonas de vida son las siguientes: bosque húmedo montano, bosque húmedo pre-montano, bosque muy húmedo montano, bosque húmedo tropical, bosque muy húmedo pre-montano, bosque muy húmedo montano bajo, bosque pluvial montano, bosque pluvial pre-montano, bosque húmedo sub-alpino, bosque muy húmedo sub-alpino.
Este parque nacional se encuentra en suelos muy frágiles de una zona lluviosa que se halla en peligro de deforestación.

Reserva Ecológica Manglares de Churute

Establecido legalmente el 26 de julio de 1979 consta de unas 35.000 ha. Se halla ubicado en el Golfo de Guayaquil. Es un bosque seco ecuatorial y de manglar. El principal problema que encuentra es la contaminación que proviene tanto de las plantaciones de banano, como de los desechos de la ciudad de Guayaquil. Los ecólogos han puesto en alerta a la sociedad ya que se trata de una zona de extremada sensibilidad que debido a su vecindad a la ciudad de Guayaquil podría ser invadido para destinarlo a viviendas u otros usos contrarios a su valor ecológico.

Reserva de Producción Faunística Cuyabeno

Se estableció legalmente el 26 de julio de 1979, con una superficie de 254.000 ha. Se halla en la provincia de Sucumbíos en la Región Amazónica y es un bosque húmedo tropical. Se hizo muy famoso a partir de un derrame petrolero que cubrió las lagunas asfixiando la vida subacuática que se considera excepcional, como pudo comprobarse por trabajos de los científicos que denunciaron estos atropellos a la naturaleza por parte de las petroleras. Además se encontró que una parte de la reserva se hallaba ocupada por colonos que hacía mal uso de los suelos. Las lagunas formadas en una zona de mal drenaje se hallan en medio de canales y riberas cubiertas de verdor. Su valor científico se halla sobre todo en sus aguas en donde a manera de un vivero dormita la vida de la selva.

Reserva de Producción Faunística del Chimborazo

Un acuerdo interministerial de octubre de 1987 lo creó con unas 58.000 ha. Son los páramos circundantes a los volcanes Chimborazo y Carihuayrazo.

A más del bosque existen en este lugar formaciones paravolcánicas y periglaciares que recibieron enormes impactos por la dinámica tectónica y volcánica de los dos colosos andinos.

Es un bosque andino con las siguientes zonas de vida: bosque húmedo montano, bosque muy húmedo sub-alpino, bosque pluvial sub-alpino.

Área Nacional de Recreación del Cajas

Se estableció el 26 de julio de 1979 y consta de unas 28.000 ha. Se halla ubicada en la provincia del Azuay en el nudo de Portete, hacia el occidente de la ciudad de Cuenca.

Es un altiplano de páramo con vestigios periglaciares en donde se hallan lagos y estanques naturales.

Esta plataforma andina cubierta de lagos y restos de las últimas glaciaciones tiene una singular belleza.

Su clima inestable de nubes y vientos permite ver el cielo y la montaña en un juego de la naturaleza que le vuelve misteriosa y que le confiere una cierta majestad sagrada.

Las zonas de vida son: bosque húmedo montano, bosque muy húmedo montano, bosque muy húmedo sub-alpino, bosque pluvial sub-alpino.

Área Nacional de Recreación el Boliche

Establecido legalmente el 26 de julio de 1979. Cuenta con unas 1.000 ha. y se halla al pie del Cotopaxi. Pertenece en las zonas de vida a un bosque húmedo montano.

Efectivamente antes que se sembrara de pinos estos lugares estaban cubiertos de una vegetación baja, de herbáceas duras como la de los pajonales y arbustillos como la chuquirahua.

Ahora se halla un bosque de pinos que no tiene mayor valor ecológico debido a su extraña presencia en un paisaje de pajonales.

Reserva Geobotánica del Pululahua

Se estableció el 17 abril de 1985 con 3.300 ha. se halla en el cráter del volcán Pululahua cerca de la parroquia de Calacalí, 10 km. al norte de Quito.

Es un bosque seco con las siguientes zonas de vida: bosque seco montano bajo, bosque húmedo montano bajo, bosque húmedo montano y bosque húmedo pre-montano.

Además de la reserva se puede admirar el cráter del Pululahua, cubierto de niebla y repentinamente barrido por el viento.

Las curiosidades científicas abundan por doquier. Colada de lava hacia la población de Calacalí, nubes ardientes hacia la población de San Antonio, recubrimientos de piroclastos sobre el borde le volcán, cráteres adventicios, estructuras fracturadas, planos inclinados y con fuerte buzamiento debido al tectonismo, escombros del edificio volcánico, etc.

Reserva Biológica de Limoncocha

Establecido con acuerdo interministerial del 26 de octubre de 1986 con una superficie de 4.600 ha. se halla en la provincia de Sucumbíos en el cantón Shushufindi.

Es un bosque húmedo de la Región Amazónica, con un espejo de agua. Es rico en fauna y microorganismos.

Hacia un inventario mayor de tierras protegidas

Estas áreas que el Estado ecuatoriano ha declarado protegidas no agotan todos los espacios que deberían entrar en esta denominación.

En efecto, hay otras reservas, como las que detallaremos a continuación de forma breve, que se hallan protegidas, aunque sea con una menor categoría que las nombradas anteriormente.

Reserva de Recursos Marinos de Galápagos

Establecida con decreto del 19 de abril de 1986, consta de una superficie aproximada de unos 70.000 km.[2] en el mar de Galápagos.

En esta reserva ha ocurrido la pesca de los pepinillos de mar, la caza de los tiburones, prohibido por la ley, y otros abusos de los pescadores internacionales.

Este mar forma parte del patrimonio de Galápagos por tratarse de una cuenca formada sobre una plataforma volcánica con las islas y sus montañas.

En ese mar el juego de la corriente de Humboldt, el clima tropical, el fenómeno de El Niño con ocurrencias episódicas, la fauna sumergida en el mar en busca de alimentos ha formado un ecosistema marino que debe ser protegido.

Reserva Forestal del asentamiento de la Comuna Awa

Establecida con un acuerdo ministerial del 13 de septiembre de 1988. Tiene una superficie de unas 101.000 ha. y se halla en la provincia de Esmeraldas y Carchi.

Las zonas de vida que incluyen son: un bosque húmedo tropical, bosque muy húmedo pre-montano, bosque muy húmedo tropical, bosque pluvial pre-montano.

En esta área habita una comunidad indígena de carácter silvícola.

Bosque Protector del Pichincha

Establecido con acuerdo ministerial del 3 de julio de 1985. Se halla ubicado en el macizo volcánico del Pichincha en el lado oriental que da hacia la ciudad de Quito. Tiene una extensión aproximada de 8.096 ha. y es un bosque húmedo montano bajo y un bosque muy húmedo montano.

Debido a su cercanía a la ciudad de Quito el I.M.M. de Quito ha resuelto incorporarlo como un parque metropolitano que forma parte del cinturón verde de la ciudad.

Bosque Protector Petrificado del Puyango

Establecido con acuerdo ministerial del 9 de enero de 1987. Tiene una superficie de 2.658 ha. y está localizado al sur en la provincia de Loja y El Oro. Es un bosque seco pre-montano y bosque húmedo pre-montano. Tiene mucha importancia científica el bosque petrificado y el subsuelo, por los aportes para el conocimiento de la flora y fauna de ese lugar hace millones de años.

Bosque Protector de Mindo y Nambillo

Establecido con acuerdo ministerial del 12 de abril de 1988, consta de 19.200 ha. Se halla cerca de la población de Mindo a 50 km. al oeste de Quito, sobre el flanco occidental del Pichincha. Las zonas de vida son: el bosque húmedo montano bajo, bosque muy húmedo montano, bosque muy húmedo pre-montano y bosque muy húmedo montano bajo.

Bosque Protector Sumaco

Establecido con acuerdo ministerial del 3 de septiembre de 1988, consta de 100.045 ha. y se halla en la provincia del Napo. Sobre el macizo del Sumaco. Las zonas de vida son: bosque húmedo tropical, bosque muy húmedo pre-montano, bosque muy húmedo montano bajo, bosque pre-montano, bosque muy húmedo tropical, bosque pluvial pre-montano.

Bosque Protector Pasochoa

Establecido con acuerdo ministerial del 11 de noviembre de 1982. Consta de 319,6 ha. y es una zona que ocupa el flanco interior del Pasochoa, es un bosque húmedo pre-montano. Se halla administrado por la Fundación Natura.

Reserva Ecológica Lagarto Cocha

Es una reserva ecológica ubicada en la provincia de Sucumbíos. Es una área de bosque tropical húmedo rica en fauna de esta zona, como manatíes y lagartos.

Reserva Ecológica Chongón-Colonche

Se halla en la provincia del Guayas en la zona montañosa de la cordillera costanera. Es una reserva del perfil costanero que debe ser conservada por su topografía y las variadas especies que alberga.

El Archipiélago de Jambelí

Localizado en la provincia de El Oro, está formado por un conjunto de islas rodeadas de manglares. Tiene un paisaje agreste y tranquilo.

El Páramo del Ángel

Localizado en la provincia del Carchi, tiene una área de unas 15.515 ha. con flora y fauna de altura, como la paja de páramo y sobre todo un sotobosque de fraylejones que son plantas con hojas aterciopeladas que condensan el agua, la almacenan y liberan paulatinamente.

Podríamos añadir otras áreas más pero nunca serían todas, ya que diariamente descubrimos nuevos lugares hermosos, por su flora, fauna o por su calidad paisajística, como la Cascada de Peguche y su área forestal adyacente.

Un día florecerán de nuevo todas estas tierras tan maltratadas por el descuido humano, cuando tomemos conciencia que el medio natural es nuestra primera responsabilidad como partícipes de la especie humana.

GALAPAGOS
(Región Insular)
OCEANO PACIFICO
Puerto Baquerizo Moreno
0 50 km
COLOM
PERU
OCEANO PACIFICO
GOLFO DE GUAYAQUIL
Esmeraldas
Tulcán
Ibarra
Nueva Loja
QUITO
Latacunga
Tena
Ambato
Puyo
Guaranda
Riobamba
Babahoyo
Portoviejo
Guayaquil
Macas
Azogues
Cuenca
Machala
Loja
Zamora
CARCHI
ESMERALDAS
IMBABURA
PICHINCHA
MANABI
COTOPAXI
NAPO
SUCUMBIOS
LOS RIOS
BOLIVAR
TUNGURAHUA
PASTAZA
CHIMBORAZO
GUAYAS
MORONA SANTIAGO
CAÑAR
AZUAY
EL ORO
LOJA
ZAMORA CHINCHIPE
Línea del Protocolo de Río de Janeiro de 1942
Protocolo Pedemonte Mosquera de 1830
Zona en la que el Protocolo de Río de Janeiro es inejecutable
Río San Juan
Río Mira
Río Cayapas
Río Esmeraldas
Río Blanco
Río Guayllabamba
Río Chone
Río Daule
Río Quevedo
Río Babahoyo
Río Toachi
Río Antisana
Río Quijos
Río Coca
Río San Miguel
Río Putumayo
Río Güepí
Río Aguarico
Río Napo
Río Tiputini
Río Tivacuno
Río Yasuní
Río Nashiño
Río Cononaco
Río Curaray
Río Pindo Yacu
Río Conambo
Río Bobonaza
Río Pastaza
Río Palora
Río Tahpingo
Río Upano
Río Corrientes
Río Huasaga
Río Morona
Río Santiago
Río Chambira
R. Zamora
Río Nangaritza
Río Chirinos
Río Chinchipe
Río Marañón
Río Macará
Río Puyango
Jubones
1 2 3. 4 5 6 7 8 9 10 11 12 13 14 15 16 17 18 19 20
SITUACION DE LA PROVINCIA DE GALAPAGOS CON RELACION AL TERRITORIO CONTINENTAL
92° 84° 76°
Galápagos
COLOMBIA
Quito
Guayaquil
OCEANO PACIFICO
PERU
Más de 40
De 3000 a 40
De 2000 a 30
De 600 a 20
De 300 a 60
De 0 a 30

Parques y Reservas naturales

PARQUE NACIONAL

1 Cotopaxi
2 El Salado
3 Galápagos (reserva biológica marina)
4 Machalilla
5 Podocarpus
6 Sangay
7 Yasuní

RESERVA ECOLOGICA

8 Cayambe-Coca
9 Cotacachi-Cayapas
10 Manglares Churute

RESERVA BIOLOGICA

11 Limoncocha
12 Mindo
13 Sumaco

AREA NACIONAL DE RECREACION

14 Boliche
15 Cajas

RESERVA FAUNISTICA

16 Cuyabeno
17 Chimborazo

MONUMENTO NATURAL

18 Bosque petrificado Puyango
19 Páramos de El Angel
20 Pululahua

La distribución faunística

El sub-continente en el que se halla el Ecuador estuvo aislado hace millones de años del resto de la Tierra hasta que se unió con Centro y Norteamérica a través del Itsmo de Panamá.

Por tanto, su fauna era muy original hasta que llegaron del norte los grandes animales que desaparecieron hace miles de años.

En cuanto al Ecuador, como sabemos gran parte del territorio estaba cubierto por el mar; solamente cuando emergieron los Andes durante el Terciario comenzó a individualizarse la fauna y flora andinas llegando hasta nuestros días, por lo menos en algunos enclaves, como la Región Amazónica y Galápagos, ejemplares bastante originales del lugar.

Vertebrados

Entre los marsupiales, es decir, los animales que llevan una bolsa en el vientre para transportar a sus críos, como lo hacen los canguros, se cuentan un número muy crecido de murciélagos que viven en las cavernas o en los árboles. Otros, como las raposas y los guanchacos que habitan en la Costa; a veces, se los halla entre los guineales en donde hacen su morada.

No es raro encontrarlos sobre montones de basura, esto los hace un poco repugnantes y por ello, injustamente el hombre los persigue.

La musaraña que se parece a un ratón frecuenta las alturas de los Andes. Se halla bastante familiarizada con la noche y su visión se deslumbra con la luz. Vive en cuevas en donde se refugia de sus perseguidores, se alimenta de insectos, arañas, etc. y es beneficiosa para la agricultura y se la conoce también con el nombre de topo.

Un animal bastante típico de los Andes sudamericanos habita en las alturas de nuestro país, es el osito de anteojos u oso sudamericano. Se lo ha visto por ejemplo en el bosque de Mindo, al pie del Pichincha. De cabeza redonda, patas pequeñas y curvadas pero robustas, puede medir hasta 1,80 metros cuando se pone erguido. Es un animal protegido y pese a que incursiona en las chacras de los agricultores buscando su alimento, sin embargo, no se justifica su exterminio.

Los monos, son animales de variadas especies y se hallan en los climas tropicales.

Tienen algunas características diferentes y llevan nombres que se les ha dado por su apariencia externa, como micos, capuchinos, maquizapas, choros, frailecitos o chichicos, se hallan principalmente en la Región Amazónica en donde se divierten colgándose de los árboles, utilizando sus manos muy ágiles y su cola prensil.

Hay una anécdota con un monito chichico que encontró La Condamine en su viaje de regreso a Europa en el S. XVIII, por el Amazonas.

Viéndolo tan pequeño, ya que son de una especie de enanitos entre los monos, de piel plateada y aterciopelada, labios y orejas encarnadas, lo llevó consigo durante todo su viaje de vuelta. Divisando ya las costas de Francia, dado el intenso frío que hacía en ese año durante el invierno y pese a los cuidados que le prodigaba el sabio para abrigarlo, el monito murió.

Hay seres en la naturaleza que por más que se los cuide, si se los aparta de su medio natural, aunque les brindemos muchas comodidades, no pueden resistir otras condiciones de vida y prefieren morir.

Los osos hormigueros, habitan en la Costa y el Oriente, se alimentan abriendo las cuevas de hormigas con su trompa puntiaguda.

Otros animales bastante parecidos a los anteriores son los perezosos o pericos ligeros que viven en los climas cálidos. Se suben a los árboles y se lanzan a los ríos a refrescarse en los momentos de calor.

Los armadillos también se los encuentra en los medios del bosque tropical, principalmente en la Región Amazónica, para los Shuar este animal tiene una connotación sagrada.

De los roedores que se encuentran en las zonas cálidas anotamos, las guantas, las guatusas y los erizos. Entre estos animales hay uno muy apreciado por su carne, es la capibara, que es el roedor más grande que existe en la selva. Mide hasta l,30 metros y pesa alrededor de 100 libras. Es vegetariano y viven en grupos. Los colonos de la Región Amazónica los mantienen como animales domésticos cerca de la casa.

También existen en el bosque ratas y ratones de campo, muy perjudiciales cuando se multiplican demasiado. Hay ardillas y conejos de monte que viven desde los pisos bajos hasta las grandes alturas. Los conejos de los páramos son muy abundantes y se esconden en cuevas en medio del pajonal.

En los montes hay lobos que miden hasta 1,7 metros y son temidos por los ovejeros. También hay otros carnívoros peligrosos, como el chucuri que habita hasta los 4.000 metros de altura. Es muy sanguinario y astuto. Se los persigue hasta darles muerte porque según la creencia de la gente campesina es un enemigo feroz de los gallineros.

Se divisan de vez en cuando los llamados perros de agua que se los conoce así por ser excelentes buceadores. Igual que la nutria, que es un lobo acuático. El cusumbo con orejas pequeñas, cola larga y prensil se lo puede encontrar en la Región Amazónica.

Los zorros o zorrillos que dejan un olor muy fuerte cuando huyen; habitan en las montañas y tienen fama de comerse las aves domésticas o sus huevos. También se los persigue hasta darles muerte.

El jaguar o tigre americano vive en litoral o en la Región Amazónica y llega a reservarse hasta 25 $km.^2$ de territorio. En otros tiempos era muy temido por los colonos y caminantes de la selva.

Otro animal temido por la gente es el puma o león americano que se lo encuentra hasta los 4.000 metros de altura. Estos animales han sido perseguidos porque se les atribuía la muerte del ganado del páramo.

El tigrillo vive en el Oriente o la Costa, puede ser domesticado, los indígenas lo cazan, le sacan la piel y la venden porque es muy apreciada. También vive en las alturas el gato de las pampas que se asemeja mucho a un gato doméstico, un poco más grande; tiene su morada en medio del pajonal.

La danta es un animal muy codiciado por los cazadores, se la conoce también como vaca de monte. Es muy apetecida por su carne y debe ser protegida porque se halla en peligro de extinción.

Los saínos o jabalíes americanos son vegetarianos y pacíficos, también se los persigue para cazarlos.

Finalmente, entre la fauna que se encuentra en las alturas andinas están los venados y ciervos. En otros tiempos se encontraban, además llamas, llamingos y vicuñas. Ahora se los ha domesticado y se los ha vuelto a introducir en su hábitat de altura.

Entre los cetáceos, el bufeo de río vive en la Región Amazónica. En cuanto al bufeo de mar se lo ve en el Golfo de Guayaquil cerca de la Puná y puede alcanzar los 4 metros. La gente dice que salva a los que se hallan en peligro en el mar y se cree además que ahuyenta a los tiburones.

La orca es de agua fría vive en la Corriente de Humboldt, frente a las costas ecuatorianas; es muy agresiva y ataca, aún a peces más grandes que ella, tiene hasta 9 metros de largo.

La ballena azul puede medir hasta 30 metros vive cerca de las Galápagos. El cachalote tiene como 18 metros de largo se lo encuentra siempre en grupos de hasta 50 individuos.

Las aves, en el Ecuador son muy diversas y abundantes debido a dos factores que favorecieron su crecimiento, esto es, la variedad de climas y el hábitat silvícola en el que se han desenvuelto por miles de años.

Las aves en su gran mayoría son insectívoras y el clima tropical y la humedad les proporcionan una abundante alimentación.

Gran parte de las aves que vamos a citar se hallan en Galápagos, como los pingüinos que llegaron en la Corriente de Humboldt desde las zonas frías del polo sur.

Los albatros que son aves de enormes alas y con una gran capacidad de desplazamiento. Los pelícanos también se hallan en la costa ecuatoriana.
Un gran atractivo para los visitantes de las Galápagos son los piqueros de patas azules, las fragatas o tijeretas que tiene un majestuoso vuelo y viven de la pesca marítima, los contramaestres y garzas. De estas últimas hay algunas especies en el continente.
El flamenco es una de las aves más pintorescas de Galápagos, tanto por su porte como su color. Además, hay una infinidad de aves más pequeñas y de variados colores.
Si nos referimos a los Andes, sobresale el cóndor. Pese a ello esta ave se halla en extinción por la falsa idea que tienen en el campo de que ataca al ganado, cuando solamente come los animales que han muerto. Esta ave se halla en el escudo nacional.
Los gallinazos y buitres que se nutren de las mortecinas de animales abandonados en el campo, constituyen una labor benéfica ya que limpian de la carroña en descomposición.
Las águilas y gavilanes, así como los guarros, curiquingues, quilicos. Entre estas aves hay que destacar las águilas arpías, admiradas y temidas por los Waorani de la Región Amazónica que la consideran una ave sagrada que confiere valor y ciertos poderes especiales.
Hay también pavas de monte, gaviotas, golondrinas de mar y del continente, tórtolas, palomas, etc.
Hay que citar aparte los guacamayos, papagayos, pericos, loros, catarnicas, etc. de vistosos plumajes y se hallan tanto en la Costa como en la Región Amazónica. Son avecillas buscadas por sus plumas y también se las vende como mascotas.
Las lechuzas y búhos son considerados aves nocturnas, al igual que los huácharos y tayos.
También vale la pena citar unas avecillas que abundan en el Ecuador y que son muy pequeñitas, los colibríes y quindes. Otra ave muy hermosa es el tucán de pico desproporcionado para su cuerpo, los pájaros carpinteros, gallos de la peña, huirachuros, etc. No vamos a nombrar a todas las aves porque sería interminable, solamente hemos citado las más conocidas y atractivas.
En cuanto a los reptiles también hay en gran número y originalidad.
Vamos a referirnos ahora a los de Galápagos y en primer lugar a las tortugas gigantes, a las iguanas terrestres con apariencia de dinosaurios en miniatura, lagartijas, etc.
Son muy conocidas las serpientes y culebras de la Región Amazónica, principalmente la anaconda por su tamaño descomunal.
Los sapos, en gran número de especies distribuidos en las tres regiones naturales constituyen otro de los rubros muy estudiados por los científicos.
En cuanto a los peces, igualmente vamos a citar sólo a los más conocidos, a saber: sardinas o pinchahuas, atunes de gran tamaño y muy abundantes de los mares fríos ecuatorianos que han dado lugar a una industria muy floreciente, también se encuentran, picudos, pez sierra, dorados, etc.
En los ríos amazónicos también hay muchas especies de peces, entre ellas pirañas y anguilas.
De los crustáceos encontramos una variedad de cangrejos, camarones, pangoras, etc. No hablamos de los insectos, mariposas, arácnidos y gusanos de los que se halla henchida la selva.

II
El hombre ecuatoriano

Capítulo 4

Población

El Chota, Provincia de Imbabura

Historia de la ocupación del espacio ecuatoriano

El territorio continental de lo que ahora es la República del Ecuador, estuvo habitado por el hombre, por lo menos, desde hace más de siete milenios, según parece por los testimonios arqueológicos descubiertos hasta ahora. Otros investigadores creen que estas tierras estaban habitadas desde que se retiró la última glaciación de la tierra y en su suelo comenzaban a crecer, selvas tropicales y praderas de sabana. Es aceptado de manera común que el hombre asiático pasó a la América a través del estrecho de Bering, entre 20 y 40 mil años A.P. cuando todavía el mar estaba congelado por la última glaciación.

Se sabe que desde Norteamérica poco a poco fueron avanzando al sur, hasta llegar a Mesoamérica, en donde florecieron grandes culturas de las cuales, las nuestras parecen ser originarias. Las investigaciones en el Ecuador, sobre la presencia del hombre primitivo nos indican que tanto en Ilaló, al oriente de Quito, como en Chobshi, provincia del Azuay serían los asentamientos más antiguos, entre 7 y 10 mil años A. P., (en el Oriente, en Jondachi y en la Costa, en la Península de Sta. Elena).

Los testimonios arqueológicos de la primera cultura se hallaron en la Costa ecuatoriana, cuyas fechas más tempranas se remontan entre 5.500 y 5.700 años A.P., en el sitio de Real Alto, provincia del Guayas.

Estas culturas dependían para su vida del mar de manera primordial, como otros pueblos contemporáneos de la costa peruana. En cuanto a testimonios de su agricultura se encontró restos de maíz, algodón, camote, achira, maní, frijoles, etc., lo que nos hace pensar en un hombre bastante evolucionado. Parece que poco después tuvieron mucha importancia los intercambios entre el mar, la montaña y la selva.

Por eso, se encuentra la concha spondylus que procede del norte costeño, en las comunidades andinas, igualmente que la obsidiana de la Sierra se halla presente en los puntos arqueológicos de la Costa.

El hombre de esta época ha demostrado su capacidad de organización del espacio, con el establecimiento de poblados concentrados, como el de Valdivia y otros ubicados a lo largo del perfil costanero. Entre estos contactos, el sitio de la Tolita, en la desembocadura del Cayapas, según los entendidos, se considera un puerto de irradiación regional. Ya en esta etapa de la ocupación del espacio ecuatoriano, aparecen pueblos con identidad y cohesión. Los testimonios cerámicos nos hablan de una sociedad con autoridades, valores morales y una cierta vida comunitaria.

La expansión demográfica en el período de desarrollo consolidó los pueblos y multiplicó los intercambios, como pueden verse en una sucesión de asentamientos humanos a lo largo de la Costa ecuatoriana, como en la Puná, Agua Blanca, Salango, Manta, etc., donde podemos encontrar productos de una y otra región con una gama de actividades, como la pesca, la manufactura de cerámica y textiles, así como, guerreros, sacerdotes, navegantes, etc.

La ocupación del espacio se desarrolló más tarde hacia, Milagro-Quevedo, en cuyas tierras anegadizas los miembros de esos pueblos harían surcos bastante altos (camellones), para sembrar sus productos, llegando a ocupar cientos de hectáreas con estas técnicas de cultivo, lo cual demuestra el avanzado progreso que habían experimentado hasta entonces. En cambio, en las cuencas interandinas se habían desarrollado agrupaciones político-religiosas asentadas sobre territorios tradicionalmente respetados por todos.

Una cultura ancestral

Los señoríos étnicos estaban conformados por familias que respetaban a un jefe nativo que reunía ciertas condiciones de linaje y liderazgo.

Se conoce que, con el fin de defenderse de las amenazas de los poderosos, hacían alianza mediante pactos, como la confederación Quitu-Cara que abarcaba desde la provincia del Carchi hasta la provincia de Cotopaxi; la confederación Puruhá, cuyo núcleo más importante estaba en la provincia de Chimborazo y al sur, la confederación Cañari que había logrado un gran prestigio en el sur.

Igualmente, los señores de la Costa como los de Puná, Manta, Atacames eran reconocidos como pueblos poderosos.

Y, hacia el oriente, los Quijos, Yumbos y otras tribus tenían territorios propios que eran respetados por los vecinos. Al frente se encontraban personajes con un gran prestigio.

Estos pueblos canjeaban entre si los productos que tenían en exceso con los que les faltaban mediante funcionarios comerciantes que generaron una importante movilidad social.

Los hombres de prestigio a más de los sacerdotes y los miembros de la nobleza eran los mercaderes, militares y curanderos.

Una vez terminada su transhumancia, estos pueblos milenarios se afincaron en un territorio fijo en donde desarrollaron una agricultura bastante tecnificada, aprendieron el tejido del algodón y la lana y construyeron sus viviendas, adoratorios y centros políticos.

Entre estas comunidades indígenas originarias estaba muy desarrollada la cerámica, según nos ha llegado la información por los testimonio arqueológicos.

En ese tiempo ya utilizaban metales preciosos, cuya materia prima lo encontraban en los placeres de los ríos orientales.

Su alimentación estaba muy bien balanceada porque, además de los cereales y leguminosas, obtenían algunas proteínas de la pesca, la caza y de algunos animales que lograron domesticar, como el cuy.

El control del espacio era casi total en las cuencas andinas, en la periferia marítima y selectivamente en el pie de monte amazónico.

El Incario

En el S. XV, los Andes centrales estaban dominados por un gran estado, denominado Tahuantinsuyo, a la cabeza del cual se hallaba el Inca, un verdadero emperador de esos tiempos cuya estirpe habría surgido en las cercanías del lago Titicaca y cuyo centro político era el Cuzco.

El Incario estaba integrado por algunas unidades políticas de las cuales formaba parte el territorio del actual Ecuador con Quito, que gozaba de enorme prestigio ya que habitaba allí Atahualpa el Inca que había heredado la parte norte del Tahuantinsuyo y que en guerra contra su hermano Huáscar lo había vencido y mandado a ejecutar.

La organización del imperio tenía el siguiente esquema:

La capital política era el Cuzco, y después también Quito en donde vivían la nobleza y los grandes señores del Incario.

Se hallaba comunicado con el resto del imperio por una red de caminos bien mantenidos que constituían la base de la organización del espacio andino, ya que a través de esa red vial, se comunicaba políticamente el estado, con sus funcionarios y autoridades impartiendo normas, órdenes y disposiciones e informándose, a la vez, de las novedades del imperio.

Este sistema de comunicación era algo más importante de lo que ahora corresponde a una red vial. Su carácter oficial, el equipamiento de auxilio y la categoría de gente que circulaba por allí le daba una característica que no puede compararse a lo que ahora existe. Estas vías se las conocía como el camino del Inca (capacñan), es decir, era el eje articulador y el sistema nervioso que animaba la organización política, social y económica del imperio.

A lo largo del territorio se hallaban los asentamientos dispersos de los pobladores que se aglutinaban en unidades familiares denominadas ayllu, en los que ostentaban mando los respetables de cada familia.

A su vez, estas parcialidades formaban cacicazgos, al frente de los cuales se hallaba un curaca o gran señor que administraba, esos territorios y daba cuentas a los funcionarios del Incario.

Los pueblos eran muy religiosos y tenían sus lugares de culto en las colinas o peñones y los llamaban, huacas.

Dentro de la organización del territorio y con el fin de mantener a raya a los enemigos del imperio y lograr nuevas conquistas, los Incas tenían un ejército, a la cabeza del cual estaba el propio Inca (Cápac) que avanzaba de manera triunfante hacia el sur o hacia el norte.

Los fuertes militares que establecían en los caminos los llamaban, pucará.

Cuando el Inca lo consideraba necesario, ordenaba la movilización de pueblos íntegros, que organizados, se trasladaban de una región a otra y recorrían, a veces, miles de kilómetros durante meses, con el fin de consolidar las costumbres del Incario en los pueblos recién conquistados o también, con el propósito de desarraigar a algunos pueblos rebeldes y mantenerlos lejos de su tierra.

Tanto a los unos como a los otros se los llamaba, los mitmajcuna, o mitimáes que fueron muy famosos por los efectos geográficos que causaban en la transformación del espacio.

A lo largo del capacñan, se hacían paradores para los caminantes, a fin de que puedan pasar la noche en despoblado y a estos sitios se los llamaba tambos. Los hombres que recorrían diariamente el camino del Inca llevando o trayendo noticias de todo el imperio eran los chasquis.

En esta cultura eminentemente agrícola, en la que no había ciudades, el mercado se realizaba en sitios de convergencia de caminos regionales y se los llamaba "tiánguez".

El mercado confería importancia al lugar por dos aspectos, en primer lugar, por la actividad comercial, y luego, por la accesibilidad desde varios sitios, lo cual le convertía en un centro estratégico. Quito era un mercado y con los Incas se convirtió en un centro político de importancia regional y luego imperial, por la presencia del Inca.

Los mercaderes eran personas especializadas, experimentadas y prestigiosas que conocían otros medios ecológicos y otras culturas. Desempeñaban estas funciones en nombre del Estado y tenían gran autoridad.

De la misma manera, el control de los recursos del agua para el riego, había llegado a un nivel de dominio tal que hasta ahora se pueden admirar en algunos lugares, no solamente las acequias de conducción, realizadas con maestría y conocimiento técnico, sino, además, verdaderos reservorios de agua en las alturas que servían para el riego en tiempos de escasez.

El Incario logró controlar férreamente a los pueblos conquistados e imponer su cultura, sea con alianzas que consistían en pactos políticos hasta matrimonios con las hijas de los grandes señores y, cuando no se aceptaban estas condiciones pacíficas, se obraba por la fuerza con los pueblos que se oponían reiteradamente a su dominio.

También lograron incorporar los adelantos y valores de los pueblos sometidos sin dañar las culturas locales que mantuvieron sus costumbres y aportaron con sus conocimientos a la civilización incaica, de modo que bien podría hablarse de una verdadera conquista.

La sociedad incaica socialmente estaba estratificada de la manera siguiente:

El Inca y su parentela formaban la cúspide de la pirámide, más abajo estaba la nobleza adjunta que desempeñaba cargos importantes en las funciones públicas.

Luego se hallaban otros funcionarios del Incario que controlaban el buen funcionamiento del sistema y después venían los señores y jefes de las localidades más pequeñas. El pueblo formaba la gran mayoría de la sociedad.

Bajo ellos existían una especie de esclavos llamados yanacuna que hacían los trabajos de servicios y estaban bajo la dependencia de los jefes y señores. Según parece, estos eran rebeldes condenados por el Inca a este nivel de esclavitud o forasteros sin identidad emigrados de otros pueblos.

El Inca, como jefe supremo del Tahuantinsuyo.

Encuentro de Atahualpa con los conquistadores.

La invasión europea

Con la llegada de los europeos a la América andina el Tahuantinsuyo que se hallaba dividido y en guerra fratricida fue presa fácil de los peninsulares que consolidaron su poder gracias a sus dotes de diplomáticos y estadistas. Durante el S. XVI se establecieron instituciones civiles y religiosas que manejaron a su real talante estos reinos e impusieron en sus colonias los esquemas administrativos vigentes en la España unificada.

Crearon los virreinatos al frente de los cuales se hallaban un virrey con poderes omnímodos quienes ayudados de sus funcionarios y de los antiguos señores manejaron estas colonias como sus feudos.

Los virreinatos estaban formados por audiencias y capitanías, en los cuales mandaba también un funcionario español de jerarquía.

Las audiencias, a su vez, estaban integradas por gobernaciones, corregimientos y partidos, siempre supeditados a la autoridad real, a través de sus innumerables burócratas que conocían bastante bien sus funciones.

Los núcleos urbanos eran: ciudades, villas, asientos y pueblos, según la categoría que se les había conferido oficialmente.

La justicia ordinaria se administraba en las capitales de audiencia mientras algunos casos especiales se ventilaban en las capitales virreinales.

En los litigios que se entablaron frecuentemente se apeló también a la misma Corona y en ese caso, se acudió a España, en donde se quedaban los litigantes hasta obtener una sentencia.

Los funcionarios españoles eran sujetos de exámenes (visitas), muy prolijos de su administración, en los que solían salir a la luz sus abusos y deficiencias, mediante juicios que se realizaban de manera sistemática y documentada.

Las obras públicas las ejecutaba el cabildo y sus alcaldes que tenían una extracción popular.

Ellos organizaban la vida de la ciudad, dictaban normas para el comercio, para la higiene, la producción, como para la actividad artesanal.
El poder de la Iglesia era muy importante ya que en España regía el patronato del rey sobre la Iglesia lo cual le permitía intervenir directamente en la conciencia de los ciudadanos.
Los sacerdotes pertenecían a las comunidades religiosas o al clero secular, en todo caso su vida económica y social estaba normada por leyes eclesiásticas y reglamentos expedidos por la jerarquía religiosa central y aprobados por la Corona.
Las comunidades religiosas, principalmente la de los jesuitas llegó a tener un gran poder económico e influencia moral en la sociedad de la Colonia.
El sistema hacendario y obrajero en manos de los españoles y criollos formó dos castas sociales: la una la de los "chapetones", funcionarios españoles nacidos en España y la de los "criollos", descendientes de españoles nacidos en las Colonias.
Las haciendas eran grandes propiedades rurales, que crecieron durante toda la época colonial y experimentaron una gran bonanza ya que la mano de obra indígena estaba a su disposición y apenas era remunerada.
Igualmente los obrajes eran centros manufactureros rurales cuya producción era negociada en los territorios de la audiencia o del virreinato, como el caso de los textiles.
Mandaban los funcionarios españoles o criollos. Los mestizos con influencia eran sus capataces o sirvientes, mientras entre el pueblo había también una estratificación social, los españoles pobres, los mestizos, los indios y los negros, muchos de éstos, esclavos.
De modo que una pequeña minoría disfrutaba de una cantidad de prerrogativas y beneficios mientras la mayoría les servía llevando una vida de estrechez y privaciones.
Esta mentalidad de oportunismo se traduce hasta ahora en nuestra sociedad ecuatoriana por una especial predilección por la política que les permite acceder a cargos bien remunerados que los desempeñan sin otro requisito que su grandilocuencia demagógica.
Desde el año 1563, en que se fundó la Audiencia de Quito, ésta permaneció dependiente del Virreinato de Lima hasta 1739 en que fue trasladada al Virreinato de Sta. Fe de Bogotá.
Su vida y bienestar dependía de la Corona que mantenía una relación política en Europa de grandeza y decadencia.
Las colonias fueron muchas veces saqueadas para mantener el alto costo de la vida de la corte y sus guerras. De otro lado el aporte al surgimiento tecnológico de estos pueblos era pobre y marginal.
Este decaimiento del prestigio de España, así como sus reveses político-económicos erosionó la autoridad y preparó el camino para la liberación de las colonias.

El Estado Ecuatoriano

El diez de agosto de 1809 un grupo de patriotas quiteños lanzaron el Primer Grito de la Independencia desconociendo la autoridad establecida y nombrando a los patriotas como los primeros administradores del país.
En 1812 se elaboró una Constitución política del Estado de Quito y se ofreció a los funcionarios españoles una cierta coordinación del Estado Independiente, con el fin de evitar una ruptura con el rey.
La represión no se dejó esperar y se volvió nuevamente a formar parte de la Corona hasta que definitivamente, bajo la dirección de Simón Bolívar y Antonio José de Sucre, la Audiencia de Quito obtuvo la libertad el 24 de mayo de 1822, luego de la Batalla del Pichincha. De allí surgió una entusiasta propuesta de permanecer unidos en un gran estado denominado Colombia, en el que se agrupaba, a Venezuela, la actual Colombia y Ecuador.
Esta fórmula duró pocos años hasta que el año de 1830, se separaban los tres países y formaban tres naciones independientes, terminando así el sueño de Bolívar de mantenerlas como una sola gran nación.

El General Juan José Flores designado jefe del Departamento del Sur, una vez deshecha esta federación de naciones convocó a una Asamblea Constituyente en Riobamba en ese mismo año, la cual declaró que el Departamento del Sur se constituía en Estado independiente, integrado por las tres provincias de Quito, Guayaquil y Cuenca y con los territorios que formaban anteriormente la Real Audiencia o el Reino de Quito.

Hacia el oriente se mantenía un compás de espera hasta arreglar las fronteras, mediante tratados válidamente celebrados.

Después sobrevinieron algunos cambios en la estructura territorial ecuatoriana, de los cuales el más importante fue la integración del Archipiélago de Galápagos, como parte del territorio nacional.

La independencia de las antiguas jurisdicciones españolas que no se hallaban suficientemente claras provocó una serie de reclamos en todos los estados de las antiguas colonias.

El Ecuador no fue la excepción, tanto con la vecina nación de Colombia, con la cual arregló definitivamente sus linderos, como con el Perú, con el cual mantiene pendiente los límites, pese al Protocolo de Río de Janeiro de 1942.

Breve síntesis del problema limítrofe con el Perú

Pocos problemas han sido tan graves y de consecuencias tan nefastas para el país como lo es su situación limítrofe con el Perú.

En efecto, desde la Primera Constituyente del Ecuador, en la cual se hace mención de fronteras pendientes como un problema que debe ser negociado con tratados válidamente celebrados con los países vecinos y durante toda la vida republicana del Ecuador, existió un problema de límites con el Perú.

Desde el comienzo en que Bolívar ordenó a Sucre responder militarmente al Perú que había invadido tierras ecuatorianas, hasta las últimas escaramuzas en la Cordillera del

Cóndor y en la cabecera del río Cenepa a principios de la década del ochenta y en 1995, el problema territorial con el Perú, demuestra que este espinoso problema sigue en pie, pese a todos los esfuerzos que se han realizado a través de los tiempos para arreglar esta situación.

En realidad el problema con el Perú es bastante antiguo. Quizás tenga origen en la época en que los Incas llegaron a estas tierras y encontraron una feroz resistencia, por lo cual degollaron a todos los varones que encontraron en la provincia de Imbabura haciéndoles la guerra.

Este hecho histórico debió influir en el Inca Huayna-Cápac, gran conquistador del norte ecuatoriano para dividir su reino en dos parte, dejando el norte con Atahualpa y el sur con Huáscar. Pronto estallaron las hostilidades entre estos dos líderes quedando Atahualpa el gran vencedor.

Los españoles que vieron la irreconciliable actitud de los dos pueblos, aprovecharon de estas diferencias para someterlos más fácilmente, utilizando sus odios para tratar de contentar a todos.

De modo que la Audiencia de Quito heredó este problema de relación con el Virreinato del Perú hasta las vísperas de la Independencia en que los quiteños fueron reprimidos con los soldados limeños, en donde el realismo tenía toda su fortaleza.

Para la constitución territorial de los nuevos estados el derecho internacional americano había establecido un principio denominado del "Uti Possidetis", juramento que en palabras castizas quería decir simplemente que los territorios que constaban hasta entonces como parte de las jurisdicciones coloniales se los siga poseyendo de derecho en la nueva realidad internacional de las ex colonias españolas, lo cual se convirtió en la manzana de la discordia.

De los tratados y arreglos que se pretendió hacer con el Perú y en los que el Ecuador probó su buena fe y su deseo de encontrar caminos, ninguno se llevó a cabo por falta de acuerdo de las partes.

Pero algo engañoso en lo que cayó siempre el Ecuador fue el creer en la posibilidad de reclamar sus derechos territoriales, con el libro de historia bajo el brazo o mediante alegatos jurídicos en los foros internacionales.

El Ecuador esgrimía las cédulas reales de su creación y la permanente posesión de los territorios amazónicos, principalmente por parte de los misioneros que tenían sus casas y actividad apostólica en una selva inhóspita.

Los argumentos históricos como la gesta del gran descubridor del río de las Amazonas, Orellana que había salido de Quito con la expedición de Gonzalo Pizarro en ese momento gobernador de Quito, poco pesaban para convencer a nadie que el Ecuador tenía derecho al Gran río.

Como era de esperarse, el Perú de su parte objetaba los títulos ecuatorianos y presentaba otros títulos y también argumentos que favorecían sus tesis, sin llegarse jamás a un acuerdo definitivo ni satisfactorio. Pero sobre todo, el Perú amenazaba con su fuerza militar frente a un país que hasta 1942 se había sentido siempre pequeño e incapaz de blandir las armas.

Todos los esfuerzos realizados a través de más de un siglo, incluidos los hechos en la ciudad de Washington, bajo el patrocinio de los Estados Unidos no sirvieron para nada.

El mes de julio de 1941 el Ecuador era ocupado por fuerzas peruanas y se reunía de urgencia un comité mediador integrado por Estados Unidos, Brasil, Argentina y Chile, con el fin de proponer un arreglo "amistoso y definitivo" entre los dos países litigantes.

De allí salió el Protocolo de Río de Janeiro, el cual fijaba límites a las dos repúblicas en discordia, lo cual fue rechazado desde el primer momento por el pueblo ecuatoriano, pese a que fuera ratificado por el Congreso y el Ejecutivo de entonces, porque se consideraba que este tratado perjudicaba enormemente los derechos territoriales ecuatorianos.

De hecho el mismo tratado dio la razón para el rechazo por parte del pueblo ecuatoriano

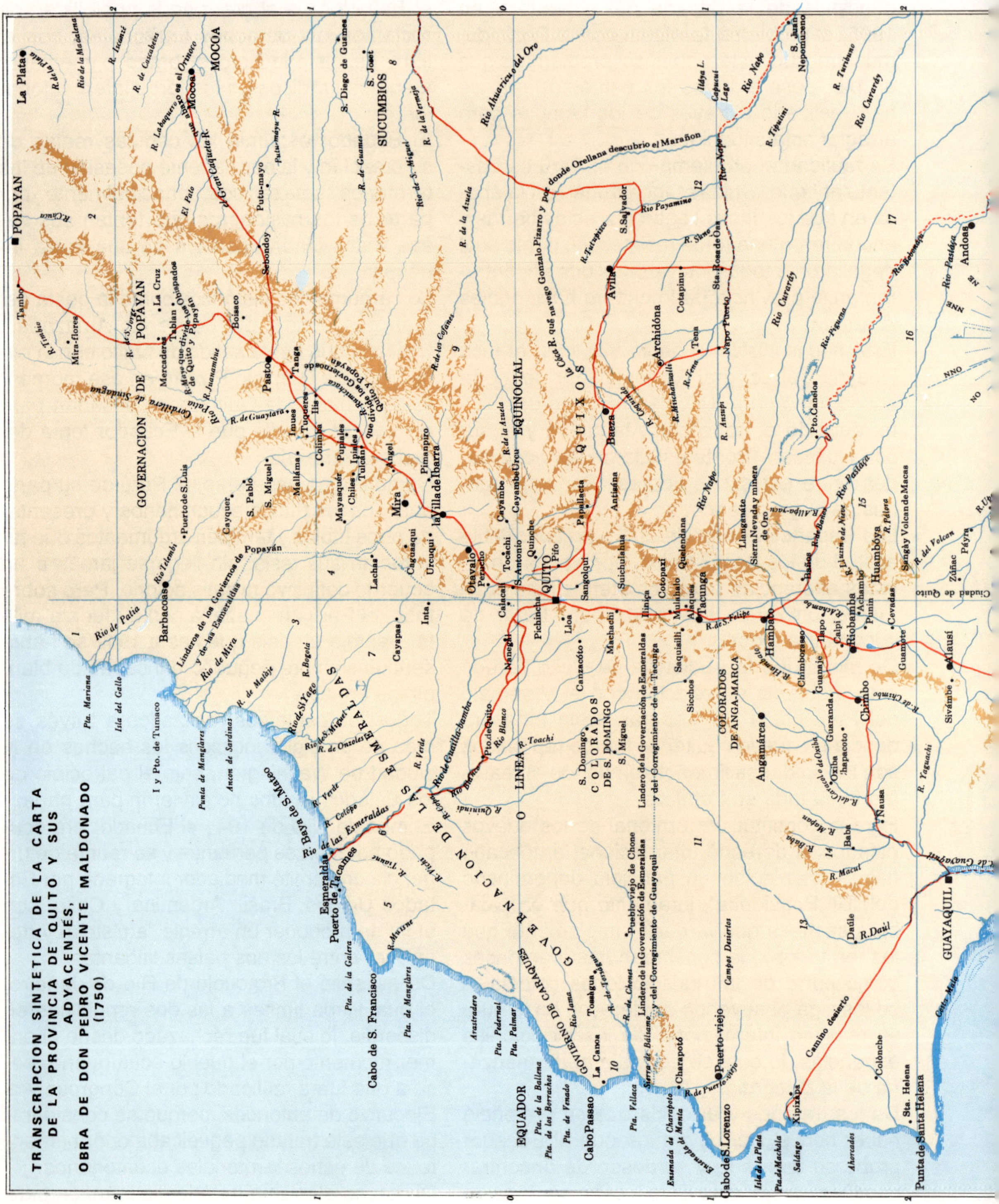

TRANSCRIPCION SINTETICA DE LA CARTA DE LA PROVINCIA DE QUITO Y SUS ADYACENTES, OBRA DE DON PEDRO VICENTE MALDONADO (1750)

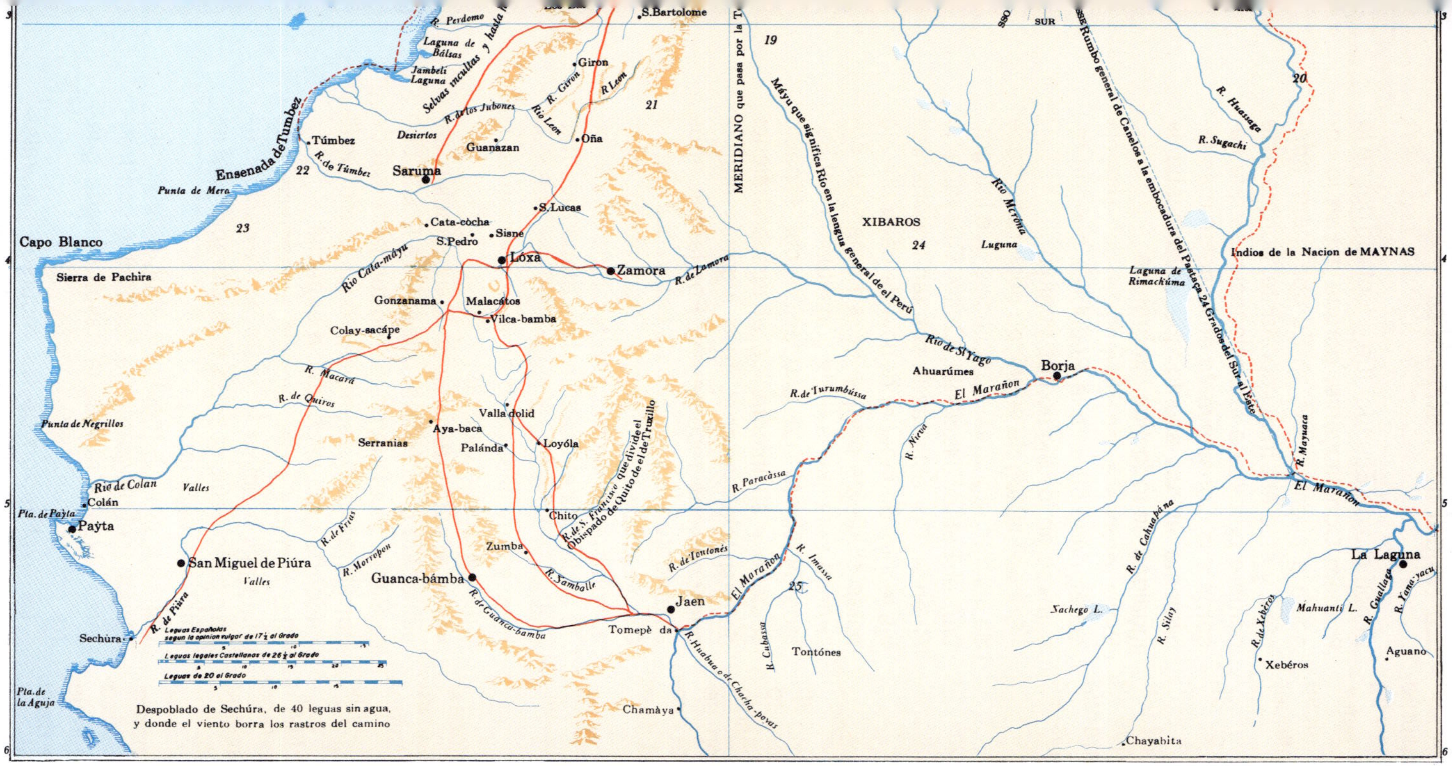

1. El Río de Patia
Entra al mar en once bocas que todavía no están bien conocidas.
2. El camino desde la Villa de Ibarra hasta Popayán con sus adyacentes es conforme al Derrotero de Mr. Bouguer y al de D. Miguel de St. Istevan.
3. Por aqui vive la Nación de los Malaguas que se reveló antiguamente.
4. Se cree que aqui vive la Nación de Comunvi.
5. Por aqui hay una Nación de Gentiles que apenas está conocida.
6. Monte de las Esmeraldas. Sitio antiguo de los Esmeraldeños.
7. Población ignorada que el Govr. Maldonado vio desde el Mte. de Tortolas el año de 1740 explorando estos Rios.
8. Ecija ciudad destruida o S. Miguel de Sucumbíos.
9. S. Pedro de los Cofanes lugar arruinado.
10. Vestigios de la Villa de Caraques.
11. Mangachis nombre de los Sambos de Esnmeraldas y Cabo Passao que viven aquí retirados.
12. Por aqui Texeira dejó su gente 1698.
13. Desde aquí para arriba es poco conocido este Río.
14. Este Rio mudo de cauce y dexo a Baba sin puerto .
15. Los Rios Lluzín y Palora son nuevamente averiguados.
16. Navegable, pero que hasta aqui ha dificultado en esta parte el conocimiento de este Rio.
17. Antiguo Pays de los Gayes.
18. Pays que habitan Indios Roamaynas y cerca los Inuris o Sápas.
19. En este contorno del Rio Paute estubo la Ciudad de Logroño, destruida por los Xíbaros en el siglo passado.
20. Parte de Pastaça demarcada por la navegación de D. Pedro Maldonado hasta su desembocadura en el Marañón.
21. El camino de Cuenca a Loxa, y los que desde alli se dividen para Piura y Jaen y el curso del Rio Marañon, son conformes a los derroteros de Mr. dela Condamine.
22. Vesitgios del antiguo Tumpiz y de un camino del Inca.
23. Desde aquí empieçan los Valles del bajo Perú que siguen la Costa más de 400 leguas.
24. El curso del Rio Morόna, desde Mácas para abaxo, y el del rio St. Yago, son sacados de un mapa particular manuscrito del P. Juan Magnin Jes. Missionero que fue en Maynas.
25. Embarcadero de Chuchunga, aqui se embarco Mr. de la Condamine.

Nota: En el mapa y la leyenda se ha conservado la ortografía original.

ya que en el documento mencionado se había designado como límite el "Divortium Aquarum" del Zamora y Santiago, asunto que después se comprobó no correspondía a la realidad geográfica ya que entre estos dos ríos existía otro, el Cenepa, quedándose de esa manera imposibilitados de continuar la ejecución.
Todo esto demuestra que aunque sea de difícil obtención, para que un tratado de esta naturaleza sea más duradero y brinde las garantías de seguridad, es conveniente que se lo haga con más equidad y con la garantía de la tácita aceptación de los pueblos en cuestión.

Actual estructura administrativa del Ecuador

Durante la segunda mitad del S. XX el Ecuador siguió su profunda transformación, consolidando su estructura jurídica y, sobre todo, tomando conciencia del espacio nacional, hasta llegar a la actual conformación, según la cual, el territorio ecuatoriano está integrado por las 21 provincias distribuidas de la manera siguiente:
Diez provincias en la Sierra, cinco en la Costa, cinco en la Región Amazónica y la provincia insular de Galápagos.
Sus nombres son los siguientes: Azuay, Bolívar, Cañar, Carchi, Chimborazo, Cotopaxi, El Oro, Esmeraldas, Galápagos, Guayas, Imbabura, Loja, Los Ríos, Manabí, Morona Santiago, Napo, Pastaza, Pichincha, Tungurahua, Sucumbíos y Zamora-Chinchipe.
Además, forman parte del patrimonio nacional, el mar territorial y el espacio aéreo reconocidos por las convenciones internacionales de las que el Ecuador es signatario.
El Ecuador mantiene una misión científica en la Antártida, aspirando a obtener una participación en los términos aceptados por la comunidad internacional, considerando que tiene ese derecho por hallarse, una parte de su territorio, sobre la proyección del continente blanco.

La capital de la República

El nombre de Ecuador fue adoptado desde la Primera Constituyente, porque así se lo conocía a nuestro país en Europa, pero, además, y esto era muy importante, porque este nombre permitía a las delegaciones que llegaron a la Constituyente entenderse más fácilmente en un asunto que garantizaba la igualdad de todos los integrantes.
Estos procesos de ocupación del espacio ecuatoriano durante la República pueden resumirse en los siguientes puntos:
- Consolidación de la unidad nacional a base de las tres regiones o provincias que integraban el Estado Nacional, Quito, Guayaquil y Cuenca. Por esta razón son tan importantes las fechas de independencia de cada una de estas ciudades porque ellas forman las columnas principales de la constitución del Estado Nacional. La ocupación del espacio costeño y su integración al funcionamiento del espacio nacional, tuvo algunas etapas que conviene recordarlas. Por largos años solamente fue el puerto de Guayaquil y el río Guayas, con sus afluentes frecuentados por el hombre ecuatoriano el territorio intervenido en la Costa. Durante esta etapa tuvo mucha importancia la navegación por el Babahoyo y el Daule, clave de la ocupación de la Cuenca del río Guayas.
- Otro aspecto decisivo en la integración nacional fue el ferrocarril que une la Costa con la Sierra y más tarde, la red fundamental de carreteras que desempeñaron un papel unificador de gran importancia espacial.
- La conquista del espacio amazónico y su integración activa al resto de la nación fue otro paso decisivo en la estructuración del territorio ecuatoriano.

Esto fue posible mediante el plan de colonización y el programa de ocupación con fronteras vivas, a raíz de la desafortunada guerra con el Perú.
- La explotación de los recursos naturales son la clave para entender el interés colonizador del hombre ecuatoriano

En efecto, la agricultura del cacao, banano, frutas tropicales, flores, etc., que sucesivamente dieron lugar a épocas de apogeo económico del Ecuador, con el consiguiente desarrollo de su infraestructura, le han conferido una característica tanto de su organización económica como del manejo del espacio.
De la misma, manera la explotación petrolera que a la hora actual constituye el más importante rubro de la economía ecuatoriana, le ha dado otra fisonomía diferente, ora enriqueciéndola ora empobreciéndola o también distrayéndola de su vocación agraria.
Igualmente, los productos del mar, como: atún, camarones, etc., que mantienen un sector de la población costeña que se dedica a ellos se hallan por su lado controlando otros espacios y consolidando la economía nacional que se ha vuelto multipolar.
- La urbanización creciente del Ecuador, la modernización de su infraestructura de comunicaciones y el establecimiento del desarrollo industrial va tallando otros aspectos de la estructuración socio-espacial.
- Finalmente, el establecimiento de redes de flujos nacionales e internacionales, de productos como de personas indican bien la movilidad actual de la población. Esto ha permitido el desarrollo de los transportes aéreos y marítimos, así como su infraestructura de puertos y aeropuertos.

Un pueblo con identidad

La formación socio-espacial del Ecuador relacionada con el número de habitantes y su distribución en el espacio ecuatoriano es otro de los aspectos de interés que vamos a tratar. La población ecuatoriana se halla concentrada en núcleos urbanos que forman una red de ciudades, con una población circundante asentada en la periferia urbana y también en núcleos dispersos de carácter rural, en donde se generan algunos fenómenos de aglutinamiento y dispersión poblacional.
Los habitantes del Ecuador según el último censo de población realizado en 1990, se aproximan a los 10 millones.

Fiesta del Corpus Cristi, Pujilí Provincia de Cotopaxi

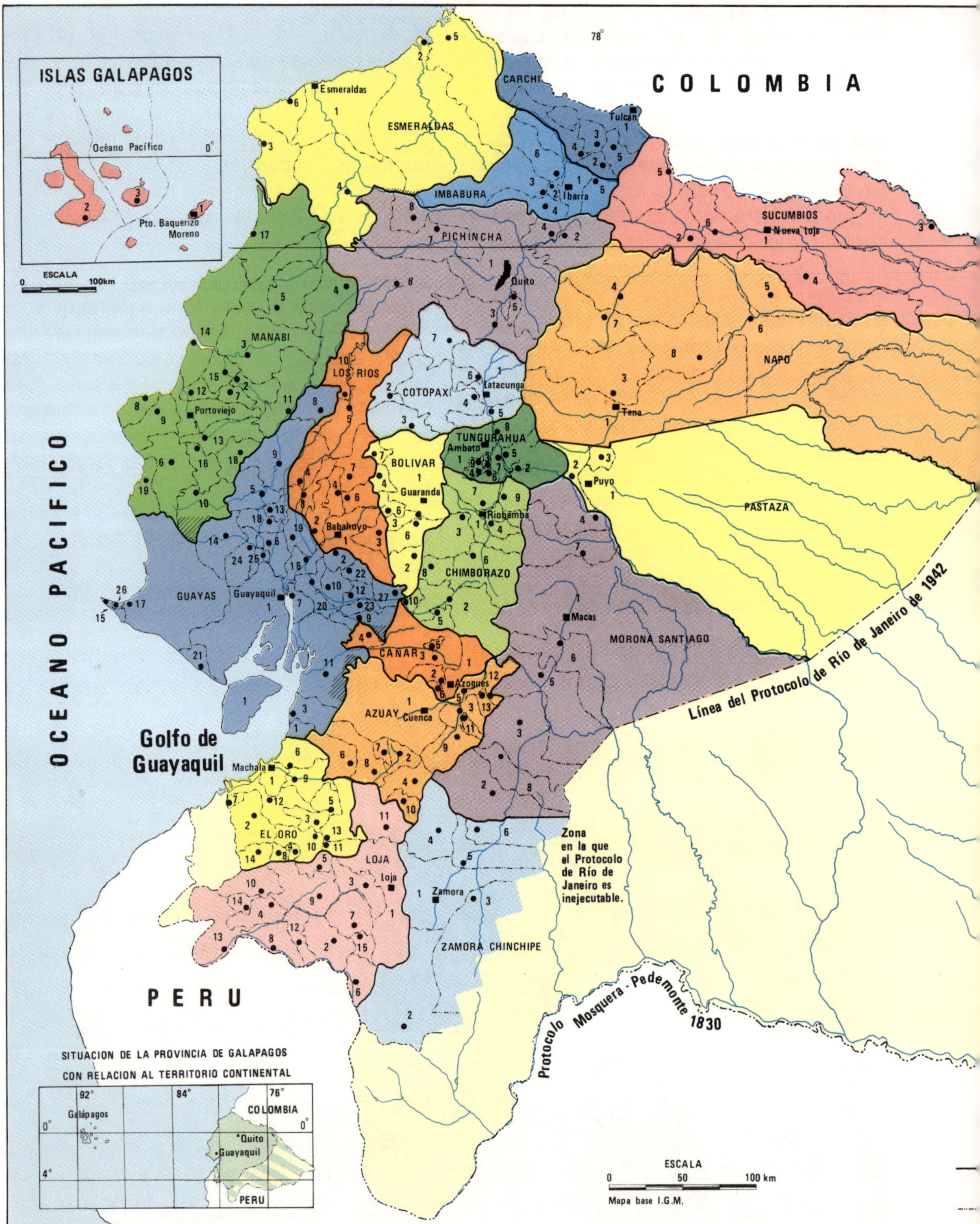
ISLAS GALAPAGOS
Océano Pacífico
Pto. Baquerizo Moreno
ESCALA
0 100km
COLOMBIA
OCEANO PACIFICO
PERU
Golfo de Guayaquil
CARCHI
Tulcán
IMBABURA
Ibarra
ESMERALDAS
Esmeraldas
PICHINCHA
Quito
SUCUMBIOS
Nueva Loja
NAPO
Tena
MANABI
Portoviejo
LOS RIOS
Babahoyo
COTOPAXI
Latacunga
TUNGURAHUA
Ambato
BOLIVAR
Guaranda
CHIMBORAZO
Riobamba
PASTAZA
Puyo
GUAYAS
Guayaquil
MORONA SANTIAGO
Macas
CAÑAR
Azogues
AZUAY
Cuenca
Machala
EL ORO
LOJA
Loja
Zamora
ZAMORA CHINCHIPE
Línea del Protocolo de Río de Janeiro de 1942
Zona en la que el Protocolo de Río de Janeiro es inejecutable.
Protocolo Mosquera - Pedemonte 1830
SITUACION DE LA PROVINCIA DE GALAPAGOS CON RELACION AL TERRITORIO CONTINENTAL
Galápagos
Quito
Guayaquil
COLOMBIA
PERU
ESCALA
0 50 100 km
Mapa base I.G.M.

División administrativa

El Ecuador se divide en 21 provincias: 5 costaneras, 10 serranas, 5 amazónicas, una insular

AZUAY
1 Cuenca
2 Girón
3 Gualaceo
4 Nabón
5 Paute
6 Pucará
7 San Fernando
8 Santa Isabel
9 Sigsig
10 Oña
11 Chordeleg
12 El Pan
13 Sevilla de Oro

BOLIVAR
1 Guaranda
2 Chillanes
3 Chimbo
4 Echeandía
5 San Miguel
6 Caluma
7 Las Naves

CAÑAR
1 Azogues
2 Biblián
3 Cañar
4 La Troncal
5 El Tambo
6 Déleg

CARCHI
1 Tulcán
2 Bolívar
3 Espejo
4 Mira
5 Montúfar

COTOPAXI
1 Latacunga
2 La Maná
3 Pangua
4 Pujilí
5 Salcedo
6 Saquisilí
7 Sigchos

CHIMBORAZO
1 Riobamba
2 Alausí
3 Colta
4 Chambo
5 Chunchi
6 Guamote
7 Guano
8 Pallatanga
9 Penipe
10 Cumandá

EL ORO
1 Machala
2 Arenillas
3 Atahualpa
4 Balsas
5 Chilla
6 El Guabo
7 Huaquillas
8 Marcabelí
9 Pasaje
10 Piñas
11 Portovelo
12 Santa Rosa
13 Zaruma
14 Las Lajas

ESMERALDAS
1 Esmeraldas
2 Eloy Alfaro
3 Muisne
4 Quinindé
5 San Lorenzo
6 Atacames

GALAPAGOS
1 San Cristóbal
2 Isabela
3 Santa Cruz

GUAYAS
1 Guayaquil
2 Alfredo Baquerizo M.
3 Balao
4 Balzar
5 Colimes
6 Daule
7 Durán
8 El Empalme
9 El Tirunfo
10 Milagro
11 Naranjal
12 Naranjito
13 Palestina
14 Pedro Carbo
15 Salinas
16 Samborondón
17 Santa Elena
18 Santa Lucía
19 Urbina Jado
20 Yaguachi
21 Playas
22 Simón Bolívar
23 Crnel. M. Maridueña
24 Lomas de Sargentillo
25 Nobol
26 La Libertad
27 Gral. Antonio Elizalde

IMBABURA
1 Ibarra
2 Antonio Ante
3 Cotacachi
4 Otavalo
5 Pimampiro
6 S. Miguel de Urcuquí

LOJA
1 Loja
2 Calvas
3 Catamayo
4 Celica
5 Chaguarpamba
6 Espíndola
7 Gonzanamá
8 Macará
9 Paltas
10 Puyango
11 Saraguro
12 Sozoranga
13 Zapotillo
14 Pindal
15 Quilanga

LOS RIOS
1 Babahoyo
2 Baba
3 Montalvo
4 Pueblo Viejo
5 Quevedo
6 Urdaneta
7 Ventanas
8 Vinces
9 Palenque
10 Buena Fé

MANABI
1 Portoviejo
2 Bolívar
3 Chone
4 El Carmen
5 Flavio Alfaro
6 Jipijapa
7 Junín
8 Manta
9 Montecristi
10 Paján
11 Pichincha
12 Rocafuerte
13 Santa Ana
14 Sucre
15 Tosagua
16 24 de Mayo
17 Pedernales
18 Olmedo
19 Puerto López

MORONA SANTIAGO
1 Morona
2 Gualaquiza
3 Limón Indanza
4 Palora
5 Santiago
6 Sucúa
7 Huamboya
8 San Juan Bosco

NAPO
1 Tena
2 Aguarico
3 Archidona
4 El Chaco
5 La Joya de los Sachas
6 Orellana
7 Quijos
8 Loreto

PASTAZA
1 Pastaza
2 Mera
3 Santa Clara

PICHINCHA
1 Quito
2 Cayambe
3 Mejía
4 Pedro Moncayo
5 Rumiñahui
6 Santo Domingo
7 San Miguel de los Bancos
8 Pedro Vicente Maldonado

SUCUMBIOS
1 Lago Agrio
2 Gonzalo Pizarro
3 Putumayo
4 Shushufindi
5 Sucumbíos
6 Cascales

TUNGURAHUA
1 Ambato
2 Baños
3 Cevallos
4 Mocha
5 Patate
6 Quero
7 San P. de Pelileo
8 S. de Píllaro
9 Tisaleo

ZAMORA CHINCHIPE
1 Zamora
2 Chinchipe
3 Nangaritza
4 Yacuambi
5 Yantzaza
6 El Pangui

Fuente: INEC

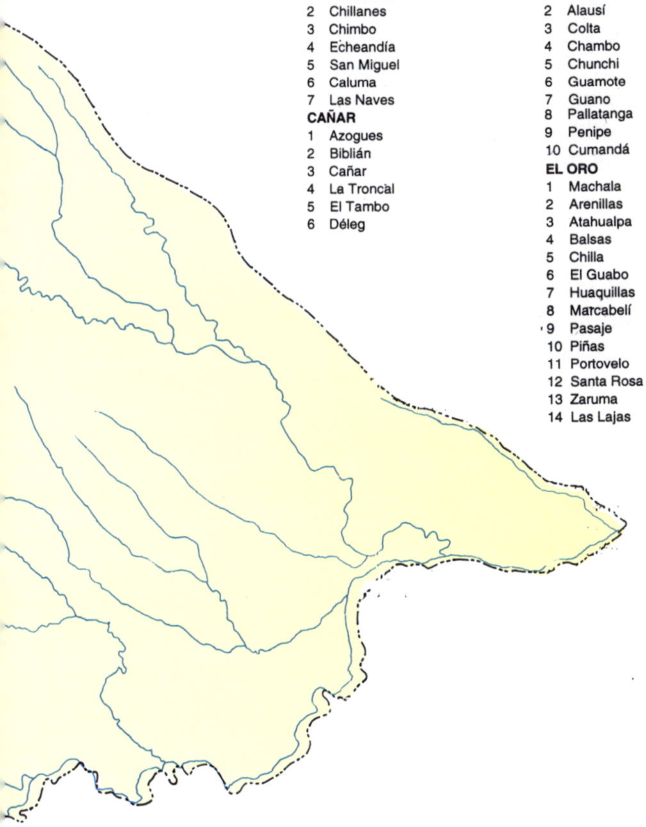

pital de la República
pital provincial
becera cantonal
mite provincial
mite cantonal

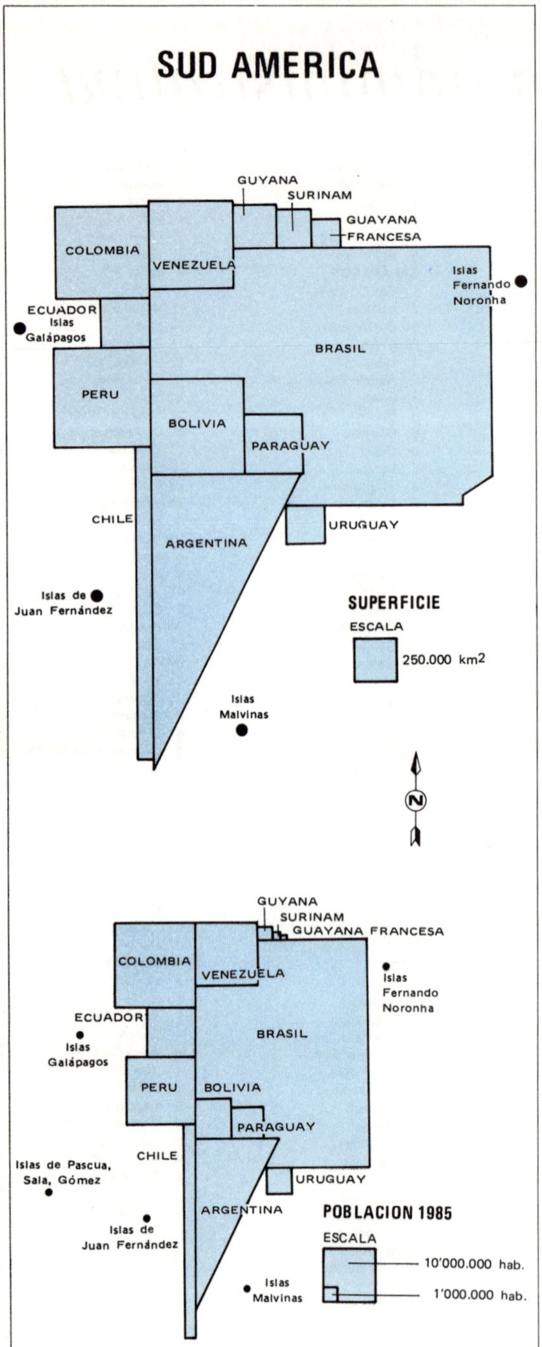

Fuente:
Naciones Unidas, "DEMOGRAPHIC YEARBOOK, 1985", New York, 1987

Se hallan distribuidos, sobre un territorio aproximadamente de 270.000 km.², lo que quiere decir que Ecuador tiene una densidad de 35,5 habitantes por km.², siendo uno de los países de América Latina con más poblamiento. Los hombres son el 49.7% de la población total y las mujeres el 50.3%. Esto se explica en cierta manera, por la salida de jóvenes a trabajar en otros países y por una ligera mayor morbilidad masculina.

En las ciudades viven un poco más de la mitad de la población, esto es el 51.5%; mientras en el campo viven el 48.5% restantes.

Hay en cada censo un incremento paulatino de población urbana, con disminución de la rural. Esto se explica porque la gente continuamente converge desde el campo a las ciudades, en busca de mejores oportunidades de trabajo y calidad de vida.

Hace quinientos años

Es comúnmente aceptado por los estudiosos de la historia de la demografía americana, que la población indígena del actual territorio ecuatoriano, a la llegada de los españoles, se hallaba entre los quinientos y un millón de habitantes. La población estaba en una etapa de decrecimiento demográfico, a causa de las guerras sangrientas que mantuvieron los pueblos del norte en contra de la dominación incaica y más tarde, por la beligerancia de los dos caudillos incas, Atahualpa y Huáscar. A esto deben sumarse las muertes causadas por las epidemias que trajeron los españoles y contra las cuales los indígenas no tenían defensas inmunológicas, lo cual aumentó, hacia fines del S. XVI, la mortalidad indígena y el retroceso poblacional.

Dadas las condiciones dispersas del hábitat indígena, la disposición del virrey Toledo de Lima para que se agrupara a los indios en poblados concentrados, denominados pueblos de indios, vino a empeorar las condiciones de salubridad de dichas reducciones, convirtiéndolas en lugares de contagio y contaminación. Así se llegó al exterminio de una gran parte del indigenado a fines del S. XVI

Densidad de población
100 - 125 hab. por km2
75 - 100 hab. por km2
50 - 75 hab. por km2
25 - 50 hab. por km2
menos 25 hab. por km2
Fuente: INEC
COLOMBIA
PERU
OCEANO PACIFICO
ISLAS GALAPAGOS
OCEANO PACIFICO 0°
Pto. Baquerizo Moreno
ESCALA
0 100km
Esmeraldas
ESMERALDAS
Tulcán
CARCHI
IMBABURA
Ibarra
PICHINCHA
QUITO
Nueva Loja
SUCUMBIOS
NAPO
MANABI
COTOPAXI
Latacunga
Tena
Portoviejo
BOLIVAR
Ambato
TUNGURAHUA
LOS RIOS
Guaranda
Riobamba
Puyo
PASTAZA
Babahoyo
GUAYAS
CHIMBORAZO
Guayaquil
Macas
CAÑAR
Azogues
MORONA SANTIAGO
Cuenca
Golfo de Guayaquil
AZUAY
Machala
EL ORO
ZAMORA CHINCHIPE
Zona en la que el Protocolo de Río de Janeiro es inejecutable.
Loja
LOJA
Zamora
Línea del Protocolo de Río de Janeiro de 1942
Protocolo Mosquera - Pedemonte 1830
ESCALA
0 50 100 km
Mapa base I.G.M.
Mapa parcial del Ecuador

La ciudad de Quito.

La ciudad de Guayaquil.

Otro aspecto que influyó en este retroceso de la población autóctona fueron las muertes de los indios que eran llevados por la fuerza al trabajo de las minas. También consumieron mucha población las expediciones de los españoles a lugares remotísimos como la que organizó Gonzalo Pizarro hacia la selva amazónica en busca del "Dorado" a mediados del S. XVI.

Los mismos cronistas y funcionarios públicos de ese tiempo nos narran esta catástrofe demográfica y lo han comprobado los estudios modernos sobre la historia del poblamiento americano. Estas investigaciones han sido posibles gracias a los documentos llegados a nosotros, de las enumeraciones o censos que los españoles hacían de la población indígena, con el fin de conocer la mano de obra de adultos que eran sujetos de tributo, con lo cual se podía llevarlos a trabajar en las haciendas y los obrajes, para la recaudación de los impuestos.

En cuanto a los pobladores españoles que llegaron con los conquistadores y a los que vinieron después, se fueron asentando en los centros urbanos que ellos mismos fundaron y, poco a poco, sea por condiciones de conveniencia económica, sea por la necesidad de formar su hogar, contrajeron matrimonio o se unieron con las jóvenes indígenas y de esta manera se obtuvo el mestizaje que a través de los siglos ha llegado a conformar el pueblo ecuatoriano.

Los centros más importantes de población continuaron durante toda la época colonial, en la sierra norte siendo Quito, a fines del S. XVIII, el mayor centro poblacional de la Audiencia, con unos 20 mil habitantes, Cuenca, tenía unos 13.600, mientras Loja contaba con unos 6.807. En la Costa destacará solamente Guayaquil, con unos 7 mil habitantes.

Al comienzo de la República, 1830 marcará la expansión del poblamiento hacia las áreas costaneras, movida por la libertad de circulación que se dictó al inicio de la República.

A la sazón la Costa tenía solamente un 10% de la totalidad de la población ecuatoriana, mientras el 90% continuaban en la Sierra, en las ciudades y campos. En efecto, la provincia de Esmeraldas contaba con 2.352 habitantes; Los Ríos con 19.367; Manabí con 17.444; Guayas con 42.807 y El Oro con 8.247. La población ecuatoriana creció principalmente en la época republicana.

Los especialistas en demografía ecuatoriana creen que la población que ahora conforma el Ecuador debió mantenerse estacionaria durante trescientos años ya que para 1850, es decir, a treinta años del inicio de la República, se estimaba, apenas en 650 mil habitantes, lo que significa que había crecido un 30%, en 300 años.

En el censo de 1950, el Ecuador tenía 3'203.000 habitantes, o sea, 4 veces más habitantes en 100 años. Desde esta fecha hasta 1990, es decir en 40 años el Ecuador se ha triplicado.

Mientras esto sucede en la Costa y la Sierra, en la Región Amazónica va a repetirse el mismo fenómeno de crecimiento de la Costa y Sierra en sus apogeos poblacionales.

En efecto, desde los inicios de la explotación petrolera, según el censo del año 1974, la Región Amazónica contaba con 173.470 habitantes, mientras para el censo de 1990, la población de esta región tenía ya 372.533 h., es decir, en 16 años era un poco más del doble.

Esta dinámica de la población ecuatoriana se debe, no solamente a su gran movilidad social sino principalmente, a la modernización de la infraestructura de salud que permitió frenar la mortalidad infantil y la morbilidad adulta, subiendo las medias de la esperanza de vida que ahora sobrepasan los 65 años.

Las migraciones

Un pueblo que crece y se mueve

La distribución de la población ecuatoriana es desigual en el territorio nacional, pues, según las regiones tenemos que:

La Sierra tiene 4'401.418 h., es decir, el 45.4% de la población total.

La ciudad de Cuenca

La ciudad de Loja

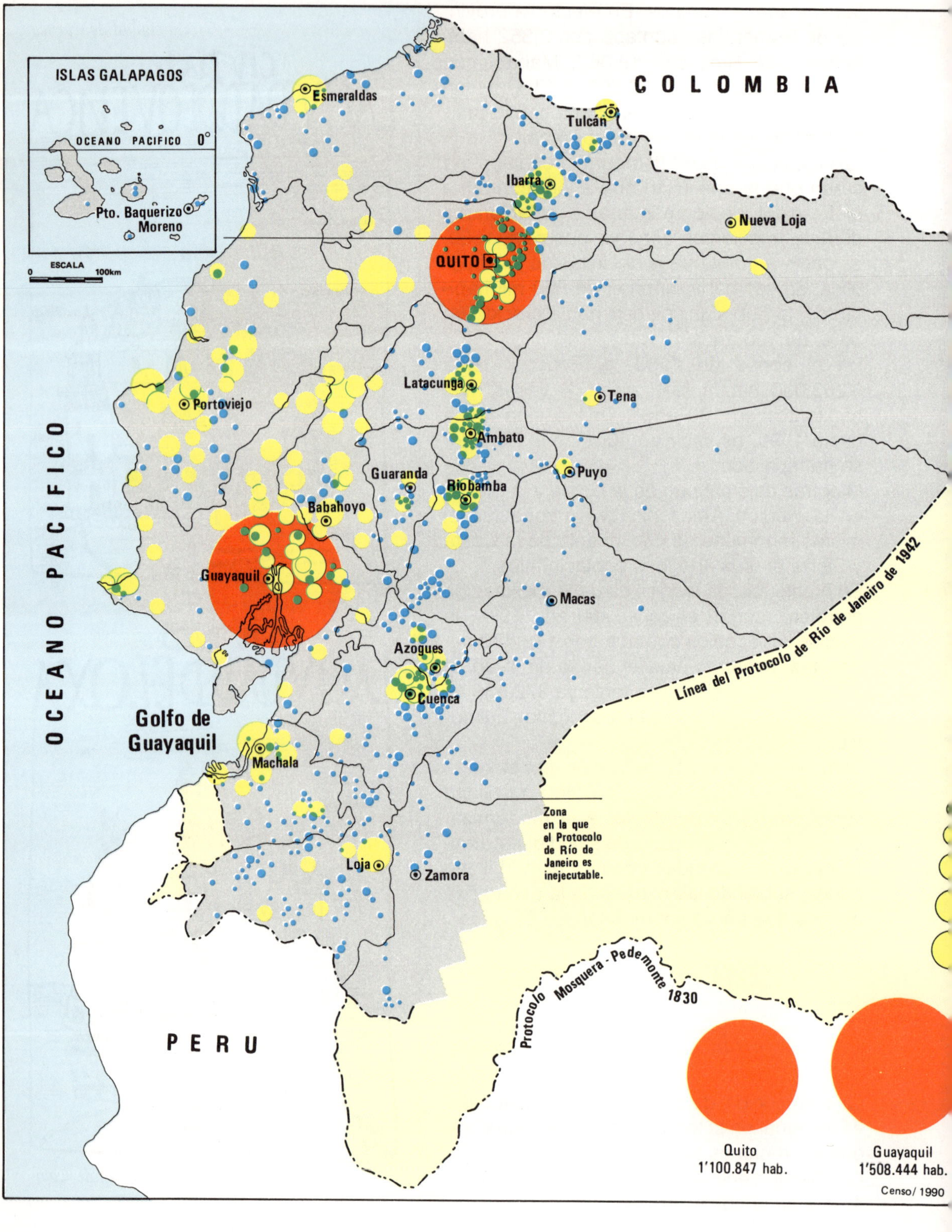
ISLAS GALAPAGOS
OCEANO PACIFICO
0°
Pto. Baquerizo Moreno
ESCALA
0
100km
COLOMBIA
Esmeraldas
Tulcán
Ibarra
Nueva Loja
QUITO
Latacunga
Tena
Portoviejo
Ambato
Puyo
Guaranda
Riobamba
Babahoyo
OCEANO PACIFICO
Guayaquil
Macas
Azogues
Cuenca
Línea del Protocolo de Río de Janeiro de 1942
Golfo de Guayaquil
Machala
Zona en la que el Protocolo de Río de Janeiro es inejecutable.
Loja
Zamora
Protocolo Mosquera - Pedemonte 1830
PERU
Quito
1'100.847 hab.
Guayaquil
1'508.444 hab.
Censo/ 1990

Población

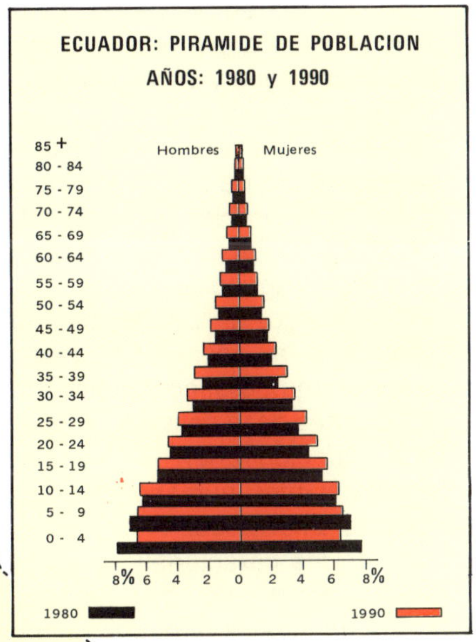

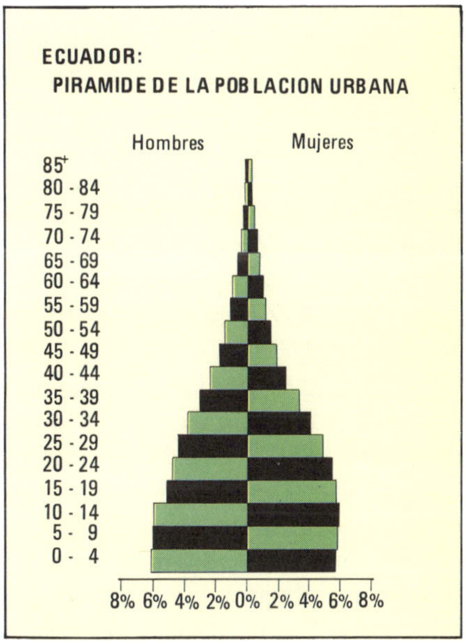

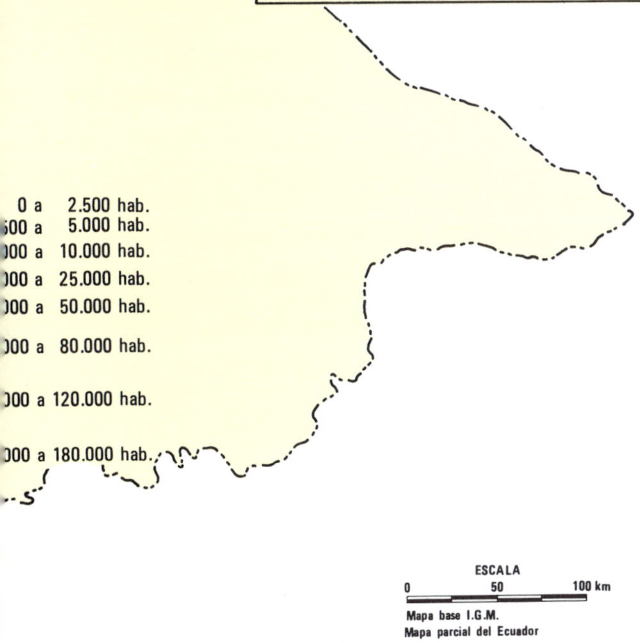

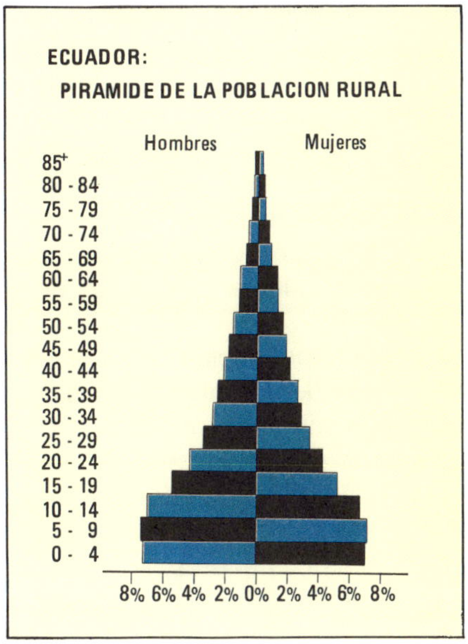

Fuente: INEC

La Costa, 4'864.4553 h., es decir, el 50.% de la población total
La Región Amazónica, 372.533 h., es decir, 3.6%
Galápagos tiene 9.785 h., es decir, el 1% de la población total.
De otro lado vemos que las provincias más numerosas son Guayas, con 2'515.446 h., esto es, el 26% de la población total y el 51% de la población de la Costa.
Pichincha tiene 1'756.228 h., lo que significa un 18.2% de la población ecuatoriana y un 39.9% de la población serrana.
Les sigue a estas dos provincias, la de Manabí, con 1'031.927 h. siendo, un 10.6 % de la población total.
La Costa constituye, por tanto, la Región Natural con más población y con una tendencia al incremento. Esto se explica, porque es una zona muy productiva de grandes extensiones de agricultura de exportación y sobre todo, en el caso de Guayaquil, porque esta ciudad ofrece trabajo a los inmigrantes que provienen de la Sierra, dada su condición de puerto internacional. Sin embargo, si se trata de las más grandes densidades por kilómetro cuadrado, son las cuencas intra-andinas las más fuertemente pobladas. Desde Imbabura hasta Tungurahua y la hoya de Cuenca, sobre las cuales existe una fuerte presión del suelo agrícola. En la Costa, con excepción del eje Manta-Portoviejo, si es verdad que tienen fuerte presión demográfica, no se ve el hacinamiento que se halla en las hoyas intra-andinas.
Dentro de las tendencias del poblamiento ecuatoriano, podemos anotar los siguientes aspectos más sobresalientes:
- Las áreas de mayor poblamiento se identifican con las áreas de mayor productividad y por eso, tanto las cuencas interandinas, como las cuencas costaneras, son los centros de mayor atracción para los habitantes ecuatorianos.
- La región de altas montañas, por obvias razones, son zonas vacías de poblamiento; de la misma manera, las selvas o los bosques naturales.
Un caso importante de despoblamiento, son las Islas Galápagos, dada su condición de parque natural y las restricciones existentes para la expansión humana.
- La distribución más homogénea de población se halla en la cuenca del río Guayas y esto se explica, por el relieve, la buena distribución del agua y de las tierras agrícolas, así como por su red vial.
- La zona más habitada de la cuenca amazónica es el pie de monte andino, por las condiciones favorables que presenta este relieve, como son el acceso a la Sierra y las buenas tierras agrícolas.
Sin embargo, el "circuito petrolero", que se halla más al oriente, ha desarrollado otro sub-sistema de asentamientos humanos dependientes de la actividad, lo cual demuestra una situación anómala con relación a los asentamientos humanos tradicionales en el Oriente amazónico.
Una de las características de cualquier población del mundo es su tendencia a moverse de un lugar a otro, sea dentro del mismo país, sea hacia el extranjero.
En el Ecuador se dieron varios tipos de migraciones:

Las migraciones internas

Se dan cuando la población se desplaza de un sitio en donde tenía su domicilio fijo y se va hacia otro lugar, en donde se queda definitivamente, cambiando radicalmente la composición y dinámica de la población local.
Estas migraciones comenzaron con la época de Independencia, ya que en la colonia, principalmente la población indígena estaba "sujeta", sea a las haciendas, sea a los obrajes, sea a los servicios urbanos.
Por consiguiente, había un régimen de esclavismo tal que la población no podía desplazarse sino con autorización de sus patrones.
Los sueltos o forasteros eran frecuentemente investigados por las autoridades que los consideraba, en principio, sospechosos de

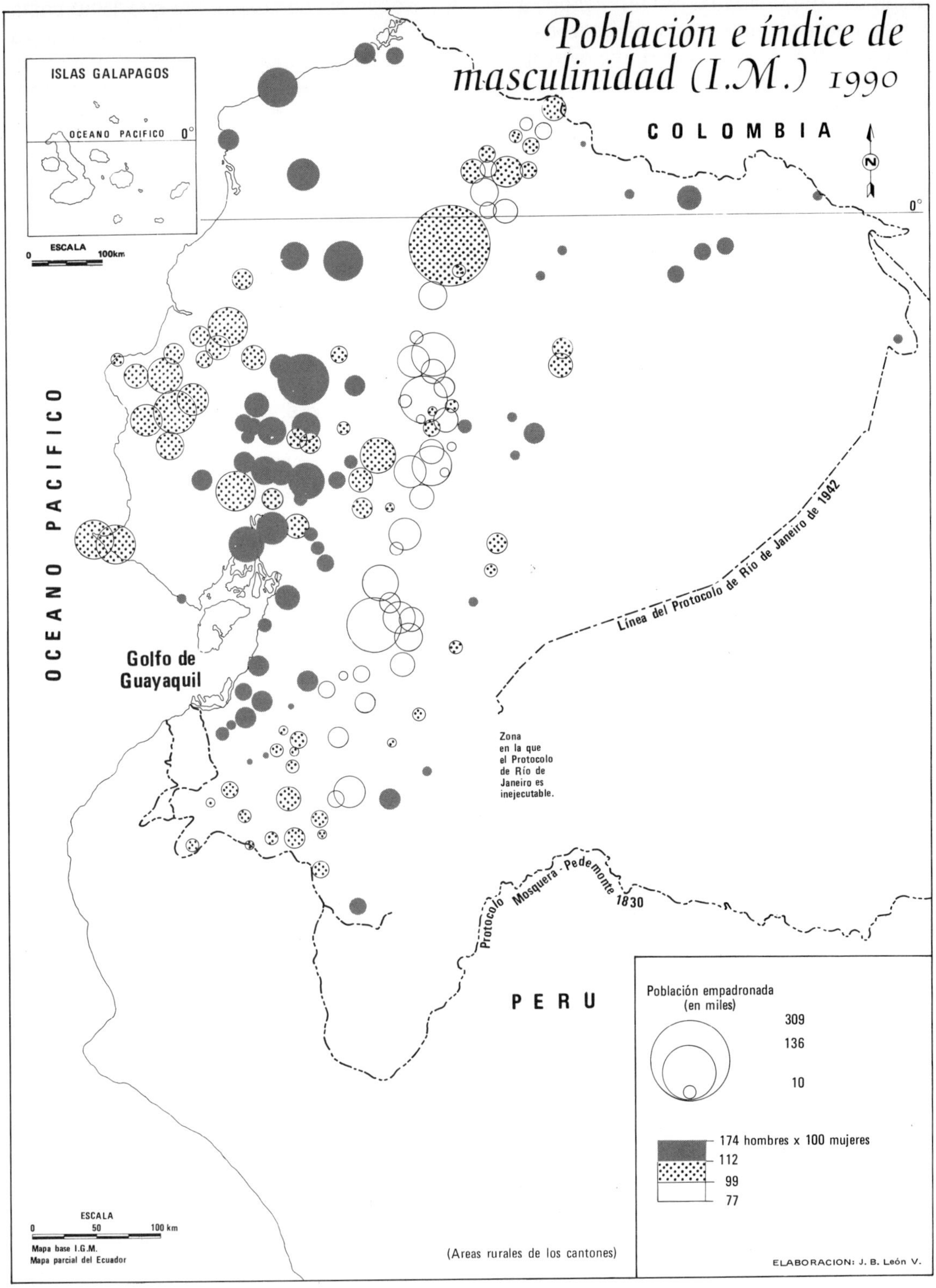
Población e índice de masculinidad (I.M.) 1990
ISLAS GALAPAGOS
OCEANO PACIFICO 0°
ESCALA
0 100km
COLOMBIA
N
0°
OCEANO PACIFICO
Golfo de Guayaquil
Línea del Protocolo de Río de Janeiro de 1942
Zona en la que el Protocolo de Río de Janeiro es inejecutable.
Protocolo Mosquera - Pedemonte 1830
PERU
Población empadronada (en miles)
309
136
10
174 hombres x 100 mujeres
112
99
77
ESCALA
0 50 100 km
Mapa base I.G.M.
Mapa parcial del Ecuador
(Areas rurales de los cantones)
ELABORACION: J. B. León V.

algún delito, por lo cual se "arrimaban" a familias que en cierto modo garantizaban su honorabilidad y de la cual dependían hasta adquirir una carta de "ciudadanía".

Esta manera de pensar ha subsistido hasta ahora en la sociedad campesina que rechaza a los "afuereños" que deben obtener recomendaciones de los vecinos que les permiten insertarse en la sociedad, a fin de vivir sin esas sospechas.

En el siglo pasado, durante las guerras de la Independencia, los jóvenes guerreros que eran reclutados en los países del norte e iban desplazándose hacia el sur, conforme avanzaban las campañas libertarias y una vez terminadas las guerras de la emancipación, se les dejó en libertad para que se quedasen en el lugar de su elección, así muchos de ellos fijaron su domicilio en el lugar que habían permanecido el último tiempo.

En el caso de los militares, mientras más alto fue su rango mejor fue su posición económica ya que ocuparon cargos públicos que les enriquecieron, o recibieron propiedades y bienes que pertenecían al Estado español o a los funcionarios que debieron abandonar el país.

Otra razón de mudarse definitivamente fue el contraer matrimonio con mujeres adineradas que se sentían atraídas por estos guerreros a quienes los denominaban "libertadores".

Más tarde, establecida la República, se inició la ocupación del espacio costeño que se había mantenido al margen de la productividad debido a que los indios eran en su gran mayoría originarios de la sierra y no podían soportar el clima cálido, sea también porque los españoles preferían igualmente las cuencas interandinas o los litorales marítimos o fluviales por la facilidad de comunicaciones.

De modo que los bosques de la región central costanera estaban prácticamente intocados. Apenas habían algunas comunidades indígenas como la de los Tzachila o "indios colorados", los Chachis, etc., que se hallan diseminados en esas selvas impenetrables. Varios "apogeos" agroexportadores dieron como resultado importantes movimientos de población ecuatoriana desde la Sierra hacia la Costa.

El apogeo del cacao duró desde 1880 hasta 1922. Anteriormente en la época colonial ya se recogía el cacao en los bosques interiores de los ríos Daule y Babahoyo. Los indios precolombinos y de modo especial los Incas lo apreciaban mucho.

Cuando descubrieron este producto los españoles lo aprovecharon de manera exclusiva comerciándolo solamente en sus colonias. Por ejemplo, el cacao de la Audiencia de Quito se lo consumía en México y le hacía buena competencia en este mercado el cacao de Maracay-Venezuela. Pero cuando se inició el verdadero apogeo de este producto es cuando se comenzó la venta en Europa, principalmente en los países germánicos.

Fueron notables los cacaoteros de ese tiempo como los Puga, los Aspiazu, etc., que llegaron a residir en Alemania en donde tenían sus inversiones.

Con esta ocasión se abrió un sistema agroexportador que se iniciaba con la recolección y, más tarde, con la plantación del cacao y cuidado de los cacaotales. Se necesitaba mano de obra abundante que llegó desde las provincias serranas en donde las haciendas mantenían el sistema feudal de los huasipungos y concertaje.

Esta ola de inmigrantes serranos dio origen a los asentamientos campesinos de la cuenca del Guayas que más tarde se movieron hacia las tierras vacías del occidente dando origen a los montubios manabitas.

Diezmados los cacaotales por la plaga y vencido el producto ecuatoriano por la competencia del África y de otros países como Venezuela, Brasil, etc., las haciendas y poblados del Daule y Babahoyo comenzaron a declinar, iniciándose así otro auge.

Una gran compañía frutera de los Estados Unidos de Norteamérica la Standard Fruit Co. adquirió una gran hacienda para producir bananas para su comercialización en Norteamérica. La experiencia resultó un éxito.

Estos suelos ricos en nutrientes y al abrigo de un clima cálido y húmedo era un verdade-

Principales rutas migratorias 1990

(lugar de nacimiento-lugar de residencia habitual; superiores a 15 mil migrantes)

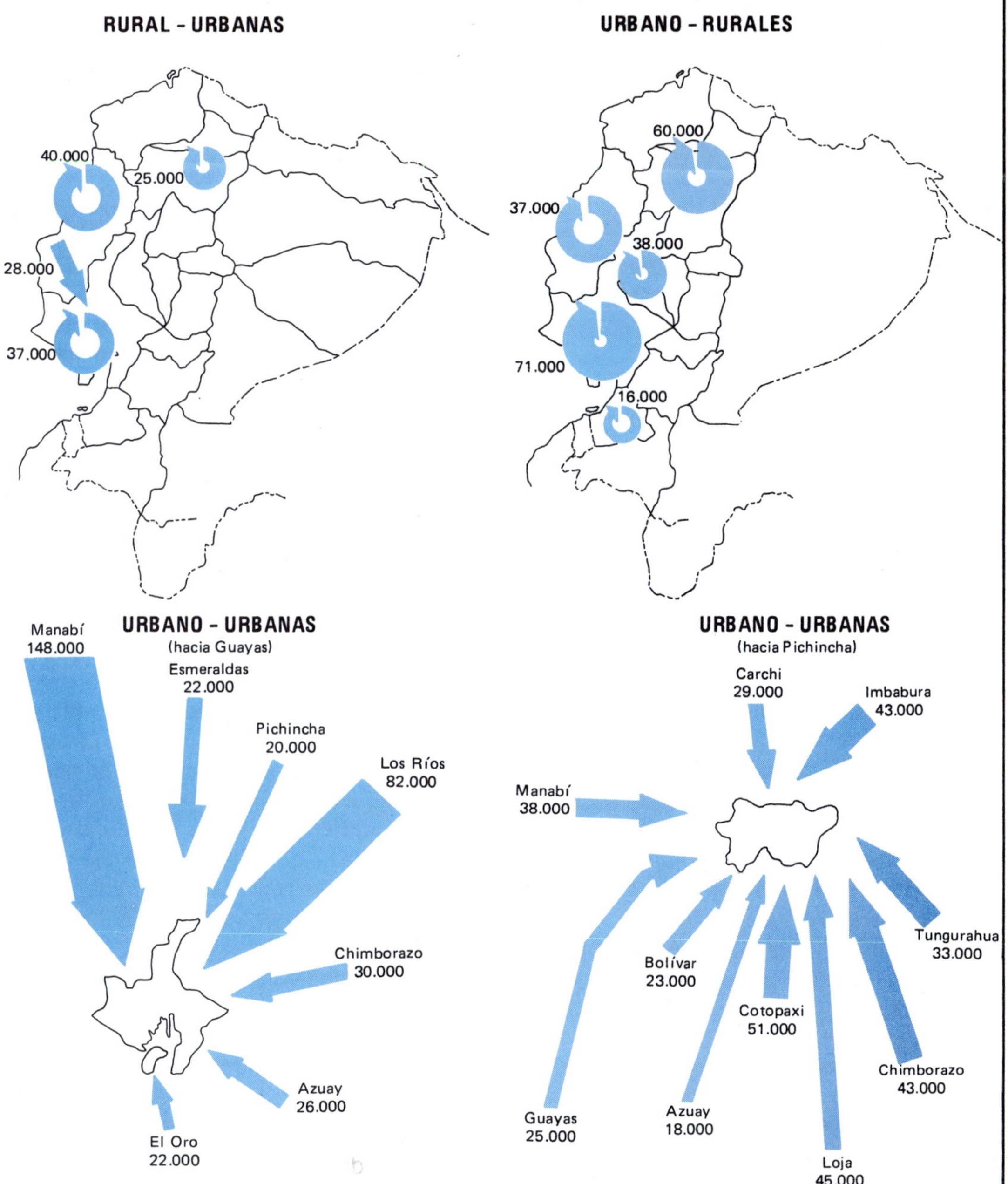

ELABORACION: J. B. León V.

ro paraíso para estas frutas que pronto comenzaron a venderse en los mercados internacionales.

El verdadero apogeo del banano se inició después de la II Guerra Mundial y tras algunas crisis causadas, tanto por los mercados como por las plagas, fue el verdadero detonante del poblamiento costeño.

Desde los años cincuenta se ocupó la mayor parte de las tierras interiores mediante sistemas de colonización animados por cooperativas que se organizaban en dos por tres y a las cuales se les adjudicó poco a poco prácticamente todas las tierras llamadas baldías del occidente.

Este apogeo que atrae todavía mano de obra serrana hasta ahora, fue sin lugar a duda, lo que sostuvo al país económicamente hasta la llegada del petróleo en 1972.

Otro apogeo relacionado con la ocupación de la Región de la Costa es el negocio de los productos del mar. Se inició igualmente después de la Segunda Guerra y se debió a la enorme existencia de atún frente a las costas del sur ecuatoriano, luego se extendió este apogeo a la implantación de piscinas camaroneras en los esteros y manglares del perfil litoral.

En cambio, hacia la Región Amazónica, la migración poblacional fue importante solamente desde el inicio de la actividad hidrocarburífera en 1972, manteniéndose hasta ahora el ritmo de crecimiento poblacional. De las regiones del país ésta es la que ha tenido índices de crecimiento más alto en los últimos 20 años. Solamente como un ejemplo, la provincia del Napo, entre las provincias del área petrolera oriental, creció entre 1950/62, el 4,22%; entre 1962/74, el 8,5% manteniéndose esta tasa con una ligera baja hasta la fecha.

Las migraciones temporales son aquellas en que la población se mueve de un lugar a otro sin perder su domicilio anterior.

Se dan en el Ecuador este tipo de movimientos de población, cuando los habitantes de un lugar van hacia otro pero solamente por temporadas; como el caso de las migraciones estacionales en que la gente va a las playas por vacaciones.

También existen este tipo de desplazamientos en las épocas de cosechas, como sucede con la zafra, cuando se requiere de mano de obra más abundante.

No hay que despreciar el traslado temporal de personal empleado en las Fuerzas Armadas o en otras instituciones, cuyas actividades profesionales los obliga a trasladarse con sus familiares a otro lugar de su domicilio, para desempeñar sus funciones por un lapso de tiempo determinado.

En estos movimientos de población deben incluirse los jóvenes del servicio militar obligatorio que anualmente van a los distintos repartos militares a cumplir con este llamado. La actividad económica actual obliga al desplazamiento temporal a una multitud de funcionarios y empleados que desempeñan trabajos en distintas ciudades pero cuya duración es temporal.

Las migraciones diarias tienen lugar en las áreas metropolitanas o en ciudades importantes donde la gente debe moverse a sus trabajo en la mañana y, en tarde, retornar a casa ubicada fuera de la ciudad.

Este tipo de migraciones genera un movimiento pendular diario de ida y vuelta muy característico de la vida moderna.

Con el establecimiento de transportes rápidos se puede recorrer grandes distancias para atender a las actividades de la vida moderna.

La vida moderna presiona sobre carreteras, calles y vías, obligándonos a pensar en transportes más rápidos de carácter masivo y más confortables, como son los trenes eléctricos.

Estos movimientos de población podrían denominarse desplazamientos centro-periféricos, para distinguirlos de otros movimientos migratorios internos dentro de las grandes ciudades.

Es el caso de quienes recorren considerables distancias, sin abandonar la urbe, cuando las ciudades tienen una configuración alargada como Quito.

Impacto inmigratorio en 1990

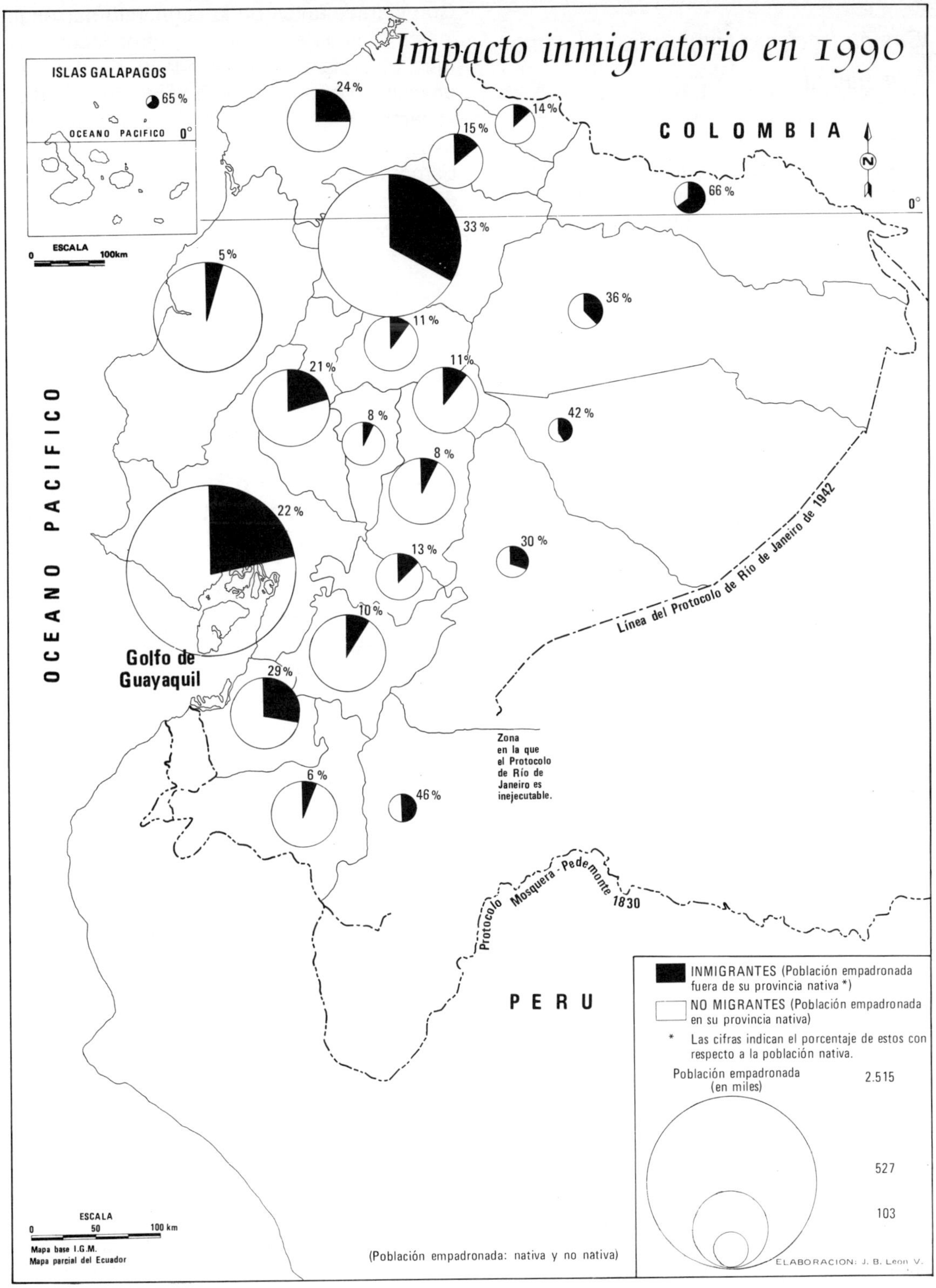

Las migraciones temporales del campo a la ciudad

Se las conoce como un fenómeno de la urbanización moderna, según el cual, la gente que se traslada masivamente a la ciudad en busca de mejores oportunidades de trabajo, no abandona su vida tranquila del campo, convirtiendo estos lugares de residencia en barrios o ciudades dormitorio.
En el área metropolitana de Quito se da este fenómeno con relación a los pequeños poblados de corte indígena, como Zámbiza, Calderón o Nayón cuyos pobladores van a la ciudad diariamente a trabajar y por la tarde vuelven a su pueblo.
Las ciudades han crecido por la migración de la gente campesina que llegan en busca de trabajo, al principio permanecen solamente durante el día, pero poco a poco, cuando se hallan familiarizados con la ciudad, vienen con todos los suyos buscando mejores oportunidades para su vida.
Estos movimientos de población tuvieron grande impacto en la vida y organización de las ciudades que no tenían capacidad de recibir a tanta gente, en los recintos urbanos, expulsaron a los inmigrantes hacia la periferia, formándose cinturones de miseria o suburbios deprimidos.
Es muy conocido el suburbio de Guayaquil, que pese a todos los esfuerzos de las administraciones municipales, no ha logrado todavía emerger completamente de su miseria urbana.
De otro lado, las críticas contra la afluencia de la gente del campo a la ciudad no toman en cuenta las legítimas aspiraciones que tienen estos pobladores que buscan en las ciudades trabajo y algunas expectativas mejores de vida.
Se habla de darles las comodidades urbanas a los pueblos y barrios del campo para que no se trasladen a las ciudades pero éste es un discurso electoral muy conocido y casi utópico en nuestro medio.
Con los adelantos de la economía nacional, los cultivos de exportación y otros incentivos más, como la calidad de vida ambiental, hay un incipiente regreso de la gente de la ciudad al campo, pero esto puede verse mejor como excepciones.
Es conocido que los inmigrantes a las grandes ciudades son principalmente jóvenes y de estos principalmente mujeres campesinas que llegan para el servicio doméstico.

Las zonas de emigración

Dentro de los espacios ecuatorianos que han perdido población pueden contarse pequeños poblados que quedaron reducidos a la mínima expresión o que durante algunas décadas no crecieron o crecieron muy poco, por la salida de sus habitantes. Estos espacios pueden ser también provincias y hasta regiones.
Así como la Costa tuvo balances migratorios positivos, la Sierra sur, fue a su vez, una zona de balances migratorios negativos.
Esto quiere decir que salió más gente de la que entró, por lo cual, la región, provincia, cantón o población de las cuales salió la gente, fue empobreciéndose paulatinamente.
Todas las provincias de la Sierra perdieron población en los años pasados, excepto Pichincha.
De la misma manera, en la Costa, Guayas es la provincia con saldos positivos migratorios más altos y una de las provincias con mayor emigración es Manabí.
Si analizamos las razones de este vaciamiento de población en algunas provincias serranas y costeñas, podemos encontrarlas, en las malas condiciones económicas de las provincias, como es el caso de Loja que sufrió una tremenda sequía en la década de los sesenta como igualmente le sucedió a Manabí.
En la Sierra la pobreza en que hasta ahora se debate la provincia de Chimborazo, con un porcentaje alto de población indígena, sumida en el analfabetismo, sin fuentes de trabajo y con tierras en mal estado, debido a la

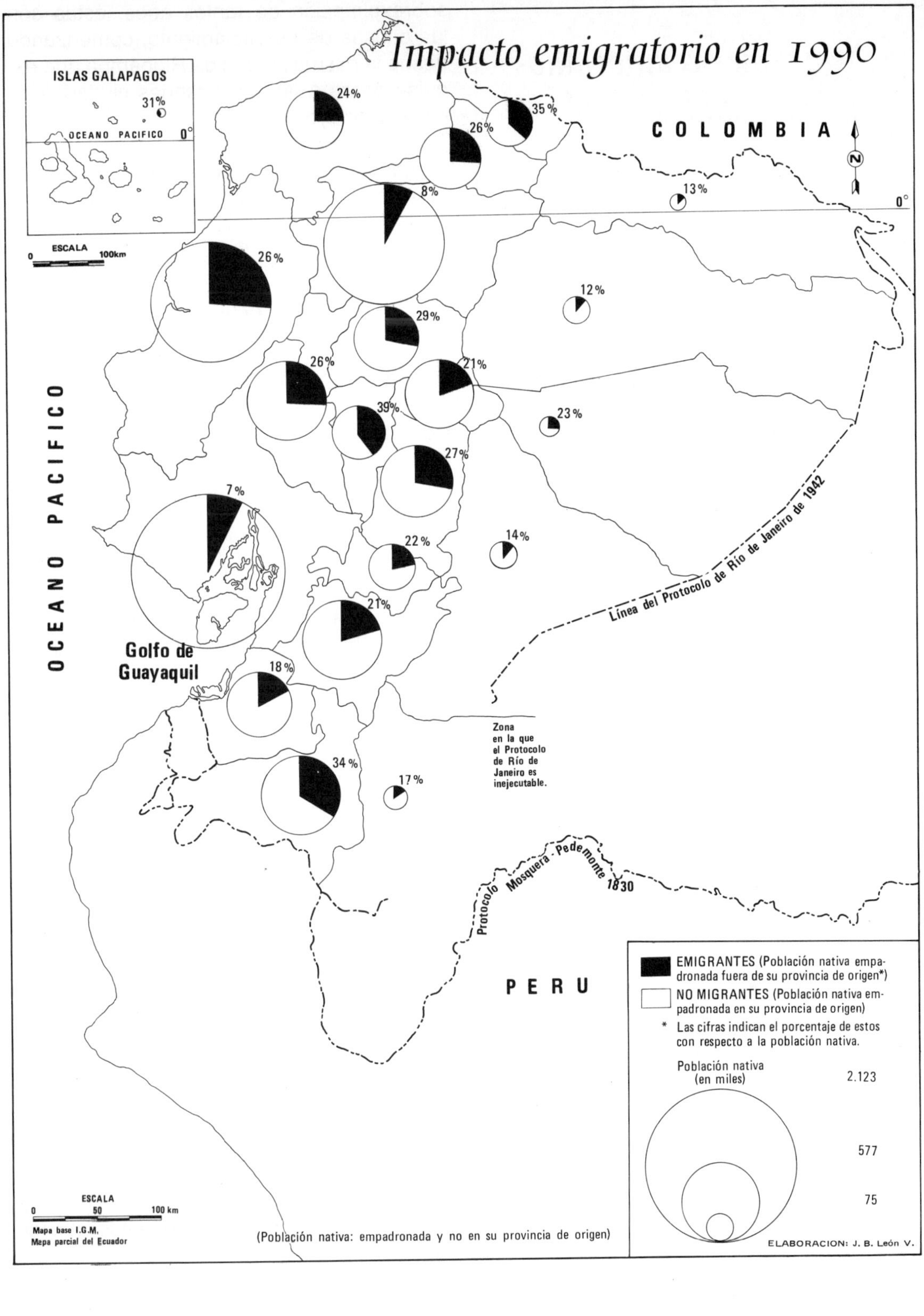
Impacto emigratorio en 1990
ISLAS GALAPAGOS
31%
OCEANO PACIFICO 0°
ESCALA
0 100km
COLOMBIA
N
0°
24%
35%
26%
8%
13%
26%
12%
29%
26%
21%
39%
23%
27%
OCEANO PACIFICO
7%
14%
22%
Línea del Protocolo de Río de Janeiro de 1942
21%
Golfo de Guayaquil
18%
Zona en la que el Protocolo de Río de Janeiro es inejecutable.
34%
17%
Protocolo Mosquera - Pedemonte 1830
PERU
EMIGRANTES (Población nativa empadronada fuera de su provincia de origen*)
NO MIGRANTES (Población nativa empadronada en su provincia de origen)
* Las cifras indican el porcentaje de estos con respecto a la población nativa.
Población nativa (en miles)
2.123
577
75
ESCALA
0 50 100 km
Mapa base I.G.M.
Mapa parcial del Ecuador
(Población nativa: empadronada y no en su provincia de origen)
ELABORACION: J. B. León V.

Migrantes ecuatorianos a los Estados Unidos y a México

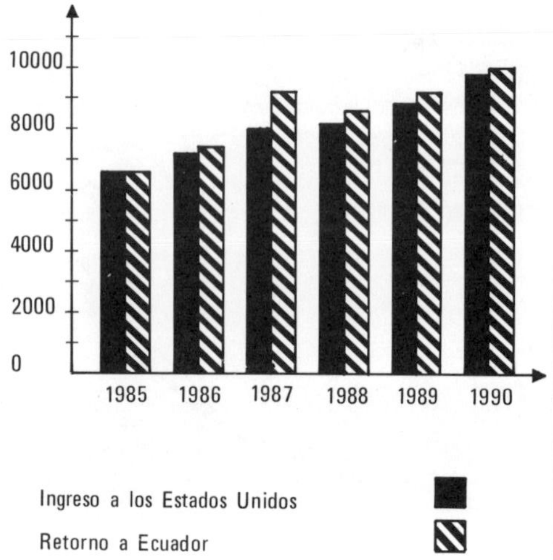

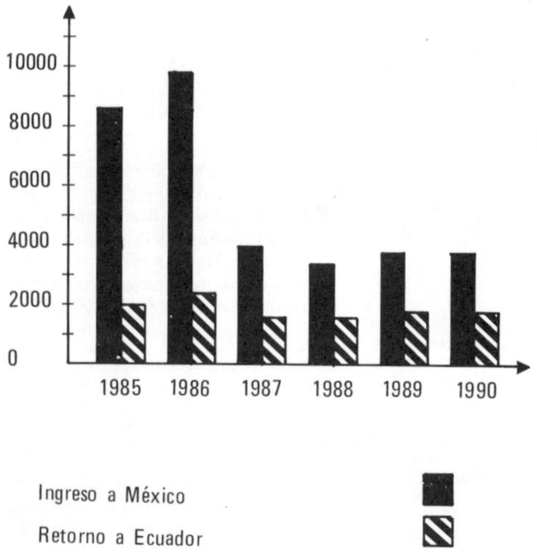

sobrexplotación de tantos años, éstas son las causas de su vaciamiento, comenzando desde la misma ciudad de Riobamba que expulsa gente a las dos grandes ciudades de Quito y Guayaquil.

También, influye la atracción que operan las grandes ciudades sobre las provincias contiguas, como es el caso de Imbabura y Cotopaxi con relación a Quito, y Manabí y Los Ríos con relación a Guayaquil.

Las migraciones externas

Probando suerte en otras latitudes

Durante los años que siguieron a la Segunda Guerra Mundial, los Estados Unidos y algunos países desarrollados del mundo, emprendieron en una gran tarea productiva en la que hacían falta brazos para trabajar.

Entonces se promovió la inmigración de sur a norte, mediante cupos de visas para trabajadores que poco a poco formaron grandes grupos étnicos o culturales que animaron más las migraciones internacionales atrayendo a sus familiares y amigos a quienes los ayudaban a establecerse, al principio de manera legal y luego ilegalmente.

Así se inició la emigración de ecuatorianos principalmente a los Estados Unidos de Norte América, al Canadá y Venezuela.

Los volúmenes de inmigrantes ecuatorianos a los Estados Unidos son muy notables pero es muy difícil aventurar una cifra.

Se hace más difícil todavía porque los ilegales o indocumentados obviamente no se hallan registrados. Es más fácil referirse a los migrantes internacionales temporales que salen por avión a los Estados Unidos o a México. Este último se ha convertido para los inmigrantes ilegales en un país de paso hacia los Estados Unidos. Los migrantes ecuatorianos hacia los Estados Unidos, desde 1985 crecieron de manera sostenida.

Es curioso como en su mayoría, son más numerosos los que regresan que los que se van.

Entrada y salida de ecuatorianos y extranjeros por meses

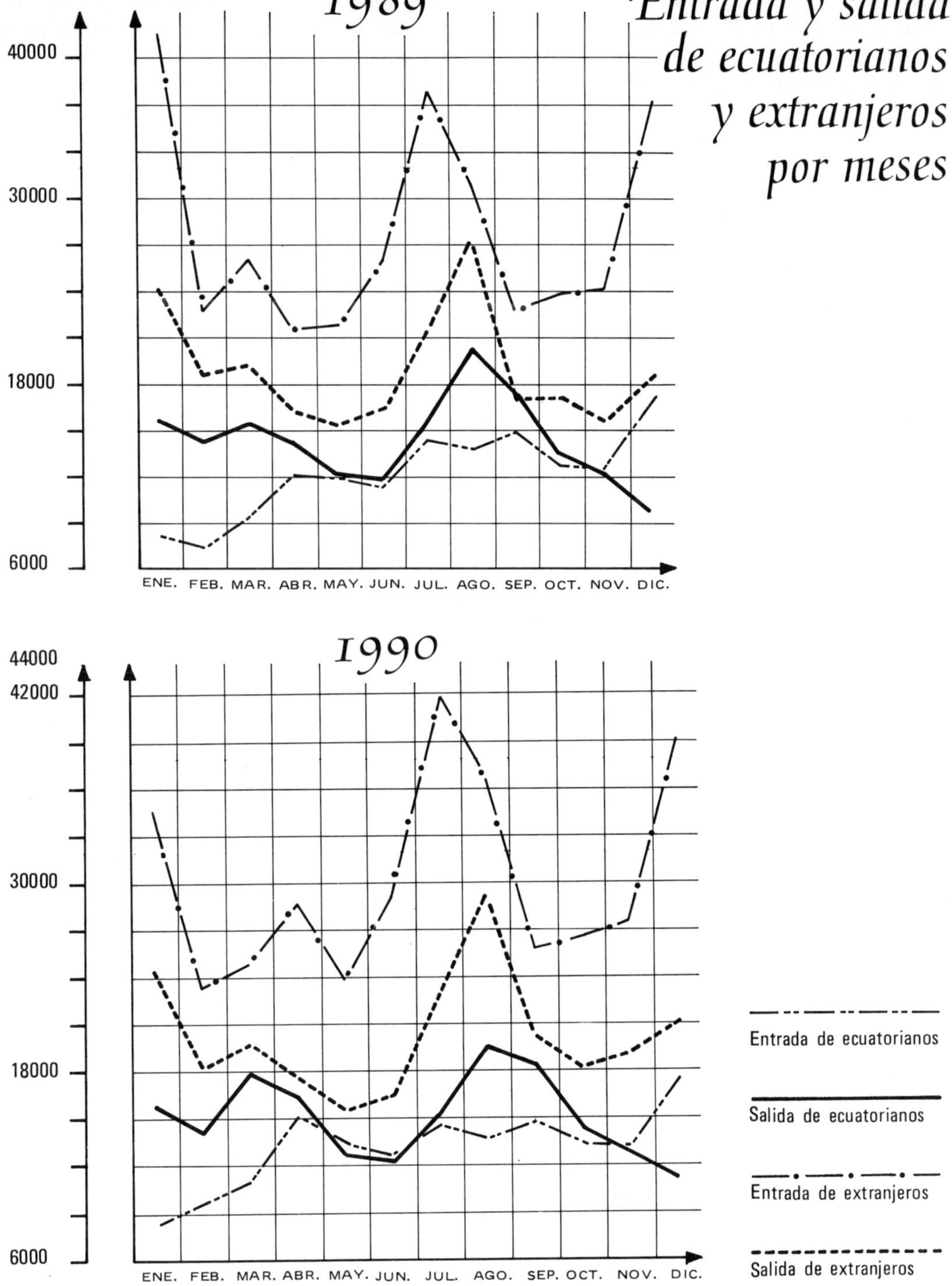

Esto puede explicarse, de un lado, por el retorno de inmigrantes ecuatorianos por motivos de jubilación y, de otro lado, el regreso de migrantes ecuatorianos que entraron a los U.S.A. a través de otro país y fueron expulsados por las autoridades americanas porque se habían convertido en ilegales.
Por los estudios realizados de las migraciones ecuatorianas hacia los U.S.A, se puede colegir que ahora hay pocos ciudadanos ecuatorianos que se quedan de manera definitiva, ya que después de un tiempo de trabajo regresan con sus ahorros a establecerse nuevamente en el país. El tiempo de esta ausencia dura entre 1 a 5 años, lo necesario para ahorrar un poco de dinero para invertir en algún negocio en el Ecuador. El viaje lo realizan en general, como personas solas y, a veces la pareja. Ya que es más conveniente dejar a los hijos encargados a un familiar de confianza. La salida de ecuatorianos a los Estados Unidos crece en el verano boreal y su estadía se prolonga por uno o dos meses. En cambio, hay entradas al país en diciembre, de ecuatorianos radicados en los Estados Unidos que vienen de visita por la fiestas navideñas. De todas formas, la entrada y salida de ecuatorianos en calidad de turistas no guarda la correspondencia que mantienen la entrada y salida de extranjeros en esas mismas condiciones
Hay que preguntarse por qué la entrada de extranjeros al Ecuador deja saldos de migrantes a favor del Ecuador. Esto tiene dos explicaciones posibles, o que el Ecuador se haya convertido ahora en un país de inmigración extranjera o, que se lo utilice como país de tránsito, para después de un tiempo emigrar a otros países. De hecho pueden ser las dos causas a la vez. Ahora vemos a inmigrantes colombianos, como antes sucedió con los chilenos que ingresaron, por motivos políticos o económicos. Según parece, igualmente llega por aquí población asiática, como sur-coreanos que se dedican a negocios de venta de mercaderías de su país de origen, a industrias manufactureras u otros servicios que se establecieron con capital coreano.

Otra razón para que aparezcan saldos positivos de inmigrantes extranjeros puede ser el que no se registre apropiadamente la salida, como se lo hace la entrada. De hecho esta situación es clara con relación a la entrada de colombianos por la frontera norte ecuatoriana, ya que para el ingreso se requiere presentar una ficha con los datos de identificación del turista, cuyo talón deberían dejarlo a la salida, pero como no hay un control apropiado, en su gran mayoría no lo hacen y así aparecen en las estadísticas estos turistas que se fueron como residentes en el Ecuador.

¿Cuántos somos?

El Censo de 1990 arrojó una población total cercana a los 10'274.000 habitantes, de los cuales los varones se contabilizaron 5'159.000 y las mujeres 5'104.000. Es decir, que hay como 55 mil hombres más que mujeres. De este número, eran menores de 15 años el 40% de la población, pese a que haya bajado el número de nacimientos, a 28,25 por mil, y se espera que en unos 20 años tengamos una tasa de nacimientos que no sobrepase los 22 por mil.
La mortalidad está en 6 por mil y la esperanza de vida al nacer en el Ecuador es de 69 años. Para los hombres un poco más alta 71 años mientras para las mujeres un poco más baja 66 años; la baja de la esperanza de vida en las mujeres se debe todavía a una alta tasa de mortalidad de parturientas. La Tasa de mortalidad infantil es de 49 por mil.

Capítulo 5

Geografía agraria

Secado del cacao en la Provincia del Guayas

La actividad económica del hombre ecuatoriano

Entre las actividades productivas del hombre ecuatoriano, la agricultura ocupa un sitial de privilegio en nuestro estudio, porque existe una relación directa de esta actividad con el suelo y sus referentes físicos y, porque su transporte y comercialización tienen que ver con los flujos de bienes y requerimiento de servicios que impactan directamente en espacio geográfico ecuatoriano.

Por consiguiente, así como las ciudades son el escenario de la economía urbana, el campo es el lugar en dónde se desenvuelve la vida rural.

No tiene mucha importancia desde el punto de nuestro estudio geográfico los rendimientos económicos de los productos agrícolas sino el consumo y utilización del espacio.

Por eso, un pequeño terreno muy tecnificado no tiene tanta importancia en el estudio geográfico como los cultivos tradicionales que ocupan grandes extensiones o el pastoreo extensivo de los páramos que tienen un mayor impacto en el medio natural.

Aquí no pretendemos estudiar los fenómenos económicos sino los fenómenos geográficos provenientes de las actividades económicas. Previamente hay que tomar en cuenta los procesos de ocupación del suelo, a través de los tiempos, que dieron lugar al uso actual, a su dinámica, a las adaptaciones al medio y por qué no a sus incongruencias y rupturas.

Así, las exportaciones agrícolas marcaron profundamente el paisaje, no solo en las áreas en las que se cultivaban y cosechaban los productos, sino también en los espacios en donde se procesaban y se trasladaban los productos.

Por eso los centros agroindustriales y las vías con sus flujos son los mejores indicadores de la dinámica del espacio rural y de su potencial productivo.

Si vemos un mapa de ocupación de la región costanera, por ejemplo, podemos darnos cuenta que la organización es de la siguiente manera:

- Tierras ocupadas por plantaciones, como el banano, caña, soya, etc., o por diferentes cultivos menores, como el maíz, frutales o asociación de cultivos.
- Centros poblados que tienen relación directa con las actividades agrarias, tanto en su comercio cuanto en el empleo de mano de obra.

Más aún, se podría hablar de ciudades rurales por vocación ya que la razón de su existencia fue precisamente la vida agrícola. Es el caso de Milagro y sus vínculos con la producción azucarera o, el papel que desempeña la ciudad de Quinindé con relación a su entorno cafetalero.

- La vialidad está enfocada igualmente hacia las funciones rurales y de los centros productivos agrarios. Casi todos los pueblos tienen una conexión directa con las grandes ciudades que, a su vez, viven una cierta ruralización, por el cúmulo de funciones que deben desempeñar para servir una área de influencia eminentemente campesina.
- Los centros administrativos y de procesamiento agrario, así como otros equipamientos agroindustriales se convierten en puntos de contacto muy importantes entre el campo y la ciudad.

Otros equipamientos creados con fines de servicio a la actividad agraria exportadora, como centros de acopio, radas y puertos, centros administrativos, bancos, comercios, etc., nos muestran el tipo de actividades predominantes que caracterizan a la región o sub-región.

En cuanto a la organización del espacio rural serrano las características son diferentes, si bien ciertos principios de estructuración como en el primer caso, tienen mucho que ver con el tipo de región, sin embargo sus estructuras productivas muy antiguas, como la hacienda o el obraje dieron en otros tiempos un esquema de organización que se mantiene hasta ahora en líneas generales.

Dinámica de la estructur

1974: ESTRUCTURAS AGRARIAS CANTONALES

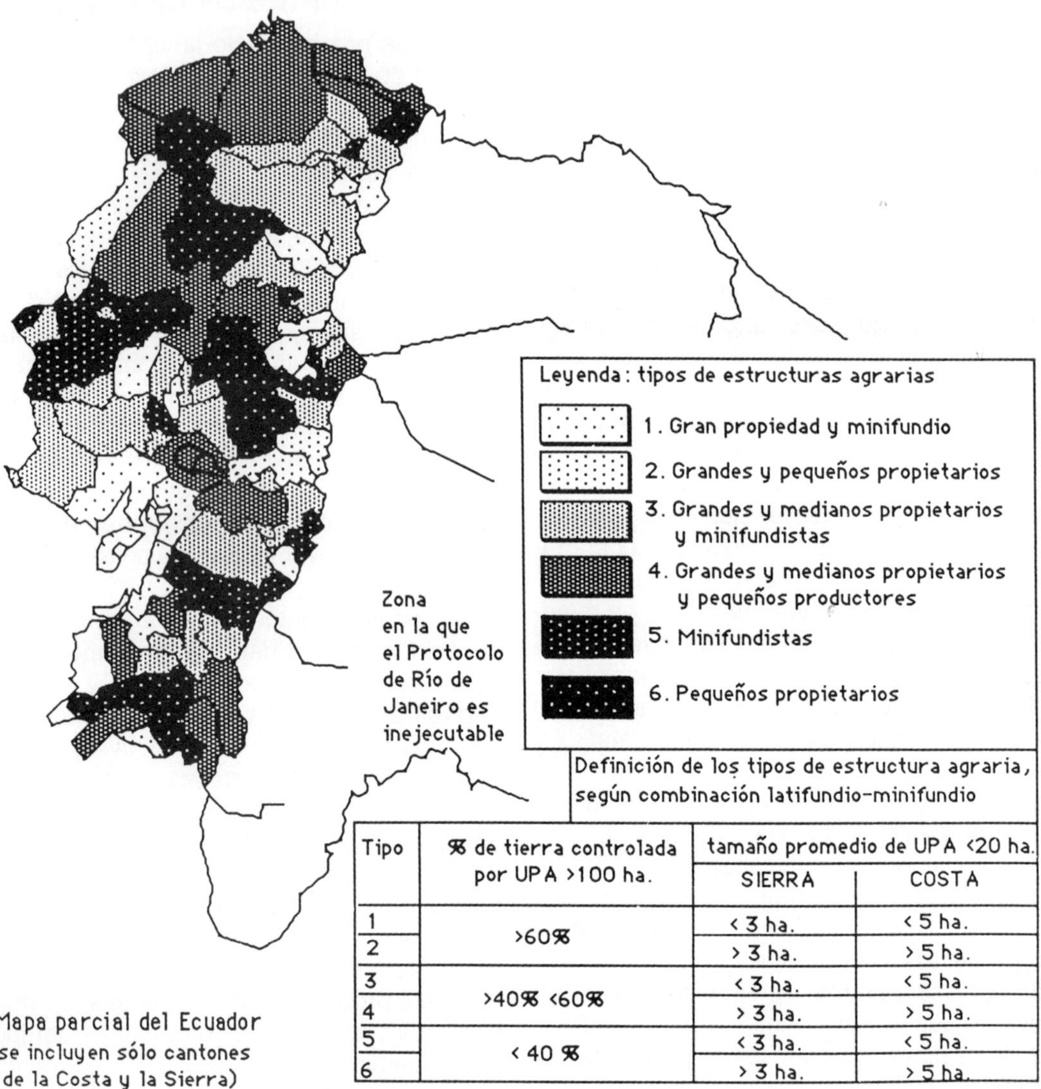

Definición de los tipos de estructura agraria, según combinación latifundio-minifundio

Tipo	% de tierra controlada por UPA >100 ha.	tamaño promedio de UPA <20 ha.	
		SIERRA	COSTA
1	>60%	< 3 ha.	< 5 ha.
2		> 3 ha.	> 5 ha.
3	>40% <60%	< 3 ha.	< 5 ha.
4		> 3 ha.	> 5 ha.
5	< 40 %	< 3 ha.	< 5 ha.
6		> 3 ha.	> 5 ha.

Mapa parcial del Ecuador
(se incluyen sólo cantones de la Costa y la Sierra)

graria en diez años

Fuente: Tomado de Transformaciones Agrarias en el Ecuador, Manuel Chiriboga V.

1984 : ESTRUCTURAS AGRARIAS CANTONALES
(División cantonal de 1974)

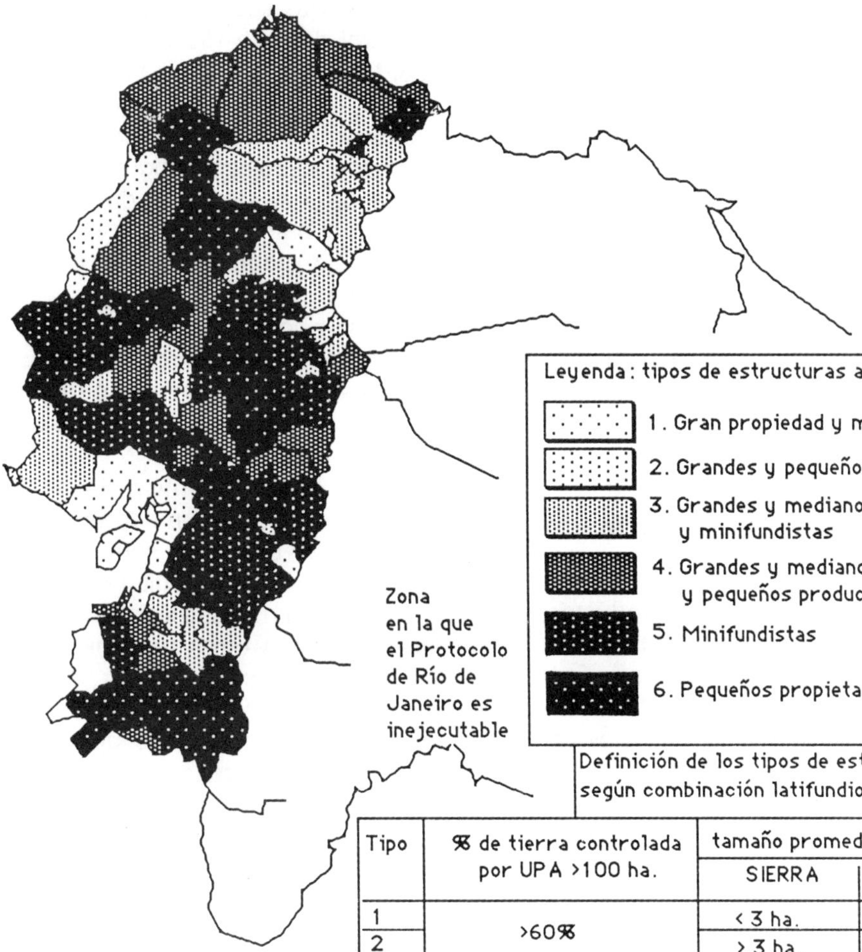

Definición de los tipos de estructura agraria, según combinación latifundio-minifundio

Tipo	% de tierra controlada por UPA >100 ha.	tamaño promedio de UPA <20 ha.	
		SIERRA	COSTA
1	>60%	< 3 ha.	< 5 ha.
2		> 3 ha.	> 5 ha.
3	>40% <60%	< 3 ha.	< 5 ha.
4		> 3 ha.	> 5 ha.
5	< 40 %	< 3 ha.	< 5 ha.
6		> 3 ha.	> 5 ha.

Historia de una aventura

Como lo hemos visto anteriormente, desde hace algunos milenios ya existía la actividad agraria en el Ecuador.

Inicialmente el hombre recogía frutas y otras plantas silvestres con las que se alimentaba. Más tarde, aprendió a cazar, para lo cual se ausentaba del hogar por largo tiempo en sus aventuras de caza y pesca, mientras la mujer quedaba sola con los hijos y debía sobrevivir durante este tiempo. Agotadas las existencias de frutos silvestres ella debía poco a poco ir domesticando las plantas, seleccionando las semillas y cultivando estas plantas para tener reservas cerca de casa. Así parece se inventó la agricultura.

Al inicio se consumía los granos tiernos y se los ingería fácilmente. Más tarde, vio la gente la necesidad de guardarlos, para lo cual, los dejaba madurar en la planta, los cosechaba y procesaba para conservarlos.

Así nació el almacenamiento de alimentos que plantea algunos problemas que no han sido resueltos hasta ahora, como el ataque de las plagas en los centro de acopio.

Para preparar sus alimentos, el hombre primitivo los ablandaba con agua y luego los cocía al fuego.

Estos procesos de preparación del suelo, cultivo, cosecha y selección de productos, así como almacenamiento y expendio dio lugar a la civilización agraria en este país. Testigos de ella son los pueblos de Valdivia y otras culturas que dejaron testimonios de estas costumbres y técnicas agrarias.

Entre los productos más importantes que nos dejó esa cultura agraria de América andina se halla el maíz y la papa que forma la base de la alimentación indígena.

El maíz formaba parte de la comida de los grandes señores, en el caso de los Incas, se ven todavía los andenes en el Valle Sagrado del Urubamba en donde se sembraba el maíz que tenía una connotación sagrada, como el obsequio de los dioses. Para otros pueblos de Mesoamérica el maíz era la base de la alimentación de su gente, lo cual ha subsistido hasta ahora.

La apropiación del suelo agrícola en todos los tiempos de la civilización humana ha provocado grandes controversias entre los hombres. Guerras fratricidas y enormes calamidades jalonan la vida del mundo a través de los tiempos por el control del espacio. Suelos, agua, bosques y los recursos naturales en manos de unos generó el resentimiento y descontento de otros. Esta problemática dio origen a normas y procedimientos de control que han dictado las sociedades, con el fin de que el control de este recurso se haga de manera ordenada y se respete su ocupación.

Una de esas normas en las culturas precolombinas fue la propiedad comunal. Consistía ésta en una adjudicación por parte de las autoridades de una extensión de terreno a una comunidad indígena que con su organización y trabajo producía para el mantenimiento de sus miembros.

A parte del maíz, los cultivos más difundidos fueron, las papas y tubérculos, como ocas, mellocos y mashuas; la quinoa, y otras leguminosas tuvieron su importancia hasta la llegada de los europeos.

El ají, la coca y el tabaco forman otro conjunto de plantas especiales con tierras destinadas para su cultivo exclusivo, como los cocales, para lo cual tenían agricultores especializados. Mantenían domesticados en sus hogares cuyes, llamas y otros auquénidos andinos que formaban parte de su actividad agraria. Naturalmente que se alimentaban también de la rica pesca de los lagos, ríos y mares, así como de la caza.

A la llegada de los españoles los campesinos andinos aprendieron el manejo de otros cultivos europeos, como el del trigo y la cebada; los pastos para los vacunos y los cereales. Entre los animales introducidos desde la Península los cerdos se convirtieron en los favoritos de la alimentación del pueblo. Los caballos se los tenía como un medio de transporte indispensable para cubrir enormes distancias.

En las zonas cálidas y húmedas comenzó a sembrarse, la caña de azúcar y el arroz; así como en las zonas temperadas menos húmedas, el tabaco y el café.
La agricultura andina sufrió un cambio con la introducción de nuevos cultivos, así como por las técnicas introducidas con el arado, la reja de hierro y la utilización de la fuerza animal. Así comenzó la erosión de los suelos volcánicos que cubren las vertientes de los declives y el interior de las montañas andinas.
A pesar de ello, los grandes éxitos de la agricultura ecuatoriana están ligados a los volúmenes de exportación de productos tropicales como el cacao entre 1860 y 1925 que, en ese tiempo, constituía el 70% de las ventas externas totales.
A partir de la crisis del cacao el país cayó en una profunda depresión económica y sus débiles exportaciones dependieron del arroz y del sombrero de paja toquilla, a los que se agregaban el café y el azúcar.
Solamente después de la Segunda Guerra mundial se consolidó la exportación de banano y, entre 1948 y 1971, este producto se mantuvo como el gran generador de divisas y el sector más rico del país.
Con los ingresos provenientes de la actividad bananera el Ecuador caminó hacia un leve crecimiento a pesar de que se mantuvo en la pobreza, entre los años 1945 y 1970.
La exportación petrolera ecuatoriana que llegó al inicio de la década de los setentas y el aumento de los precios internacionales de los combustibles marcó la primera gran oportunidad para el Ecuador, con lo cual se generaron recursos para la vida del Estado pero también para la dinámica del sector industrial y el sector agropecuario. Se asignó al Banco de Fomento la tarea de proveer de fondos para "sembrar el petróleo" como se decía en ese tiempo.
De un momento a otro, de la dependencia exclusiva de los productos agrarios se pasó a la dependencia del petróleo, de modo que el presupuesto que se financiaba con los ingresos petroleros llegaba al 60%, por lo menos, ya que hubo momentos en que la dependencia fue mayor. Esta situación se mantuvo hasta 1993, en que se dieron algunos cambios estructurales de la economía proveniente de un plan neoliberal de crecimiento. Solamente con las medidas económicas tomadas para cubrir los desembolsos por la deuda externa se vislumbra un mayor aporte de la sociedad para el sostenimiento del Estado, coincidiendo talvez el último pago de la deuda que será cubierta totalmente en treinta años con la finalización de la explotación petrolera en su mayor significación.
Así mismo, el ritmo de crecimiento del PIB (producto interno bruto) llegaba al 9,2% en el año 1976 para luego descender hasta un valor de -2,8% en el año de 1983, principalmente ligado a las grandes pérdidas experimentadas por el Ecuador con las catástrofes originadas en las lluvias de ese año, a causa del fenómeno de El Niño.
Pese al descuido en el desarrollo agropecuario, al finalizar la década de los setentas el Ecuador mantenía una gran estabilidad económica e inflación cero basada exclusivamente en los altos precios por la venta del petróleo.
Con la caída de los precios al nivel internacional, el país se precipita en una de las crisis más hondas de su economía en este siglo, época en la que tiene que acudir al endeudamiento externo para cubrir los gastos de una voraz burocracia improductiva que se había instalado para festinar los ingresos petroleros.
En la década del 72/82 la importación de alimentos subió de 3'894.000 dólares a 45'311.000 dólares. Esta demanda para un país con mayores recursos económicos en la primera década del petrolerismo, motivó la importación de productos agrarios y algunos productos suntuarios que no se conocían anteriormente. Antes que nada el país estaba aprendiendo a gastar en vez de aprender a producir y ahorrar.
Al fin de la primera década petrolera, cuando se derrumbaba el espejismo de la riqueza fácil, el país volvía nuevamente, como por instinto a las actividades agrarias.

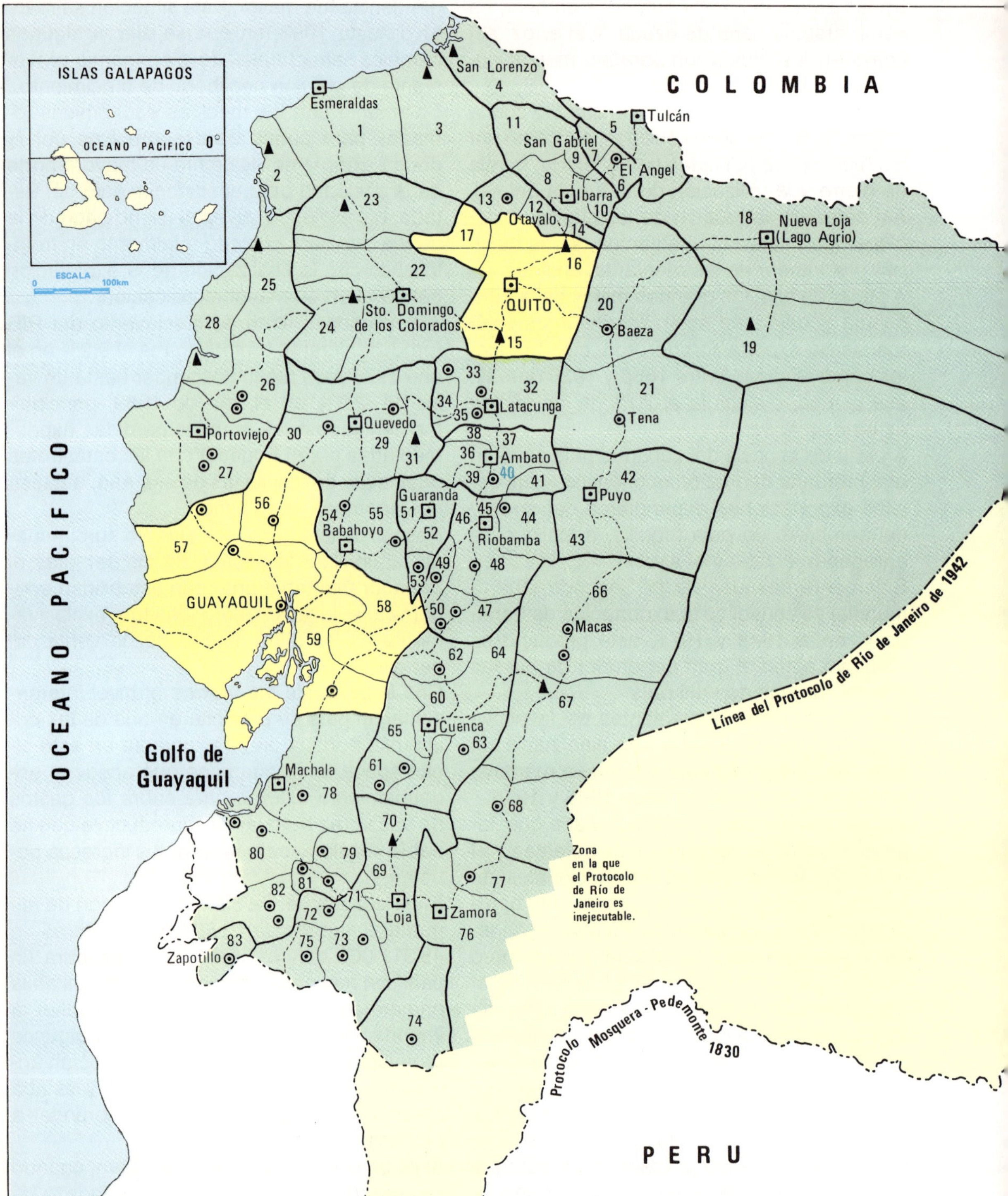
ISLAS GALAPAGOS
OCEANO PACIFICO 0°
ESCALA
0 100km
COLOMBIA
PERU
OCEANO PACIFICO
Golfo de Guayaquil
San Lorenzo
Esmeraldas
Tulcán
San Gabriel
El Angel
Ibarra
Otavalo
Nueva Loja (Lago Agrio)
QUITO
Sto. Domingo de los Colorados
Baeza
Latacunga
Tena
Quevedo
Portoviejo
Ambato
Puyo
Guaranda
Babahoyo
Riobamba
GUAYAQUIL
Macas
Cuenca
Machala
Loja
Zamora
Zapotillo
Línea del Protocolo de Río de Janeiro de 1942
Zona en la que el Protocolo de Río de Janeiro es inejecutable.
Protocolo Mosquera - Pedemonte 1830
1
2
3
4
5
6
7
8
9
10
11
12
13
14
15
16
17
18
19
20
21
22
23
24
25
26
27
28
29
30
31
32
33
34
35
36
37
38
39
40
41
42
43
44
45
46
47
48
49
50
51
52
53
54
55
56
57
58
59
60
61
62
63
64
65
66
67
68
69
70
71
72
73
74
75
76
77
78
79
80
81
82
83

Regiones y zonas agroeconómicas

0°

RAE Regiones Agroeconómicas
ARBI Areas Binodales
ZEB Zonas Económicas Básicas
SPA Sistemas de Producción Agropecuarios
AM Areas de Influencia Metropolitana

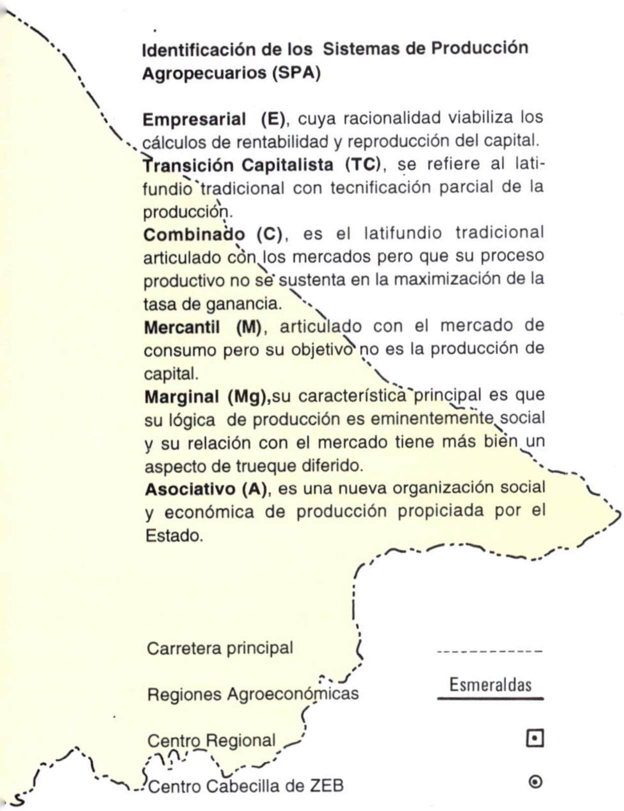

Identificación de los Sistemas de Producción Agropecuarios (SPA)

Empresarial (E), cuya racionalidad viabiliza los cálculos de rentabilidad y reproducción del capital.
Transición Capitalista (TC), se refiere al latifundio tradicional con tecnificación parcial de la producción.
Combinado (C), es el latifundio tradicional articulado con los mercados pero que su proceso productivo no se sustenta en la maximización de la tasa de ganancia.
Mercantil (M), articulado con el mercado de consumo pero su objetivo no es la producción de capital.
Marginal (Mg),su característica principal es que su lógica de producción es eminentemente social y su relación con el mercado tiene más bien un aspecto de trueque diferido.
Asociativo (A), es una nueva organización social y económica de producción propiciada por el Estado.

Carretera principal
Regiones Agroeconómicas — Esmeraldas
Centro Regional
Centro Cabecilla de ZEB
Centro Cabecilla múltiple

ESCALA
0 50 100 km
Mapa base I.G.M.

Fuente: Adaptado a base del mapa Regiones y Zonas Agroeconómicas, Estudios de Geografía, Volumen 5, Geografía Agraria, Gustavo Sotalín Q.

REGIONES AGROECONOMICAS O BINODALES

Esmeraldas (RAE)	
1. Esmeraldas	M-C
2. Muisne	M
3. Valdéz	C-Mg
San Lorenzo (ARBI-ZEB)	
4. San Lorenzo	Mg
Tulcán (RAE)	
5. Tulcán	E-M
San Gabriel-El Angel (ARBI)	
6. San Gabriel	E
7. El Angel	E-M
Ibarra (RAE)	
8. Ibarra	E-Mg
9. Mira	M-Mg
10. Pimampiro	Mg-C
11. Lita	Mg
Otavalo (ARBI)	
12. Otavalo	M-Mg
13. Apuela	M-Mg
14. Angochagua	M
Quito (AM)	
15. Machachi	E
16. Cayambe-Olmedo	E-A
17. Los Bancos	Mg
Lago Agrio (RAE)	
(en formación)	
18. Lago Agrio	E-M
19. Coca	E-M
Baeza-Tena (ARBI)	
20. Baeza	M
21. Tena	M
Santo Domingo (RAE)	
22. Santo Domingo	E
23. Quinindé	E
24. El Carmen	C
Portoviejo (RAE)	
25. Chone-Calceta	M
26. Santa Ana	M
27. Jipijapa	Mg
28. Bahía-Sn. Vicente	Mg
Quevedo (RAE)	
29. Quevedo-La Maná	M-E
30. El Empalme	M-E
31. Corazón-El Tingo	M
Latacunga (RAE)	
32. Latacunga-Mulaló	E
33. Saquisilí- Sigchos	M-Mg
34. Pujilí	Mg
35. Salcedo-B. Quevedo	Mg
Ambato (RAE)	
36. Ambato-Sn. Fernando	M-Mg
37. Píllaro	E-M
38. Cusubamba	M-g
39. Quero- Mocha	M
40. Patate- Pelileo	M
41. Baños	Mg
El Puyo (RAE)	
42. El Puyo	M
43. Palora	M
Riobamba (RAE)	
44. Penipe	M
45. Guano	M
46. Urbina-San Andrés	E
47. Guamote	Mg
48. Chambo	M
49. Pallatanga	M
50. Alausí-Chunchi	M
Guaranda (RAE)	
51. Guaranda- Salinas	M-Mg
52. Chimbo-San Miguel	M
53. Chillanes	Mg
Babahoyo (RAE)	
54. Babahoyo- P. Viejo	T-M
55. Echeandía-Balsapam.	M
Guayaquil (AM)	
56. Balzar-Palest.-Daule	M
57. Paján- Pedro Carbo	C-Mg
58. El Triunfo-Milagro	E-M
59. Naranjal	M
Cuenca (RAE)	
60. Azogues	M-Mg
61. Girón-Sta. Isabel	M-Mg
62. Cañar	M-Mg
63. Gualaceo-Sigsig	M-Mg
64. Paute	Mg
65. Portete-Baños	E-Mg
Macas (RAE)	
66. Macas	M
67. Limón	Mg
68. Gualaquiza	Mg
Loja (RAE)	
69. Loja- San Lucas	C-Mg
70. Saraguro	Mg
71. La Toma	M
72. Catacocha	Mg-M
73. Gonzanamá-Cariam.	C-Mg
74. Zumba (muy aislada)	Mg
75. Macará	M-Mg
Zamora (RAE)	
76. Zamora	M-Mg
77. Yantzaza	M-Mg
Machala (RAE)	
78. Balao-Guabo-S. Rosa	E-C
79. Balzas-Chaguarpam.	Mg
80. Arenillas-Huaquillas	M-Mg
81. Zaruma-Piñas	M-Mg
82. Alamor-Celica	M-Mg
Zapotillo (ARBI-ZEB)	
83. Zapotillo	Mg

El banano, la palma africana, la soya, el café, el arroz, la caña de azúcar, etc., se convertían nuevamente en los cultivos predilectos de la Costa. Junto a ello surge el auge camaronero, como un nuevo producto de exportación y se fortalece la ganadería para carne. Los planteles avícolas que surgieron en los años del inicio petrolero se van consolidando.

De otro lado los campos de flores en la Sierra comienzan a extenderse desde el año 1984 y, en 10 años, es uno de los productos de exportación no tradicionales con más alto crecimiento. También causan su impacto el ganado lechero y el ganado de carne que encuentran un gran apoyo en los créditos del Banco de Fomento.

Nuevamente se levanta la bandera de la agricultura y el país vuelve a la realidad de una economía agraria en plena expansión.

El campo agrícola actual del Ecuador se estima en unas 8 millones de ha., es decir, menos de la tercera parte del territorio ecuatoriano. Sin embargo, parece que las tierras aptas para esta actividad se hallan ya agotadas y no se dispone de más.

De otro lado, conviene cuidar celosamente el patrimonio forestal ecuatoriano, si queremos preservar una de nuestras más grandes riquezas. Otra tarea de interés es pensar en reconstruir las tierras erosionadas y dañadas, reponer los bosques perdidos y tecnificar la agricultura.

Una equivocación de buena fe

Hacia mediados de este siglo hubo un cambio en la propiedad social del suelo en beneficio de los campesinos, mediante la aplicación de la ley de la Reforma Agraria que lotizó las tierras de las haciendas de la Asistencia Pública, confiscadas a las comunidades religiosas en la época de la Revolución Liberal. También entraron dentro de este paquete de la Reforma agraria algunas haciendas que se hallaban abandonadas o mal cultivadas hasta los años sesentas, década en la que comenzó la indicada reforma.

Al mismo tiempo, se dictaba la Ley de Colonización de Tierras Baldías en el Ecuador, principalmente en las áreas occidentales de la provincia de Pichincha y Esmeraldas y en la Región Amazónica, en donde durante estos 20 años, desde el inicio de la explotación petrolera, se adjudicaron como 2 millones de hectáreas a los colonos. Los sectores de mayor impacto fueron los adyacentes a Shushufindi y Joya de los Sachas.

Ventajosamente las tierras intervenidas para la explotación petrolera y la colonización amazónica coincidían, con ricos suelos aluviales recientes y con recubrimientos de varios metros de espesor, lo cual favorecía, de un lado la agricultura y de otro se evitaba el deterioro del suelo.

En cambio en otros sitios como el pie de monte la selva despojada de sus árboles lucía diferente, parecía un campo siniestrado por una tragedia. Vegetación humeante, cultivos mal trabajados, y en el mejor de los casos algunos pastizales raquíticos.

La madera fina salía en trozas a los aserríos para el mercado, el resto era consumido por las llamas o se acomodaba en las márgenes del terreno para que se pudra.

Una vez realizada la "limpieza" del terreno los colonos ensayaban algunos cultivos de ciclo corto y se plantaban unos pocos árboles frutales.

Frecuentemente, cuando estos terrenos estaban muy alejados de las vías de comunicación eran conectados con senderos y caminos de herradura construidos por los propios colonos.

Luego de unos años de trabajo, dadas las condiciones climáticas y las dificultades por las que atravesaban los adjudicatarios, algunas tierras fueron abandonadas y nuevamente crecía un bosque secundario y las tierras eran puestas en venta, muy frecuentemente intervenían los traficantes de tierras, a quienes se le pagaba "las mejoras" del lote abandonado.

En cuanto a las tierras que se ocuparon en la Costa, como las de la cuenca del río Guayas, del Noroccidente de Pichincha y Santo Do-

mingo de los Colorados, se consolidaron rápidamente debido a la red vial que iba ampliándose en todo sentido.
Se estima que a la fecha se han agotado las tierras de colonización, por lo cual, se expidió en julio de 1994 una nueva Ley de Desarrollo Agrario, que reemplaza a la caduca ley de Reforma Agraria y Colonización.
En resumen, recordemos que los mecanismos de acceso a la posesión de la tierra en la época colonial fueron la compra, enlaces matrimoniales y otras argucias.
En la época republicana, fue la adjudicación de tierras baldías, más tarde, a través de la Reforma Agraria y Colonización. Esto ha permitido que se amplíe la frontera agrícola y se ocupen prácticamente todas las tierras aptas para la agricultura en el Ecuador. Ahora se presenta un nuevo desafío, esto es, el cambio en el manejo del espacio agrario, integrando el minifundio en propiedades medianas, contando con incentivos para esta normalización de las tierras agrícolas.
En cuanto a la vocación del suelo, la Sierra sigue produciendo los cereales tradicionales para la alimentación de la población ecuatoriana, mientras la Costa se dedica más a las plantaciones que sirven para las exportaciones. La Región Amazónica aporta con productos que se destinan a la subsistencia de la gente del lugar. Como productos que sale de la región apenas se cuenta con un poco de café y aceite de palma.
La agricultura será siempre la mayor riqueza del país, más que el oro, más que el petróleo. No solamente porque el suelo es un bien renovable, sino porque el pueblo tiene una vocación y capacitación agraria milenaria.

Las propiedades de los ricos y de los pobres

Podemos distinguir tres tipos de propiedades, según el tamaño: las grandes haciendas que tienen cientos de hectáreas, las fincas de decenas de hectáreas y las pequeñas propiedades que tienen pocas hectáreas.
Las primeras se encuentran principalmente en la Costa, en donde las plantaciones han logrado configurar haciendas hasta más de mil hectáreas en que se hace una agricultura de exportación que es muy rentable y se realiza de manera mecanizada, desde la siembra, el cultivo hasta la cosecha y el despacho.
En la Sierra son las haciendas las herederas de la agricultura de la época colonial. Todavía existen grandes extensiones en todas las provincias, pero si comparamos con las propiedades medias y menores, la superficie total dedicada a las primeras es bastante inferior.
Las haciendas serranas mantienen pastizales para el ganado lechero que al momento es la actividad más rentable de las actividades tradicionales.
En la Región Amazónica también se encuentran propiedades importantes, sobre todo en el pie de monte andino que fue el área de colonización inicial.
En cuanto a las propiedades medias abundan las unidades entre las áreas de colonización reciente ya que se entregaron lotes de 50 ha. que, a su vez, se dividieron entre los herederos en unidades más pequeñas, esto vale también para la Sierra en cuanto se refiere a las fincas.
Las propiedades medias de la Costa tienen el mismo origen colonizador que la Región Amazónica pero con una mayor evolución, por lo cual frecuentemente son más pequeñas pero también más productivas.
En cuanto a las propiedades pequeñas que cuentan con menos de 10 ha. abundan en la Sierra hasta llegar a ser la gran mayoría. Esto se da por la presión social sobre el suelo y la limitada disponibilidad de tierras.
Sin embargo, en algunas provincias como Tungurahua, en donde una cuadra de manzanas, de arvejas o de otros cultivos tiene rentabilidad, las pequeñas propiedades no pueden menospreciarse por su extensión si se toma en cuenta su rendimiento.
No hablemos aquí de las plantaciones técnicas, como es el caso de las flores, en las que

10 hectáreas representan capitales tan grandes que pueden equipararse a empresas multimillonarias de cientos de hectáreas que cultivan frutas de exportación.
El minifundio, es una realidad insoslayable en la Sierra ecuatoriana. Son minúsculos lotes de tierras agrícolas equivalentes a un pequeño huerto en los que los indígenas siembran el maíz u otros productos de subsistencia. El profundo arraigo cultural que tiene el indio en su tierra agrícola clama por una solución social más realista y adaptada a las condiciones de vida moderna. La falta de tierras y su alto costo obligan a ser muy imaginativos para restituir a los indios sus tierras ancestrales a fin de que nuevamente florezca su cultura y tengan posibilidades de progreso. Se considera que un camino para conseguir estos objetivos podría ser la restitución de las tierras comunales con la prohibición de enajenarlas y dividirlas. Esto respondería a la necesidad de supervivencia de un pueblo agrícola sobre el que se asienta la identidad misma del Estado ecuatoriano.

Cultivar lo que necesita el mercado

Podemos constatar que los cultivos más importantes por regiones son: en la Costa, café, cacao, maíz duro, arroz, banano, soya, palma africana, caña de azúcar y algodón. Además, frutas tropicales de consumo interno y pastos para el ganado.
Estos productos requieren de un complicado sistema de cultivo que se inicia por la preparación del terreno que debe coincidir con las condiciones climáticas, así como la siembra, el cultivo y la cosecha.
Esto parecería normal en toda la sub-región, pero lo curioso en la Costa es que existe una verdadera gama de climas desde el húmedo del norte hasta llegar al seco del sur.
En esta diversidad de climas, suelos y otros factores, los mismos cultivos se realizan en distintos lugares, con diferentes condiciones climáticas y con calendario diferente. También en la Sierra los sistemas de cultivos tienen su originalidad.
Se siembra el maíz con fréjol; las papas requieren de una tierra bien abonada y se cultivan en climas frescos y húmedos hasta 4.000 metros de altura en pendientes con buen drenaje. Los agricultores gustan mucho de alternar pastos con papas porque el uno mejora al otro cultivo.
Las leguminosas y los cereales requieren de suelos menos exigentes. Algunas frutas en climas templados y secos tienen un sabor especial, como la manzana de Ambato, otras en climas más frescos, como el tomate de árbol. En general es muy importante para los cultivos los pisos climáticos, pero al mismo tiempo es un factor muy poco estudiado.
El mercado tanto nacional como internacional es el gran regulador de la producción siempre que el clima sea propicio.
En la Región Amazónica se siembra principalmente el café y la palma africana. También se dan algunos productos de consumo popular, como la yuca, el plátano, etc. además de frutas tropicales. Esta agricultura en su mayor parte dedicada a la subsistencia de los ecuatorianos puede verse en los mercados de las grandes ciudades en donde se encuentran abundantemente, si bien deja mucho que desear su manejo y selección.
No nos hemos referido aquí a los minicultivos de las familias campesinas que recogen pequeñas cantidades para su consumo familiar y que mantienen una tradicional tecnología en el manejo de las tierras y en el almacenamiento de los productos. Vamos a tratar brevemente los grandes cultivos del agro ecuatoriano.

Producir para el mundo

El banano

Sin lugar a dudas, el banano, es la fruta de exportación, no solamente del Ecuador sino del área tropical sudamericana que tiene la mayor importancia en cuanto a volúmenes de producción: en 1992 el país exportó más de 2 millones de toneladas a los mercados

Pisos climáticos

Investigación y desarrollo de la montaña

Fuente: Mountain Research and Development, 1986, Christoph Stadel.

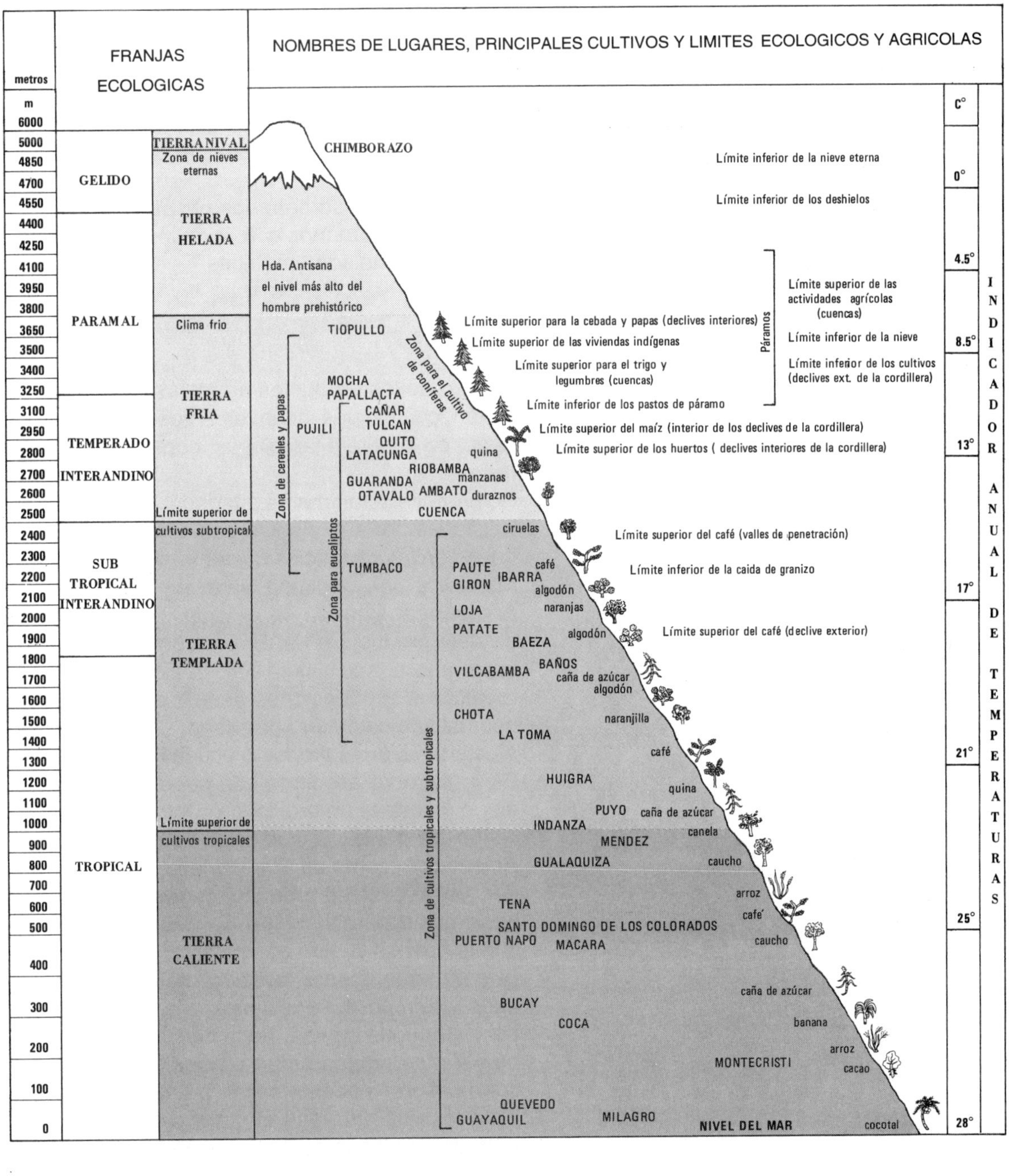

internacionales, principalmente de los U.S.A. y Europa. En 1994 se calculó una producción cercana a los 4 millones de toneladas métricas. Las áreas preferidas para la siembra de esta fruta se hallan en las provincias de El Oro, Los Ríos, el cantón Sto. Domingo de los Colorados, Quevedo y Esmeraldas.

El banano tiene un sistema de cultivo que exige buena tierra, mucha tecnología y mano de obra experimentada. Desde la preparación del terreno que se lo hace con grandes maquinarias, la siembra y el cultivo, la desinfección realizada desde el aire y una cosecha mecanizada suman costos importantes para los productores.

Luego su cosecha y procesamiento para la exportación requiere de mano de obra calificada y de recursos para inversión, por tanto, hay que recorrer un largo y costoso camino que requiere, capitales, precisión y conocimiento.

El banano es un cultivo delicado. En otros tiempos la peste denominada de la sigatoca diezmó las bananeras de casi todo el país, por lo cual, ahora se realizan gastos ingentes en el control de estas plagas.

Esto ha obligado a buscar híbridos que hagan frente a este problema con sus propias defensas. El que tuvo mayor éxito fue la variedad Gross Michel.

Después de la II Guerra Mundial el banano ecuatoriano copó los mercados internacionales convirtiéndose en el "oro verde" del Ecuador, por los ingresos en divisas que traía al país. Poco a poco fueron alternándose estos cultivos con otros importantes, como la soya, el maíz duro y los pastizales.

Repetidas ocasiones el banano ecuatoriano tuvo dificultades en el mercado internacional, sea por la competencia de otros países, como los centroamericanos, los africanos o las Islas Canarias, sea por las plagas que le agostaron o también por el clima inclemente que los destruyó.

En el espacio agrícola costeño se nota un avance o retroceso en los cultivos de la fruta, según se hagan presentes los auges o crisis del mercado.

Las áreas de cultivo se dividen de la manera siguiente. En la provincia de Guayas se cultivan unas 36.000 ha., con una producción de 1'2000 toneladas por año, lo que da unas 34 ton/ha. La provincia de El Oro cultiva aproximadamente la misma cantidad 35.000 ha., con un rendimiento igual al del Guayas. Los Ríos con unas 32.000 ha. producen iguales volúmenes. Luego viene Esmeraldas con unas 8.000 ha. y el resto es irrelevante.

Por consiguiente, las tres provincias citadas al inicio arrojan el 86% de una producción total de 4 millones de toneladas en 120 mil ha. de bananeras.

En el año 1994 se batía los registros de exportación de bananos con aproximadamente 3'900.000 toneladas métricas.

El café

Es otro de los productos agrícolas de exportación, con iguales inconvenientes que el banano, en cuanto a las plagas, competencia y mercados.

Se produce actualmente alrededor de 100 mil toneladas por año y sus áreas de cultivos se hallan en las provincias costeñas de El Oro y Manabí y una pequeña parte en la Región Amazónica. Cuando se arruinan los cultivos de este producto en el Brasil, como sucedió en el año agrícola de 1994, el Ecuador aumentó sus exportaciones beneficiándose así del mal año cafetalero brasileño. Lo contrario afecta también al producto ecuatoriano.

Se lo siembra asociado con otros cultivos y en un ambiente umbrófilo. La peste de la broca no ha podido ser vencida en la Región Amazónica, como en otros lugares del Ecuador, por lo cual, se produce un grano de menor calidad pero también de menor precio, con lo cual se vuelve competitivo.

El café experimenta también momentos de auge y retroceso, variaciones que dependen del sistema de cuotas, de la calidad del grano y de la demanda internacional. Los cafetaleros son frecuentemente pequeños propietarios que entregan el grano a los exportadores que les imponen sus condiciones.

Para defenderse un tanto de ellos, así como de otras adversidades, los pequeños y medianos agricultores cafetaleros se han organizado en cooperativas que permiten ahorrarse en algo las extorsiones de los intermediarios y tratar directamente con los mayoristas internacionales. Manabí es una provincia cafetalera en donde el sistema de cooperativas tiene éxito.

El cacao

Es otro de los productos tradicionales de exportación que luego del auge del siglo pasado hasta los años veintes decayó notablemente debido a la competencia del producto que provenía de los países africanos o del Asia tropical, así como debido a la pestes.

El INIAP, Instituto Nacional de Investigaciones Agropecuarias realizó algunos avances para obtener árboles más resistentes a la "famosa escoba de la bruja" que acabó con los árboles de cacao de otros tiempos.

Ahora el Ecuador exporta como 70 mil toneladas por año y ha recuperado algo de sus antiguos mercados europeos, con la buena calidad de su producto.

El cacao se producía en un medio selvático, cálido y umbrófilo que ayudó a mantenerlo limpio durante décadas. Sin embargo cuando la demanda se hizo importante y se quiso sembrarlo en plantaciones la peste acabó con los cacaotales.

Existían categorías de cacao y se los conocía por el lugar de origen. El que se producía en la cuenca del Daule tenía una fama internacional, por su aroma y sabor, por lo cual, en la época de bonanza dio lugar a la formación de las haciendas cacaoteras del interior de la cuenca del río Guayas. Hubo efectos directos e indirectos en el espacio rural y urbano ecuatoriano, provenientes de la siembra, y comercialización del cacao.

La capitalización que hicieron los cacaoteros sirvió como base para el arranque de la economía bancaria en el Ecuador y para la construcción de las ciudades costeñas cacaoteras.

De otro lado, todavía pueden verse haciendas con casas señoriales y radas, a lo largo del río Daule.

Las poblaciones surgidas con esta actividad como Vinces, en el corazón de la zona productora tuvieron mucha actividad. Hasta ahora la navegación en los ríos es muy animada y la construcción de caminos y senderos para el recorrido con las cargas a lomo de mula de los productos del interior pueden verse por todas partes.

Del auge cacaotero del Ecuador quedaron solamente recuerdos consignados en las novelas de ese tiempo. Algunos de sus rasgos perduran en la red urbana de la cuenca.

Las exportaciones han disminuido notablemente y si se nota algún resurgimiento de este cultivo que se creyó pasado de moda, se debe a los esfuerzos que los investigadores del INIAP han logrado, mejorando las plantas y a ciertos agricultores que mantienen el buen nombre del producto.

EXPORTACIONES DE LOS AÑOS 1986 - 1993

Año agrícola	Toneladas m.	Valor en U.S.D.
1986/87	68.068	30'422.055
1987/88	83.170	134'188.264
1988/89	86.694	111'838.267
1989/90	95.210	106'383.342
1990/91	102.436	116'186.421
1991/92	82.420	90'712.872
1992/93	67.428	66'239.760

El arroz

Es un producto de alto consumo interno y se siembra principalmente en las llanuras inundables de las provincias de Los Ríos y Guayas. El manejo de este cultivo es bastante tecnificado, si bien existen cultivos artesanales. Como para el café los pequeños propietarios cuentan con cooperativas que tienen un sistema de ayuda para el pequeño agricultor. La producción de la gramínea en años tiene excedentes que se guardan para compensar con los años de déficit. Cuando existe la suficiente reserva se vende en los mercados internacionales.
Las piladoras reciben el grano, tanto de las haciendas como de los pequeños productores y lo procesan conservándolo en grandes silos para la distribución nacional.
El arroz, como se sabe, se siembra en los terrenos inundables, por lo cual, se excluye cualquier otro producto asociado; solamente podemos anotar una excepción con los esteros del Cuyabeno en donde se cultiva el arroz para el consumo local, sin que ello altere ni dañe el medio natural.
Existen dos cosechas una llamada de invierno, en épocas de lluvias y otra de verano.
Esta característica del cultivo exige que los suelos tengan un ciclo de agua y otro de secano. Cuando hay falta de lluvias o abundancia de ellas la cosecha tiene sus riesgos. Por tanto, es indispensable un manejo mecanizado del agua que se espera con la presa Daule-Peripa que tratará de controlarla cuando haya en demasía y de suplirla en la escasez.
En el año 1994 la producción del arroz estaba cercana a los 8 millones de sacos y se calificaba como uno de los años de más alta producción de la gramínea.

La caña de azúcar

Fue introducida por los españoles y tuvo una gran acogida en los valles cálidos de los Andes, como el Chota y Catamayo, en los que existen algunos recuerdos de estas épocas, como son las haciendas cañicultoras de los jesuitas.
Hablamos de la época en que la Sierra era la región que estaba más poblada de todo el territorio, mientras en la Costa había sólo unos pocos asentamientos humanos.
Instalada la República, mientras se colonizaba la región costanera se abren campos para la siembra de la caña en tierras costeñas, pero solamente en la época republicana se inició la producción azucarera de Milagro, formada casi exclusivamente por esta agroindustria.

La palma africana

En la década de los setentas, se dio una verdadera fiebre por los cultivos de palma africana de la cual se extrae el aceite que sirve para el consumo humano. En este contexto en la Costa, principalmente en la región de Sto. Domingo de los Colorados y en la vía a Esmeraldas se sembraron algunos centenares de hectáreas de estas palmas y se instalaron procesadoras de aceite. Igualmente en la Región Amazónica, con la política de ocupación de la vasta zona boscosa se eligieron unas 10 mil ha. cerca del río Payamino, en el Coca y otras 10 mil más abajo de Shushufindi que se hallan sobre suelos agrícolas de buena contextura. La plantación tuvo sus contratiempos inesperados: de un lado, la plaga a la raíz del árbol y, de otro, una mayor acidez del extracto, sumado a la mayor distancia a los mercados, lo cual ha desanimado a los empresarios que veían una mina de plata en estos productos. Estas dos plantaciones tienen un gran impacto negativo sobre la calidad del agua de los ríos adyacentes. Lo único positivo es la fuente de empleo que crearon para una población menesterosa que vive en esas remotas tierras esperanzados en sus lotes mal trabajados.
Otro factor interesante es que junto a la palma crece una leguminosa denominada pueraria, que sirve como forraje y que ayuda a sacar una mayor rentabilidad del suelo.

Se sabe ahora que el aceite de palma tiene un alto grado de colesterol. Esto ha hecho que pierda su competitividad en el mercado. Se estima que las palmas producen por veinte años, pasados los cuales podría haber una paulatina regresión hacia otros cultivos, si continúa esta crisis. Para controlar las plagas de la palma se usan herbicidas y otros plaguicidas que han puesto en entredicho estas acciones por la contaminación que genera la actividad, incrementándose los peligros con la efusión de desechos agroindustriales sobre los cuerpos de agua en los río tropicales.

Las flores

Si bien ocupan minúsculos espacios bien tecnificados, generan altos ingresos, lastimosamente con riesgos de contaminación por los desinfectantes usados.

A la fecha los empresarios de esta agroindustria que ocupa numerosa mano exportan unos 20 millones de dólares anuales, con una tendencia al crecimiento acelerado.

La sierra norte ha comenzado a cambiar su paisaje agrario con el establecimiento de invernaderos que albergan las plantaciones de flores. Para ayudar al crecimiento de las plantas se iluminan las carpas convirtiéndolas en inmensas luminarias en la obscuridad de la noche andina. Todos los productos de exportación tienen sus adversidades y las flores no podían ser la excepción. Las dificultades de manejo, por lo delicado del producto, los largos viajes que deben realizar hasta los aeropuertos y los pocos días que tienen de vida, son un reto para agricultores, transportistas y comerciantes que hacen jugosas ganancias con un producto que ha revolucionado la agricultura.

El equipamiento indispensable son cuartos fríos para su almacenamiento, camiones equipados con refrigeración y tratamientos costosos para que dure más el producto.

Además, de infraestructura hacen falta capitales, mercados y personal tecnificado que hacen de este producto un renglón exportador de frágil consistencia.

A todo esto hay que añadir la competencia mundial, las dificultades provocadas por el proteccionismo de los países industrializados a sus plantaciones ineficientes y los altos aranceles que deben soportar en los países desarrollados.

Por lo dicho, si es verdad que los floricultores han crecido mucho y se hallan dispuestos a superar todos los problemas enunciados, sin embargo, hay algo que conspira una vez más contra ellos, cual es la política ambiental que se introduce en el país, prohibiendo el

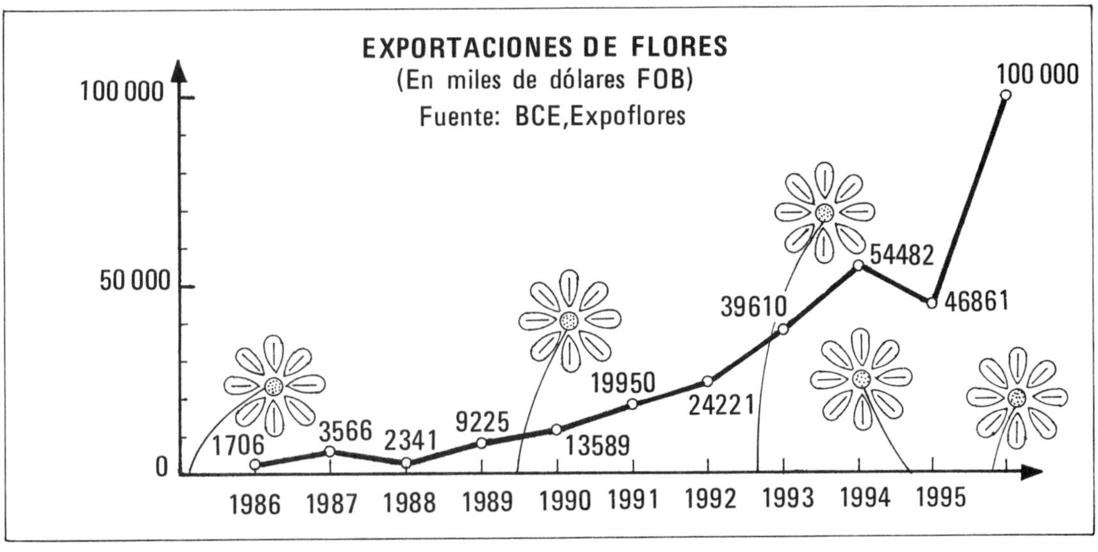

uso de productos contaminantes que usan los floricultores que finalmente deben tratar las aguas de sus cultivos por la alta contaminación que generan en su derredor.
No hablemos de los peligros que tiene la población que trabaja en las plantaciones, pese a los cuidados que se han prescrito.

Legumbres, granos tiernos y papas

Estos cultivos se dan principalmente en las cuencas interandinas de clima templado y húmedo.
Para las legumbres y papas se requiere de buen regadío que podemos tenerlo en los declives andinos. Por eso, el paisaje agrario andino luce como un tablero de ajedrez, apariencia que se debe a las superficies de variados colores, sembradas de granos, hortalizas y papas.
Las papas constituyen uno de los principales alimentos que se siembran en las cuencas andinas.
Es muy peligroso la helada en el clima frío en el que se adapta mejor la papa que requiere de un suelo húmedo permanente.
Por eso es tan importante escoger la época de la siembra, contando también con una buena dosis de suerte como dicen los campesinos. Cuando en las madrugadas despejadas y frías del invierno austral, han brotado las plantas de papas y se teme una helada, los campesinos queman en toda la sementera, paja, majada seca u otros combustibles que hacen humo, para lograr contrarrestar la baja de temperatura.
Igualmente el campesino teme la lancha en épocas de grandes lluvias, principalmente si los cultivos se hallan sobre terrenos sin drenaje. Cuando producen bien las papas se da hasta el 40 por uno. Los agricultores del norte ecuatoriano, principalmente del Carchi comercian este producto con el sur de Colombia que es deficitario. Las papas pertenecen a los productos propios de las tierras andinas de altura y existen muchas variedades que la gente las jerarquiza. En la Sierra es un alimento alternativo del arroz y complemento del maíz. Este producto se mueve de norte a sur de este a oeste, vendiéndose rápidamente en los mercados mayoristas.
En cuanto a los cultivos de hortalizas estas se producen principalmente en las provincias serranas y se venden en todo el país.
Tungurahua es una provincia legumbrera con ricos suelos formados por las cenizas volcánicas que se hallan esparcidas en todo su entorno. Existe una famosa feria nacional los lunes de cada semana en la ciudad de Ambato en que se comercian principalmente legumbres, papas y granos tiernos.
El maíz suave, si bien es un cultivo tradicional de gran importancia para el pueblo, cada vez se halla en menor cantidad y, por consiguiente se consume menos, porque el precio es cada vez más alto. Este producto andino ha sido reemplazado por el pan, el arroz, el plátano o la yuca, según la región.
Es el cultivo popular de los pisos templados de montaña, es decir, entre los 2 y 3 mil metros de altura. Existen muchas variedades de maíz suave, según los pisos altitudinales y el clima. El maíz suave no es muy exigente en cuanto a la humedad. Los fuertes vientos le afectan rompiendo su taralla y destrozando sus hojas, por eso, los indígenas tienen sus lugares privilegiados para la siembra de este grano, todavía muy importante en su dieta nutricional.
Frecuentemente se lo siembra asociado a una leguminosa, porque se conoce que las hojas de estas plantas fijan el nitrógeno del aire y sirve como abono para las chacras de maíz.
En cuanto al consumo es bastante alto y tiene buena rentabilidad para los campesinos que lo siembran en pequeñas cantidades y lo consumen cuando ha brotado el grano y se halla en choclo. Esto requiere de cuatro a cinco meses, mientras que para su maduración se necesita de ocho meses. Por tanto, los campesinos al venderlo en estado de choclo tienen la ventaja de ocupar la tierra en otro cultivo y además, aprovechan la hoja tierna del maíz como forraje para sus animales.
Hay que distinguir entre las plantaciones de

frutas tropicales de las que el banano es la más importante, como lo hemos visto y las plantaciones de frutas de altura, como la manzana y cítricos.

El cultivo de frutales ha experimentado grandes cambios técnicos con buenos resultados en estos últimos tiempos en la Sierra ecuatoriana, son los frutales de clima templado. Las manzanas, peras, claudias, frutillas, son de zona templada. Las chirimoyas, aguacates, y cítricos de otra zona igualmente templada pero más seca. En general, hay un adelanto en la producción frutera andina, debido al mejoramiento de semillas, técnicas de cultivos y control de plagas.

En cambio, las frutas tropicales son el gran porvenir de la Costa ecuatoriana.

Piñas, mangos, papayas, melones y otras frutas se exportan con una acogida extraordinaria en los mercados internacionales.

Siempre es el mismo problema en cuanto a las exportaciones ecuatorianas, las restricciones de los grandes mercados mundiales y las plagas que deben ser controladas enérgicamente tienen en permanente sobresalto a los productores.

De cazador a pastor

El hombre ecuatoriano hace miles de años cazaba en los bosques como todavía lo hacen sus semejantes en la selva amazónica. La cacería era un modo de vida pero también una aventura peligrosa. Los que se dedicaban a esta actividad en la que aprendieron a manejar las armas, eran los hombres.

Una vez cazada su presa hacían una ceremonia para festejar sus triunfos, algo parecido a la guerra, pero contra los animales del bosque que tenían un recurso para librarse de la muerte, la huida.

La caza duraba muchos días y así como la pesca en el mar tenía sus riegos, ésta enfrentaba peligros semejantes. La familia pasaba días angustiosos esperando la llegada de sus seres queridos y a veces era infructuosa la espera. Esto dio a la mujer una tarea adicional, esto es, la de pastorear el ganado doméstico. Durante la época colonial se dio inicio al pastoreo intensivo en las montañas andinas ecuatorianas.

El ilustre historiador ecuatoriano, D. Federico González Suárez, nos da a conocer que en la Sierra se contaba por miles las ovejas que pastaban en las montañas y de las que se sacaba la lana para los obrajes textileros.

Solamente en Cayambe los jesuitas tenían 18.318 ovejas; en Tigua 22.454 y en una hacienda de Pimampiro tenían como 10 mil ovejas; esto acontecía en el S. XVII.

Esta tradición ovejera y textil del Ecuador duró hasta comienzos del siglo pasado en que habían decaído casi completamente la producción de textiles.

Las tierras de pastoreo fueron poco a poco utilizándose en pastizales para la crianza de rejos que se mantenían para proveer de leche a una población que crecía aceleradamente.

También hay que recordar que con el aparecimiento de las fibras sintéticas decreció el interés por la lana y con la falta de tierras para el pastoreo extensivo fue desapareciendo esta actividad.

Quedan todavía algunos rebaños pertenecientes a los campesinos que siguen sus costumbres ancestrales del uso de la ropa confeccionada por ellos mismo con la lana de sus ovejas. Rara vez emplean estos animales para carne ya que los tienen también como proveedores de abono.

Las ovejas y los chivos se contentan con pastos muy pobres o simplemente con raíces.

Los páramos son empleados por propietarios grandes y chicos para la ganadería extensiva. Solamente existe el problema del desgaste de los dientes del ganado, ya por la dureza de los pastos ya por los minerales de las plantas.

En la época del verano, cuando se secan los pastos de altura, los campesinos suelen quemar los arbustos y hojarasca para que nazca la hierba tierna. Esta práctica tradicional a la que llaman la rosa se halla seriamente cuestionada por los protectores del medio am-

Salinas, Provincia de Bolívar, Quesería de Salinas

biente ya que ven en ello la destrucción de la naturaleza en lugares en donde difícilmente crecen las plantas.

Los páramos son ricas reservas de suelo agrícola que podrían ser muy productivos con una climatización apropiada, sin embargo, el mal uso pueden erosionarlas y dejarlas desnudas a expensas de la arroyada.

Con los ingresos petroleros del último cuarto de este siglo, el Estado por medio del Banco de Fomento financió el desarrollo ganadero en la Costa, Sierra y Oriente.

El ganado Brahman adaptado a los medios tropicales y otras razas que no sufren por el clima cálido dieron origen a las ganaderías de carne de la Costa y el Oriente.

Se hallan ubicados los principales hatos ganaderos al norte de la cuenca del Guayas y en la provincia de El Oro. En La Región Amazónica en los corredores, Puyo-Tena y Macas-Gualaquiza.

Se han escogido estas zonas de pie de monte por dos razones importantes, una, por la cercanía a los mercados urbanos y otra por la aptitud de los suelos para la ganadería.

La ganadería es extensiva y los suelos no son rotados con otros cultivos, en su gran mayoría.

El ganado lechero

Dentro de las actividades de la economía moderna la participación de la agricultura como elemento de un sistema económico articulado con otros aspectos ajenos a la actividad agraria pero dependientes de ella, han permitido la formación de los denominados "agribisness" es decir, la conformación de circuitos económicos, a la base de los cuales se halla la actividad agraria.

Este es el caso de la agroindustria lechera que tiene que ver con la preparación de pastos, infraestructura agropecuaria, procesamiento del producto en plantas cercanas a las grandes ciudades, embalajes y expendio, así como comercialización de los productos lácteos.

Todas estas actividades forman parte de un

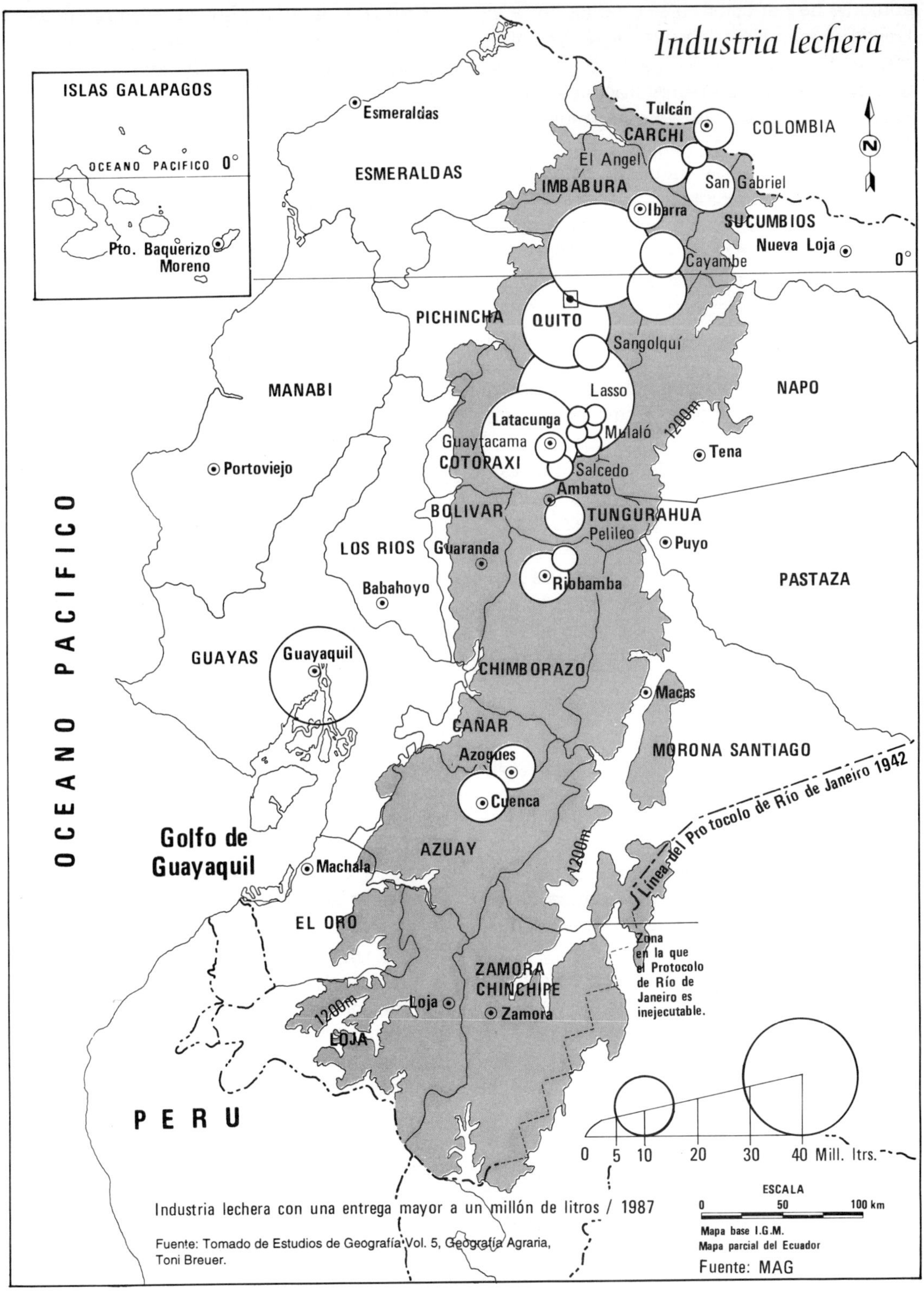

Industria lechera con una entrega mayor a un millón de litros / 1987

Fuente: Tomado de Estudios de Geografía Vol. 5, Geografía Agraria, Toni Breuer.

conjunto de negocios relacionados entre si.
Desde el año 1954, en que se realizó el primer censo agrícola del país se puede ver que la ganadería de leche creció de manera sostenida. Este desarrollo está originado en el incremento del consumo y en el aumento de los precios que se paga por este alimento de primera necesidad.

La producción de leche fresca en grandes cantidades comenzó en el año de 1936, época también en que se inicia el transporte para la Costa por el ferrocarril, sin embargo, el consumo masivo de este producto ha venido incrementándose con las campañas gubernamentales en favor de la nutrición de los niños y con un subsidio del Estado a la leche de consumo popular.

Los hatos lecheros se hallan principalmente en la Sierra norte, por lo cual, las principales procesadoras se encuentran localizadas entre Carchi y Cotopaxi.

Hacia 1987 se consumió al nivel de país unos 250 millones de litros de leche, tomando en consideración que diez años atrás la producción bordeaba los 170 millones de litros.

Naturalmente que esto se refiere al producto que procesaban las plantas pero no hay que olvidar que en provincia se consumen grandes cantidades de leche cruda.

Otro aspecto que vale la pena enunciar aquí es que este alimento de primera necesidad fue siempre deficitario en el país y por esto se introducía importantes cantidades de leche en polvo que provenían de los Estados Unidos y de Europa.

Dentro de los circuitos de acopio se deberá tomar en cuenta que las procesadoras no se contentan solamente con recoger la producción de las grandes haciendas, sino que tienen establecido un sistema de compra por litros al nivel de pequeñas fincas acumulando la leche en centros de enfriamiento que son transportados a las plantas de tratamiento.

Por consiguiente, tanto la compra como la venta de leche y sus derivados se realiza con el desplazamiento de estos productos a través de largas distancias. Esto ha permitido un equipamiento lácteo importante que va en continuo crecimiento, lográndose una mayor eficiencia en estas actividades.

El camarón

Dentro de la política de incorporar a la actividad económica otros productos de exportación no tradicionales, se desarrolló con tecnología y capitales ecuatorianos un actividad nueva asentada en el litoral marítimo sobre las lagunas naturales que se hicieron en marismas y manglares.

Las áreas de ocupación fueron creciendo de manera importante así como los volúmenes de producción y los ingresos en divisas.

Sin embargo, esta actividad ha sufrido algunas vicisitudes de orden natural, como la del año 1983, en que debió soportar las inundaciones del fenómeno de El Niño o diez años más tarde, con otras más benignas. Pese a todo ello la actividad camaronera se ha mantenido con estos altibajos.

Así de 191.350 libras de 1991 que produjeron alrededor de 526 millones de dólares se bajó a 160.064 libras en 1993, con 451 millones de dólares aproximadamente pero, en 1994 pese a su venta menor aun de 154.640 libras, sin embargo, por la subida del precio internacional se pudo casi nivelar los ingresos anteriores con una recaudación de alrededor de 523 millones de dólares.

Los principales mercados consumidores en el exterior son, los U.S.A. con un consumo de las tres cuartas partes de la producción; a Europa va un poco menos que un cuarto de la producción nacional, mientras hacia el Oriente, en países como el Japón se consume entre el 1 y 4% del total.

Dado su emplazamiento geográfico la actividad camaronera tropieza con dos inconvenientes primordiales; el uno es el clima ya que cuando arrecian las lluvias y los ríos se desbordan las camaroneras también se van a pique.

El otro gran problema contra la actividad camaronera ha surgido del uso de insecticidas en las áreas bananeras.

Capítulo 6

Modos de vida

Feria de Saquisilí, Provincia de Cotopaxi

La vida del campo

Se considera que unos 2 millones de campesinos viven en un situación rural, sea en pequeños caseríos que no pueden considerarse ciudades, sea en asentamientos dispersos en campo abierto junto a sus tierras.
Estos pequeños poblados, en su mayor parte se hallan dispersos y sin cobertura de servicios básicos ni condiciones de vida aceptables.
Su economía es bastante simple, viven de sus cultivos y de algún pequeño ingreso que les permite su trabajo en las ciudades, como peones o en otros servicios básicos.
Los asalariados tienen una gran movilidad y sus desplazamientos muy frecuentemente lo hacen a pie o a caballo.
Cuando utilizan los automotores viajan en condiciones muy precarias por el poco dinero que disponen para pagar su transporte. Las unidades que hacen este servicio son camiones viejos, mal adaptados al transporte de personas, en donde los pasajeros frecuentemente son perjudicados y vejados. Ordinariamente se movilizan los días feriados y salen a los centros poblados, principalmente en la Sierra, en donde hacen sus compras para la semana, venden algunos productos del campo y se divierten a su manera.
Sus casas son pobres y estrechas, construidas con tierra o con bloques de cemento. El techo es de paja o de teja. Al lado de la casa tienen corrales para los animales y cierran sus campos con cercos vivos o materiales en desuso. Los linderos de las propiedades rurales se respetan desde tiempos inmemoriales y casi no se comercian sino que van retaceándose para sus herederos.
Los niveles de educación han subido en algo pero la salud y la higiene dejan mucho que desear por la falta de equipamiento sanitario. Casi no existe capacitación técnica ni asistencia crediticia, por lo cual, su lucha contra el subdesarrollo es lenta y solitaria.
La afluencia de los campesinos hacia las ciudades ha disminuido notablemente ya que las condiciones de vida de los migrantes en los principales centros urbanos se ha deprimido aún más. Muchos de ellos volvieron al campo ya que el encarecimiento de los productos agrícolas y la falta de mano de obra ha mejorado levemente sus condiciones socioeconómicas.
De la misma manera, alguna atención de los gobiernos hacia estas zonas abandonadas han permitido el equipamiento de servicios, por el reclamo de las organizaciones indígenas que tienen una mejor acogida ante los gobiernos.
Recientemente se aprobaron en el Congreso Nacional y fueron ratificadas por el Ejecutivo, algunas leyes en perjuicio de los campesinos. La reacción de las organizaciones indígenas no se dejó esperar, con la paralización completa del tránsito por las carreteras de la Sierra, lo cual obligó al Gobierno y Congreso a sentarse a la mesa de negociaciones para rectificar estos procedimientos.
Esto indica que los campesinos podrán emprender en un plan de mejoramiento de sus condiciones socioeconómicas exigiendo se les conceda atención como a otros sectores necesitados de la sociedad.

La ciudad, una solución y un desafío

La ciudad es una forma de vida de la población en la cual el hombre se organiza de múltiples maneras para vivir en núcleos concentrados y en los que cada célula, cada barrio o cada sector, desempeñan una función específica y complementaria.
Las ciudades ecuatorianas pueden agruparse por su historia en dos clases, una, las ciudades de la época colonial y otra, las ciudades que nacieron y se desarrollaron en la época republicana.
Las primeras tienen el esquema del urbanismo español, esto es, la plaza mayor, en don-

Crecimiento poblacional intercensal de áreas cercanas a Quito

ESCALA
0 1000 2000m
Mapa Base: I.G.M.

1956

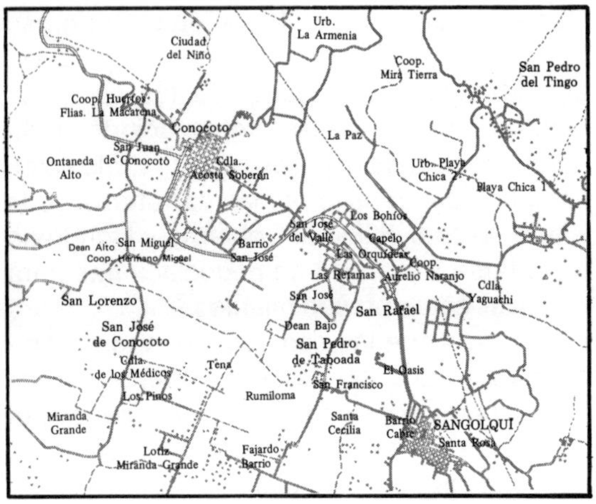

1963

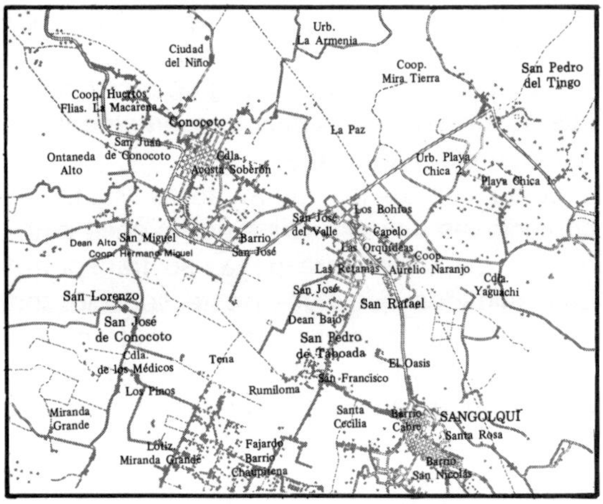

1975

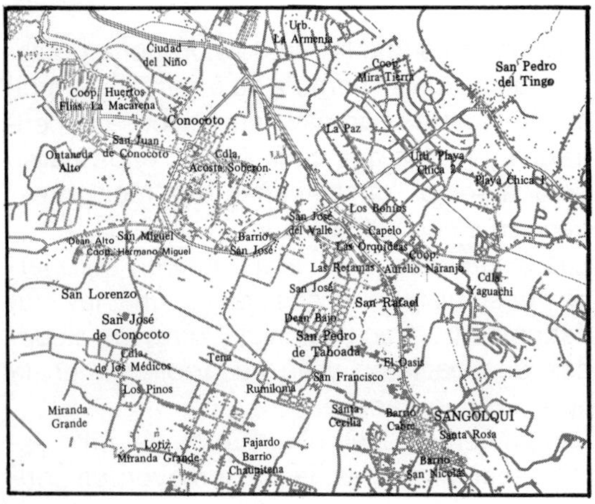

1995

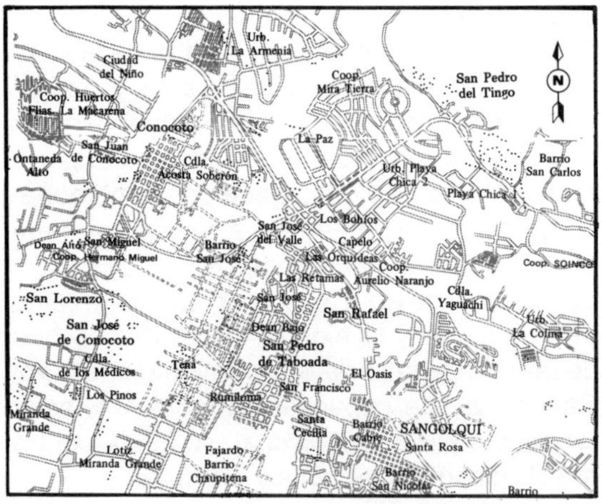

de funciona la administración central, las manzanas en forma de damero y las calles trazadas a cordel.

En la plaza central, sobre todo de las ciudades antiguas, vemos el mismo esquema de distribución que luego siguieron el resto de ciudades, aún las más pequeñas. Esto es, la iglesia, el palacio, y el ayuntamiento.

De estas tres funciones importantes de la ciudad, a saber: la autoridad civil, la autoridad eclesiástica y la autoridad municipal, nacen otras actividades que llenan la plaza con sus edificios residenciales. Estos son, la iglesia con el Cabildo Eclesiástico o Curia; el palacio gubernamental, con la máxima autoridad civil y el cuartel y la alcaldía, con el Cabildo Edilicio.

Según el citado esquema las principales funciones de la ciudad se definían por las actividades relacionadas con la autoridad.

Una vez establecidas las autoridades y sus funcionarios el desenvolvimiento de la ciudad burocrática requería de otras funciones y servicios como, los escribanos y letrados, el artesanado encargado de elaborar muebles, utensilios del hogar, reparar construcciones, etc. y la servidumbre.

Entre los artesanos aparecieron, constructores, comerciantes, artistas, artesanos, etc., constituyéndose la parte más dinámica de la sociedad. Cuando éstos se organizaron formaron las cofradías y hermandades equivalentes a las organizaciones laborales modernas. Estos grupos organizados tuvieron un papel protagónico en la vida de la ciudad.

Al comienzo todo se desarrollaba alrededor del núcleo central o plaza mayor. Poco a poco surgieron otros centros y otras plazas supeditadas naturalmente a la plaza central de las autoridades.

De esta manera fueron formándose los barrios especializados, sea en el comercio, sea en la artesanía útil, sea en lo religioso, sea en lo residencial.

La ciudad creció al unísono del tiempo y de las posibilidades económicas.

Hay barrios que nacieron en las épocas de los auges, por ejemplo, en Guayaquil, el ba-

Valle del Chota, Río Chota Provincia de Imbabura

rrio de las Peñas en el "boom" cacaotero, la Nueve de Octubre en el auge bananero; en Quito, el nuevo centro comercial de la Carolina es el fruto de la época petrolera, en Machala, los barrios que van hacia puerto Bolívar son fruto del comercio bananero y camaronero.

Otros grupos de ciudades nace por las actividades sobresalientes que desempeñan.

Así las ciudades burocráticas, que desempeñan actividades administrativas como Quito o Portoviejo; las portuarias, como Guayaquil o Manta, las turísticas como Salinas o Cuenca; las fronterizas, como Tulcán o Huaquillas, las petroleras, como Nueva Loja o Coca; las mineras, como Portovelo o Zamora; las comerciales como Ambato o Machala; o, finalmente, las demás ciudades capitales de provincia que fungen un papel meramente administrativo.

¿Ciudades para qué?

Todas las ciudades, desde las metrópolis, como Guayaquil o Quito, pasando por las urbes medias que tienen entre 100 y 200 mil habitantes, hasta las pequeñas ciudades capitales de provincia con 50 mil habitantes o menos, forman parte de la red urbana nacional, con otras ciudades en formación.

La red urbana está distribuida en las tres regiones naturales del territorio continental ecuatoriano.

Las ciudades de la Sierra son más antiguas, luego las de la Costa y finalmente las de la Región Amazónica.

Las ciudades pueden jerarquizarse de varias maneras, por ejemplo, por el número de habitantes; entonces tenemos, ciudades metrópolis con más de un millón de habitantes. Ciudades medias de 100 a 200 mil habitantes y entre 50 y 100 mil ciudades menores.

Se puede también ordenarlas por la cobertura de servicios básicos.

Ciudades de primer orden, con una cobertura de servicios básicos más del 70%, de segundo orden, con una cobertura mayor del 50% y con menos de eso de tercer orden.

En este caso se toman como parámetros los servicios de energía eléctrica, agua potable, alcantarillado, calles, servicios de salud, educación básica, etc.

Otra clasificación proviene de las actividades económicas predominantes. Hay ciudades administrativas, comerciales, agroindustriales, portuarias, etc.

Dos gigantes para compartir una misma responsabilidad

Quito y Guayaquil son dos metrópolis capitales regionales que se dividen la atracción espacial del territorio ecuatoriano.

En realidad la aparente rivalidad no es más que política ya que desde el punto de vista de las actividades económicas las dos ciudades desempeñan al nivel nacional actividades diferentes pero complementarias.

Quito es la capital de la República, asiento del Gobierno Nacional y por lo tanto, una ciudad administrativa.

En cambio Guayaquil es una metrópoli portuaria por donde ingresa la mayor parte de las importaciones y así mismo, la puerta de salida de las exportaciones del Ecuador.

Las dos ciudades trabajan en campos diferentes pero sus funciones al nivel nacional se complementan maravillosamente.

Por su importancia económica, Guayaquil tuvo un crecimiento acelerado en las décadas de los cincuentas y sesentas: mientras Quito, se desarrolló de manera espectacular entre los sesentas y setentas.

Hay que recalcar que Guayaquil y Quito son capitales regionales y no puede aceptarse la designación de Quito como una capital meramente administrativa y Guayaquil como capital económica del Ecuador, ya que tanto Quito como Guayaquil tienen actividades económicas y administrativas regionales propias.

En efecto, si analizamos los flujos financieros que maneja Quito, si es verdad que son menores que los de Guayaquil, en cuanto a la banca privada, sin embargo, le contrape-

san las finanzas públicas y los capitales destinados al desarrollo que los maneja el Banco del Estado, la Corporación Financiera Nacional o el Banco Nacional de Fomento. Sin hablar de los capitales que mueve el Banco Central.
De la misma manera, en Guayaquil existen agencias administrativas del Gobierno central que tienen importancia nacional o regional, como es el caso de las aduanas, el CEDEGE, el Seguro Social, la Subsecretaría de Pesca, etc.
En cuanto a la composición espacial, las dos ciudades metrópolis tienen influencia sobre la Costa, la Sierra y la Región Amazónica.
Por consiguiente, hay que convenir que las dos son capitales regionales tienen tareas propias y complementarias al nivel nacional.

Cada cual a su trabajo

La función de una metrópoli regional de la categoría de Quito o Guayaquil se realiza con relación a su área de influencia de varias maneras.
- Como un centro de atracción, por lo cual, los habitantes de las áreas deprimidas expulsan sus excedentes humanos hacia la capital regional con el fin de encontrar ubicación en el sitio. Por ejemplo, las jóvenes que van para el servicio doméstico, siempre deficitario en las grandes ciudades.
Luego vienen los varones que cubren las áreas de la construcción u otros sectores productivos, como fábricas, manufacturas, comercios y servicios generales.
Finalmente, cuando existe una mayor seguridad económica, se traslada el resto de la familia. En todo esto la ciudad hace las veces de nodriza para los campesinos adoptándolos y enseñándoles el arte difícil de vivir en la ciudad.
En el caso de algunas ciudades y provincias que estaban atraídos por los dos centros polares de Quito y Guayaquil, la población emigró hacia estas dos ciudades, según las afinidades y facilidades que se manifestaron a través de los años.
Tiene mucha importancia la situación geográfica de las áreas de influencia, así vemos que las ciudades más cercanas a las metrópolis tienen una mayor emigración hacia esas grandes ciudades.
- Otro factor importante de la influencia regional de las metrópolis es el comercio. Las ciudades metrópolis se convierten en grandes mercados regionales, para la compra y la venta de los productos indispensables para la vida.
Hay algunos productos como la leche, el arroz o el azúcar que tienen una circulación nacional, pero los centros de acopio o expendio se hallan íntimamente ligados a la metrópoli para su financiamiento y transacciones.
Ambato tiene una vinculación económica con los principales centros de producción cerealera y legumbrera del país, principalmente de la sierra norte. En su feria semanal se expenden hacia la Costa, principalmente a Guayaquil, los productos de la sierra norte, como papas, granos tiernos, legumbres, productos lácteos, etc.
Igualmente a través de Sto. Domingo de los Colorados se recibe para la sierra norte los productos de la Costa.
Este flujo y reflujo de bienes a través de las ferias, ciudades mercados y regiones, genera tal animación en las carreteras del país que podemos saber con bastante aproximación hacia donde se dirigen los flujos de mercancías, según el día, la dirección y caminos en que se hallan
Las ciudades metrópolis son los centros de ventas mayores como maquinarias, vehículos, equipos de oficina, u otras al por mayor.
También desempeñan un papel importante en la vida regional algunas ciudades subsidiarias de las metrópolis. Este es el caso de Cuenca con relación a Guayaquil ya que es una ciudad importante que sin llegar a ser una metrópoli sirve como tal en la región de la sierra sur pero dependiendo de Guayaquil.
De allí la importancia de que estas dos ciudades se hallen vinculadas con una buena vialidad para ayudar a Cuenca a preparar el

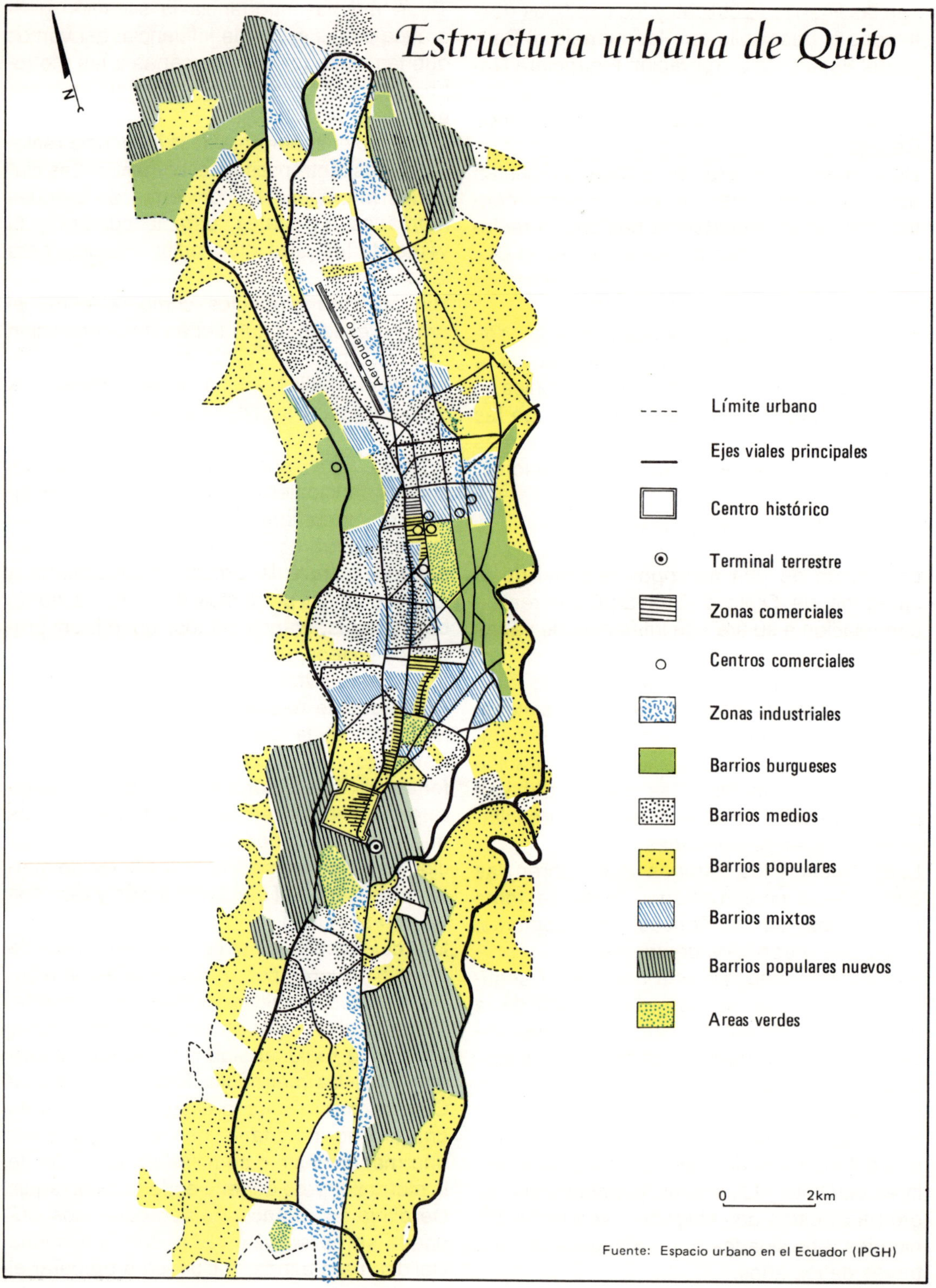
Estructura urbana de Quito
N
Aeropuerto
Límite urbano
Ejes viales principales
Centro histórico
Terminal terrestre
Zonas comerciales
Centros comerciales
Zonas industriales
Barrios burgueses
Barrios medios
Barrios populares
Barrios mixtos
Barrios populares nuevos
Areas verdes
0 2km
Fuente: Espacio urbano en el Ecuador (IPGH)

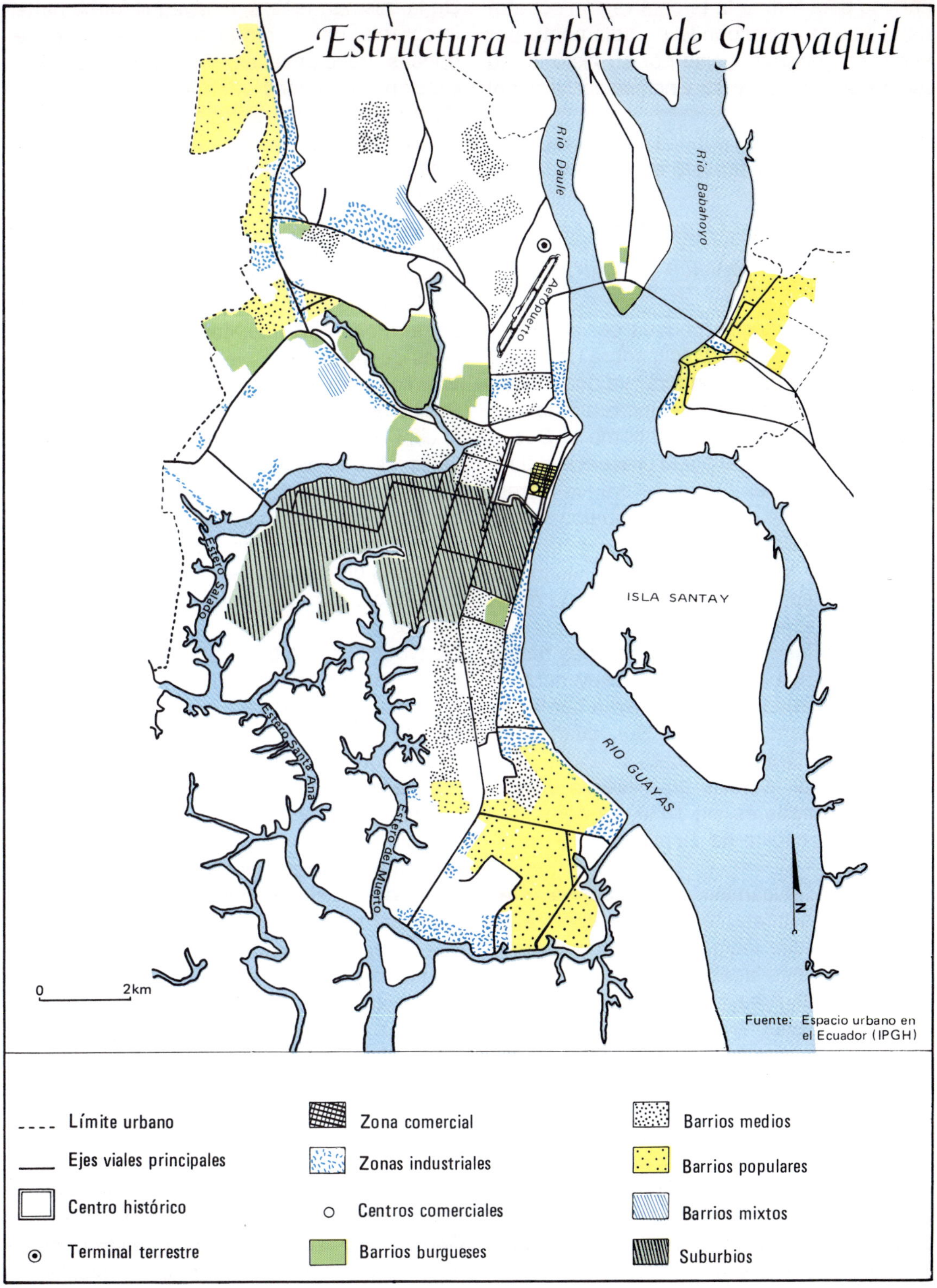
Estructura urbana de Guayaquil
Rio Daule
Rio Babahoyo
Aeropuerto
ISLA SANTAY
RIO GUAYAS
Estero Salado
Estero Santa Ana
Estero del Muerto
N
0 2km
Fuente: Espacio urbano en el Ecuador (IPGH)
Límite urbano
Ejes viales principales
Centro histórico
Terminal terrestre
Zona comercial
Zonas industriales
Centros comerciales
Barrios burgueses
Barrios medios
Barrios populares
Barrios mixtos
Suburbios

camino para formar la tercera región ecuatoriana que le corresponde no solamente por vocación geográfica sino por su historia, su fuerza económica y su vinculación nacional al desarrollo.
A simple vista no se puede prever para el futuro otra región ni siquiera en ciernes.

Quito y Guayaquil, su historia, evolución y estructura

Quito, ciudad colonial fundada por los españoles en 1534, se estableció sobre un centro político incaico de importancia ya que en ese momento era el asiento del Inca Atahualpa.
Quito antes que una ciudad como el Cuzco era un cuartel general por la presencia del Inca. Largos años en guerra contra los Caras, el inca dejó a su muerte a Atahualpa, como señor del Tahuantinsuyo Norte.
Luego de su fundación española, Quito fue designada capital de la Real Audiencia creada por los españoles en 1563.
Ciudad con historia y con galardones reales ya que ostentaba el título de "Muy noble y muy leal" de manera lógica pasó a ser la capital del Departamento del Sur, cuando se estableció la Gran Colombia.
A la disolución de este gran estado creado por los Libertadores, en 1830, se nombra a Quito como capital de República del Ecuador.
En cambio, el camino que debió recorrer Guayaquil es diferente. Asiento importante de comunidades indígenas, en épocas precolombinas, este lugar privilegiado por su situación estratégica es escogido por los españoles para controlar el tráfico marítimo del Pacífico sur y prevenir las invasiones de los enemigos de España a sus colonias.
Quito como capital, Guayaquil como su puerto, dos funciones que se mantienen en las dos metrópolis ecuatorianas hasta ahora pero de manera más desarrollada.
Quito después de la Independencia consolida su papel de capital de la nación que nunca estuvo cuestionada.
De la misma manera, Guayaquil forma parte integrante del territorio ecuatoriano desde épocas precolombinas. Y si hubo alguna vacilación en tiempos que Olmedo gobernaba Guayaquil no se trataba de la identidad ecuatoriana del puerto de Guayaquil, sino solamente de su forma de asociación al Estado nacional.
El papel que han desempeñado las dos ciudades como centros de dinámica regional es apasionante ya que poco a poco fueron captando los espacios mediatos e inmediatos del territorio nacional, como sus áreas naturales de influencia.
Veamos ahora sus diferencias:
El sitio de las dos ciudades es muy diferente, lo cual ha condicionado su desarrollo físico.
Quito es una ciudad de montaña, asentada al pie de un macizo y estrato-volcán, por lo cual, su formación alargada le ha dado elementos muy originales, con relación a otras ciudades del mundo. Se halla a 2.800 metros de altura s.n.m. y tiene un clima fresco todo el año.
Guayaquil es una ciudad portuaria, situada a orillas del río Guayas, a 50 km. del mar abierto, con una de sus fachadas hacia el estuario por cuyos canales se conecta directamente con el mar.
Sus barrios rodeados de fangos, marismas y esteros y con un clima cálido que se refresca en los meses de mayo a septiembre, tiene grandes contrastes de riqueza y pobreza.
Estas dos ciudades con un crecimiento poblacional sostenido, nos indican que tienen una función propia que se mantendrá todavía por largo tiempo en el Ecuador.
Las condiciones difíciles por las que atravesó este país hasta el inicio de la época petrolera, obligó en cierto modo a sus habitantes a replegarse a estos dos centros urbanos con mejores posibilidades de supervivencia, como son Quito y Guayaquil.
No había una planificación de este crecimiento por lo cual, se desarrolló con el instinto urbanizador de las iniciativas privadas.
Con los ingresos petroleros, cuando el país contaba con mayores recursos se estableció

una planificación incipiente y el Estado colaboró con fondos nacionales para el mejoramiento de las dos ciudades, principalmente en la infraestructura y la vivienda popular.

Dentro del crecimiento de estas dos metrópolis, cada una marchaba por su rumbo. Quito fue desarrollándose de manera más ordenada, en cuanto a la ocupación de las tierras urbanas mientras en Guayaquil funcionaba el sistema de invasiones que debieron ser legalizadas más tarde.

Tanto en Quito como en Guayaquil se dio una acelerada evolución en el cambio de su morfología. Los centros fueron desplazándose o cambiando su estructura.

En Quito, el núcleo creció de manera alargada hacia el norte, mientras en Guayaquil se densificó y acentuó su multi-funcionalidad central.

Los barrios comerciales lograron consolidar sus espacios tanto en Quito como en Guayaquil, en cambio, los barrios suburbanos, fueron extendiéndose en las periferias y sitios deprimidos. En Quito hacia las alturas, y en Guayaquil hacia los esteros.

Más tarde se dirá que habría sido más barato para Guayaquil proporcionar gratuitamente terrenos para viviendas en tierra firme que emplear miles de millones de sucres en rellenar el pantano. Igualmente en Quito, no hubo la suficiente visión metropolitana para romper el continuo urbano con la creación de varias ciudades asociadas a Quito pero entre las cuales debía ponerse unas zonas de amortiguamiento urbano impidiendo su continuidad excesiva.

En cuanto a la infraestructura de las dos ciudades hay un mejoramiento en su accesibilidad con la construcción de vías periféricas que ayudan al descongestionamiento urbano y a su mejor comunicación e integración.

También han mejorado ostensiblemente las avenidas y plazas, así como se han asignado espacios importantes para parques dentro de la ciudad como el caso del Parque metropolitano de Quito que tiene unas 570 ha.

El agua potable tanto en la Capital como en el Puerto tiene una cobertura casi total.

De igual manera puede hablarse de otros servicios urbanos como energía eléctrica, recolección de basura, y teléfonos, éstos últimos con un déficit que tiende a ser llenado a corto plazo.

Los centros de prestigio, como son el sector bancario, hotelero, comercial y recreacional han recibido un buen impulso de los empresarios privados. La tónica general de las dos ciudades es de un continuo avance, aunque en ocasiones, son un escolio las rivalidades políticas, principalmente en Guayaquil.

Vamos a referirnos en este lugar al aparecimiento de espacios "exclusivos", en la ciudades que rompen la solidaridad urbana convirtiéndose en verdaderos enclaves divorciados del resto de la ciudad.

Estos son los barrios especiales, clubes, instalaciones deportivas, etc., cuyo ingreso está abierto a pocas personas o familias con un gran consumo de espacio. El cuestionamiento de estos lugares cerrados proviene del concepto moderno de que el espacio urbano es un patrimonio común. Por lo cual, si un grupo de personas quiere vivir en un espacio exclusivo debe construirse una ciudad independiente y pagar el precio de ese lujo. Ya que las ciudades y sus servicios cuestan a toda la sociedad para el beneficio de todos.

A más de la ruptura espacial existe otra barrera infranqueable en estos espacios cerrados es el status de los socios, cuyos modos y niveles de vida son muy superiores a los de la gran masa urbana.

Otro de los problemas que debe enfrentar la ciudad es la circulación urbana. Se estima que en 1994 en Guayaquil se mueven como 200 mil vehículos y en Quito unos 150 mil.

Hay dos escollos fundamentales que debe enfrentar la ciudad, uno el de la vialidad urbana y otro el de los espacios para el estacionamiento.

En cuanto a la circulación, los centros antiguos que no fueron concebidos para los automotores tienen muchos problemas para digerir todo el tránsito moderno y más aún, a las horas pico en las que se provoca grandes embotellamientos.

De otro lado las unidades de servicio público son demasiado pequeñas y por tanto muy numerosas. Esto explica el mal funcionamiento del transporte popular que es lento y de mala calidad.

En Quito se ha tomado una buena decisión al incorporar unidades de transporte urbano movidos por energía eléctrica y por un carril exclusivo. Esto dará como resultado algunos beneficios:

- Se aliviará un tanto la contaminación causada por los buses.
- Disminuirá el número de vehículos privados ya que los ciudadanos preferirán un buen servicio público al uso privado de su vehículo más costoso, estresante y lento.
- Dadas las características automatizadas del transporte, éste será más rápido y eficiente.

La industria urbana un capítulo aparte

A partir del año 1972 se inician los ingresos petroleros y el Estado ecuatoriano, de un momento al otro, se ve con tanto dinero en las manos que no sabe qué hacer.

Se pone en marcha la filosofía del desarrollo de los años sesentas, materializada en el Ecuador con la Junta de Planificación, llamada después CONADE y se resuelve invertir en la formación de la industria y agricultura nacionales.

Conviene referirnos, en este lugar, a dos puntos importantes que fueron los motivadores del establecimiento de la industria ecuatoriana en estos últimos veinte años.

Uno, los capitales que el país ofreció a la industria a través de los bancos del Estado con inmensa liberalidad. Y, otro, los subsidios, bajos aranceles, liberación tributaria y otros estímulos que permitieron a la industria gozar de días de bonanza, sin esfuerzo ni competencia.

Estos dos factores convirtieron a las ciudades de Quito y Guayaquil y algo a Cuenca, en los centros manufactureros del Ecuador en los que apareció una clase industrial poco preparada y una mano de obra no calificada pero con quienes se dieron los primeros pasos en la industrialización nacional.

Se iniciaron los préstamos, entre otras cosas, para la compra de maquinaria y la introducción de insumos agrícolas liberados de impuestos, cargas fiscales y a intereses bajísimos.

Las importaciones subieron de 233'300.000 dólares de 1973 a 1.459'300.000 dólares en el año 1982 de las cuales el 60% estaba destinado al sector manufacturero.

De otro lado las exportaciones en este campo eran insignificantes en el año 1984, apenas el 14% de las exportaciones totales eran de la industria, se estaba llenando primero las necesidades domésticas para tímidamente competir en el exterior, por consiguiente los frutos eran pobres y de mala calidad.

Estas enormes inversiones sin un rédito inmediato descoyuntó la balanza de pagos, descuajando la estabilidad de la moneda nacional que se había mantenido estable durante diez años y que comenzaba a devaluarse de manera alarmante, debido a los menores ingresos, al abultado gasto público y al endeudamiento externo.

La inflación que se inició en los ochentas con el Gobierno democrático, veía con naturalidad este deterioro de la moneda porque se decía que eran "fenómenos del crecimiento" y por tanto, eran males para recibir bienes. Antes ya se había hablado de que el país debía "aprender a endeudarse" y que esto redundaría en el mejoramiento social. La situación era muy confusa ya que las industrias financiadas desde el exterior en dólares y con ganancias en sucres, no obtenían suficientes réditos para cumplir con sus compromisos.

Algunos problemas más aquejaban a la incipiente industria entre los cuales los más importantes eran, la mano de obra no calificada y un funcionamiento a menos del 50% de su capacidad instalada, tanto por la impericia de su manejo cuanto por la falta de experiencia en los mercados de consumo.

Esto hizo temer que las deudas de las industrias que se hallaban en una situación precaria amenazaran con una quiebra generalizada y con ello, una catástrofe a nivel nacional. Parece que esta situación motivó a que el Gobierno asumiera los compromisos de pagos en dólares que tenían algunas empresas ecuatorianas, para que éstas pagaran en sucres devaluados al Estado, a fin de salvaguardar las fuentes de trabajo y sobre todo, atender a los requerimientos de los acreedores que veían que la situación era sumamente delicada.

No es difícil entender ahora esta problemática y las decisiones tomadas por el Gobierno de entonces, pero a esa fecha este mecanismo de pagos se consideraba un verdadero atraco a los fondos nacionales.

Estos problemas en una época de crisis para el propio Gobierno obligó a tomar medidas drásticas calificadas por el mismo ejecutivo de "medidas económicas de guerra", con el consiguiente descontento general que estalló en revueltas y huelgas. A la hora actual, el Ecuador tiene una industria de subsistencia que comienza a superar la crisis interna pero que tiene mucho camino que recorrer para entrar en competencia internacional.

El gran reto para esta industria es la modernización de su equipo y la introducción de tecnología de punta para poder competir en los mercados internacionales. A esto se suman los altos intereses por el dinero del crédito y la guerra de precios en el mundo.

El bajo costo de la mano de obra, mientras se mantenga en esos estándares, ayudará en algo a sacar ventajas, en esta inclemente competencia mundial.

En el año 1970 había como 1.000 pequeñas y medianas industrias en el Ecuador. Diez años más tarde habían crecido a 2.300 establecimientos industriales, de los cuales el 40% se localizaban en Pichincha el 30% en Guayas y el 10% en el Azuay de manera que Pichincha y Guayas acaparaban el 70% de la industria nacional.

A la hora actual estos porcentajes se han mantenido pero el número de las empresas se hallan un poco más del doble con relación a 1980.

BALANZA COMERCIAL
(millones de dólares)

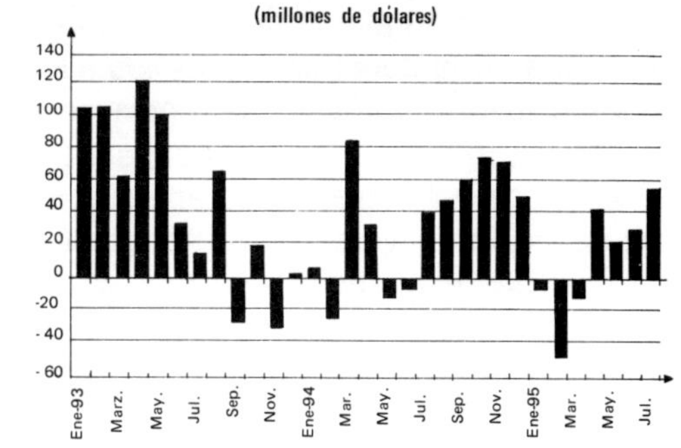

Los saldos del comercio internacional ecuatoriano son positivos o negativos, esto quiere decir que si rindió más de lo que compró la balanza es favorable y, por ende positiva, de lo contrario es negativa.

DEUDA EXTERNA PUBLICA Y TOTAL
(millones de dólares)

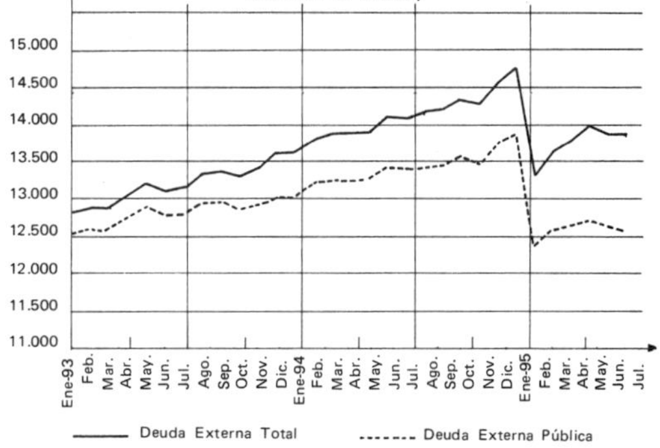

Tanto la empresa privada como el Estado ecuatoriano, tienen deudas en los bancos y financieras internacionales. El pago de estas deudas garantizadas por el Estado constituye "la deuda externa del Ecuador". Un arreglo para pagar capital e intereses en un tiempo determinado le valió una reducción de esta deuda.

INFLACION
(porcentaje anual a fin de Período)

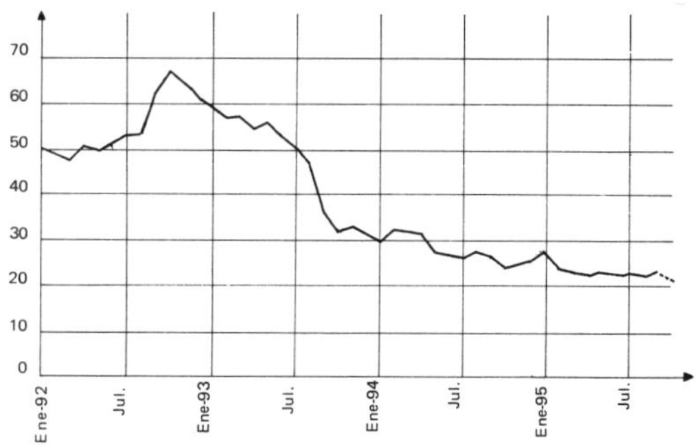

La meta del gobierno es el control permanente de la inflación, que se halla en caida o por lo menos estabilizada.

FUENTE: BancoCentral, Dirección General de Estudios

En Quito la industria textil es la actividad manufacturera de mayor importancia, principalmente con relación al número de obreros.

La industria de la construcción de los inicios petroleros tuvo importante presencia en las ciudades metrópolis ecuatorianas, pero en la década de los ochentas se fue abajo con un deterioro de la actividad que apenas se ha reactivado desde el año 1993.

Otra actividad de servicios que tiene interés nacional es la actividad turística que se incrementa diariamente.

Los lugares visitados son en primer término las Islas Galápagos, luego la ciudad de Quito, sigue en importancia la Región Amazónica, la ciudad de Cuenca y los balnearios de la Costa del Pacífico. El equipamiento hotelero se halla bien organizado en las principales ciudades, no así en el resto del país en donde se encuentra una situación anárquica.

Hay que destacar que el Ecuador tiene atractivos turísticos de primera calidad. Empezando por los parques naturales, los paisajes, las ciudades andinas, las playas y balnearios, las culturas indígenas, los centros de artesanías.

El artesanado es otra actividad productiva que puede adherirse a la actividad manufacturera. Tiene una larga tradición, desde las escuelas artesanales levantadas por los misioneros españoles de la época colonial, en donde indios y mestizos demostraron grandes habilidades que han quedado en los retablos e iglesias antiguas, hasta los actuales talleres y galerías de arte, centros manufactureros de artesanías típicas, de las cuales se exportan enormes cantidades al exterior, hasta las joyas cuencanas que tiene fama internacional.

La fuerza de influencia polar en las dos ciudades metrópolis

En cuanto a la banca privada, Quito es la sede de la agencias centrales, mientras en Guayaquil fluye la mayor parte de los caudales.

La influencia nacional y ahora internacional de la banca ecuatoriana es bastante limitada e incierta. Pese a su creciente modernización se percibe una cierta fragilidad debida a la multiplicidad de bancos y a los limitados recursos con que cuentan.

Algunos bancos han perdido prestigio porque se han convertido simplemente en cajas de ahorro y crédito que tambalean fácilmente con cualquier deficiencia relacionada con estos dos rubros.

Para ello se han propuesto la compra de bancos o la fusión de centros financieros.

Algunos bancos ecuatorianos se han proyectado al exterior pero no disponen de la suficiente capacidad económica para competir con otros que tienen las mismas proyecciones.

Otra experiencia que debemos anotar en este sentido es la creación de instituciones de ahorro y crédito que tuvieron mucho éxito en la década de los sesentas pero sobre todo en la de los setentas. Estos son las cooperativas y mutualistas. Enormes flujos de capitales facilitados por las agencias de créditos internacionales fluyeron a través de este sistema que se convirtió en el canal privilegiado de los préstamos hipotecarios.

La importancia de las mutualistas y cooperativas fue tan grande en estos veinte años que un momento dado ha hecho tambalear al sistema bancario nacional que ha visto impotente la adaptación de estos recursos en las instituciones mencionadas.

Hubo algunos fracasos, como la quiebra de la cooperativa San Francisco en Quito que llegó a manejar enormes sumas de dinero de los ahorros populares y que se convirtió en una financiera sin norte.

Se mantienen todavía, en las ciudades grandes y pequeñas y hasta en poblados, estas cooperativas de ahorro y crédito manejadas por gente sencilla con mucho talento que han tenido un éxito completo.

Otra suerte han corrido las financieras que de vez en cuando lanzan un escándalo al aire y desaparecen con todo el dinero de los ahorristas. Esta inseguridad financiera ha abierto las puertas de la fuga de capitales a sitios más seguros, principalmente a los bancos americanos y también a inversiones en la bolsa de valores que ha crecido significativamente.

Es muy común dentro del sistema financiero nacional las transacciones en dólares, debido a la fragilidad de la moneda nacional. Esto le ha permitido al Ecuador ingresar en la globalización mundial de la economía. De hecho se realizan operaciones bancarias vía fax, teléfono u otras formas automatizadas, con enorme velocidad. Al nivel nacional todo el sistema bancario se halla automatizado y es fácil la transferencia de fondos de un lugar a otro. Algunos bancos disponen de una conexión nacional que hace posible el cobro de un cheque en cualquier banco del país.

También se hallan en crecimiento las tarjetas de crédito nacionales e internacionales. Esto da una mayor velocidad a las compras que se desarrollan con gran facilidad, sea en el país o en cualquier parte del mundo.

La tarjeta de crédito es al fin de este siglo el sistema más novedoso y seguro para las transacciones personales en todo campo.

Estas nuevas actividades ha creado un gran número de puestos de trabajo que han reemplazado a puestos suprimidos en la burocracia quiteña.

En cuanto a la influencia internacional no sería nada extraño que en los próximos años las dos metrópolis ecuatorianas ubicadas al interior del país capturen espacios internacionales, como son las ciudades fronterizas del sur de Colombia y Norte del Perú y las incluyan dentro de su perímetro de influencia o también se vinculen con ciudades de gran magnetismo internacional, como el caso de Miami que puede convertirse en los próximos años en la ciudad "latinoamericana" de mayor vinculación, dinámica e influencia económica del continente.

Este proceso de incorporación de espacios internacionales será saludable para la región panandina siempre que se pongan en claro los problemas fronterizos pendientes de los países de lo contrario se darán un sin núme-

BOLSA DE VALORES: OPERACIONES DEL SECTOR PRIVADO
(Millones de sucres)

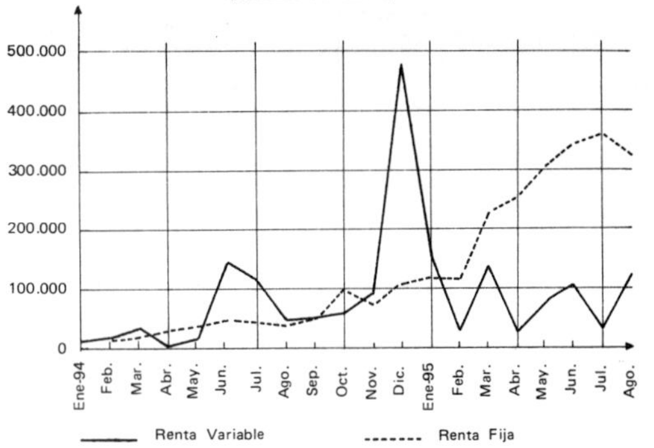

La caída en febrero corresponde al conflicto bélico de Feb. de 1.995 hasta Agosto /95.

Indica el monto de las acciones y otros valores que se negociaron .

RESERVA MONETARIA INTERNACIONAL
(Millones de dólares)

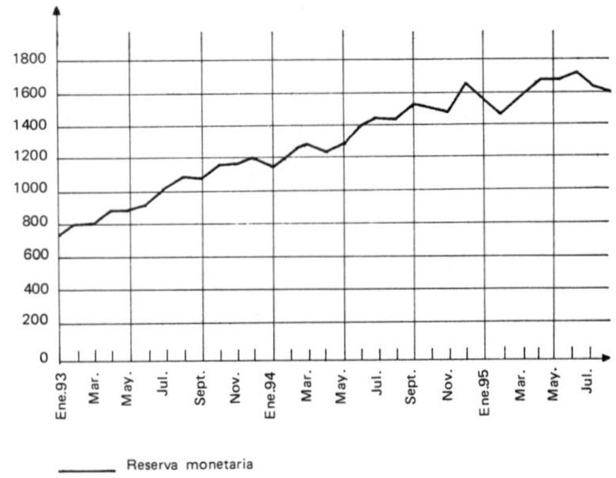

Es la suma de los saldos positivos que van acumulándose en el Banco Central y se hallan disponibles para las compras en el exterior.

BANDA DE FLOTACION CAMBIARIA
Y TIPO DE CAMBIO
((sucres por US dólar))

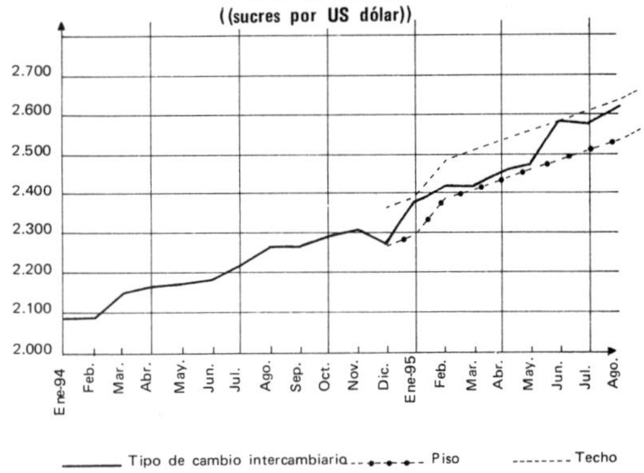

Es una garantía que ofrece el Banco Central, el que no bajará ni subirá el precio del dólar dentro del piso y techo fijados.

FUENTE: Banco Central, Dirección General de Estudios

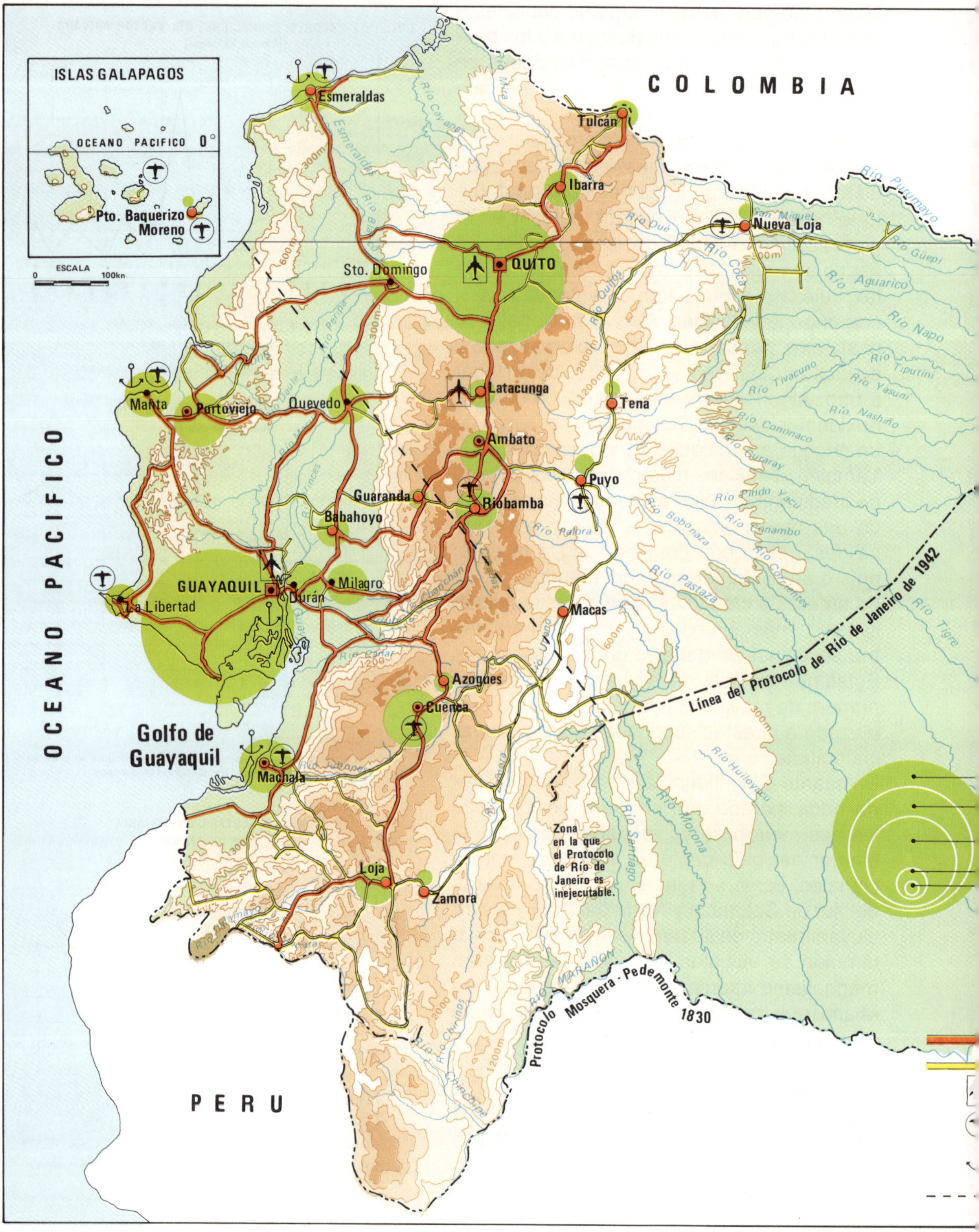
ISLAS GALAPAGOS
OCEANO PACIFICO 0°
Pto. Baquerizo Moreno
ESCALA
0 100kn
COLOMBIA
OCEANO PACIFICO
Esmeraldas
Tulcán
Ibarra
Nueva Loja
Sto. Domingo
QUITO
Latacunga
Tena
Manta
Portoviejo
Quevedo
Ambato
Puyo
Guaranda
Riobamba
Babahoyo
GUAYAQUIL
Milagro
La Libertad
Durán
Macas
Azogues
Cuenca
Golfo de Guayaquil
Machala
Loja
Zamora
Zona en la que el Protocolo de Río de Janeiro es inejecutable.
Línea del Protocolo de Río de Janeiro de 1942
Protocolo Mosquera - Pedemonte 1830
PERU
Río Putumayo
Río Güepi
Río Aguarico
Río Napo
Río Tiputini
Río Yasuni
Río Nashiño
Río Tivacuno
Río Cononaco
Río Curaray
Río Pindo Yacu
Río Conambo
Río Bobonaza
Río Pastaza
Río Corrientes
Río Tigre
Río Huiloyacu
Río Morona
Río Santiago
Río Marañon
Río Chinchipe
Río Coca
Río Quijos
Río Palora
Río Upano
Río Esmeraldas
Río Cayapas
Río Mira
Río Jubones
Río Cañar
Río Daule
300m
600m
1200m
2000m

Red urbana

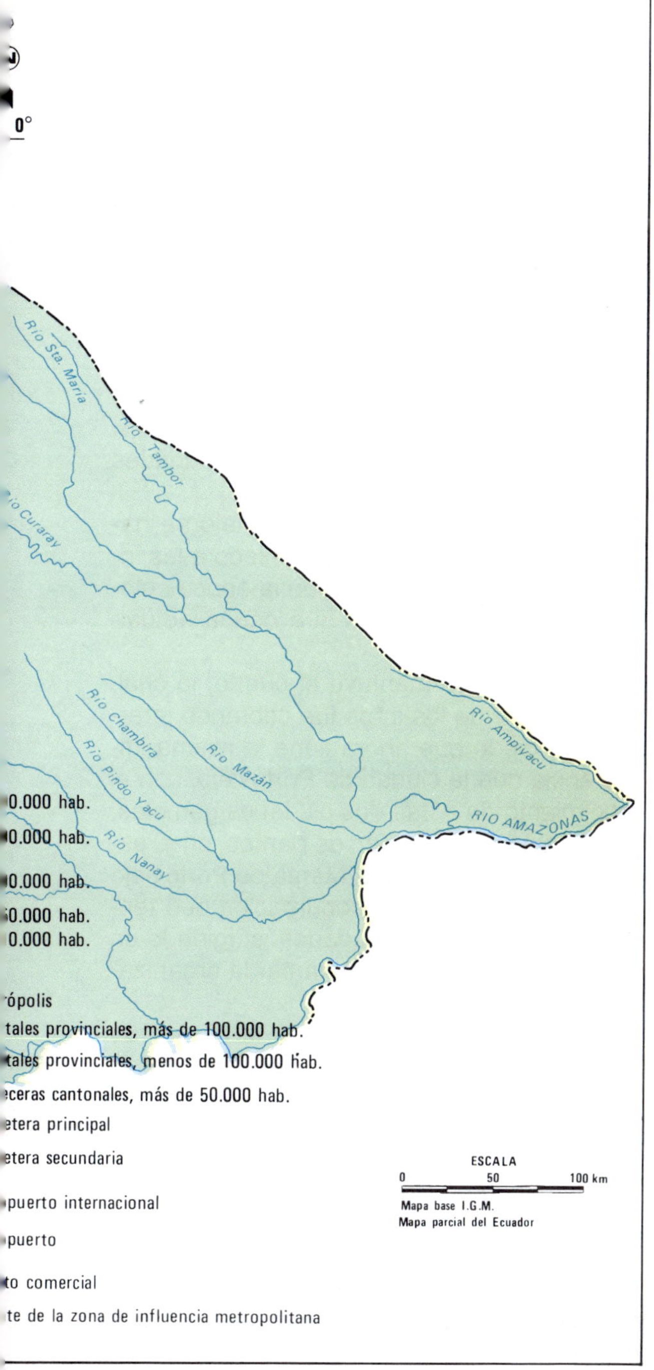

ro de contradicciones que pondrán a prueba los elementos integradores de los países andinos.

Las ciudades medias

Estas ciudades ecuatorianas tienen entre 100 mil y 200 mil habitantes. La mayor parte de ellas son capitales provinciales y por tanto, ciudades dotadas de un mínimo de funciones sub-regionales que les permite un cierto desarrollo. Se podrán clasificar de múltiples maneras, por ejemplo:

- Por su situación física, son andinas, las que se hallan en las cuencas interiores de las cordilleras de los Andes; otras, son ciudades costeñas, esto es que se hallan en el litoral ecuatoriano, o, ciudades amazónicas, las que están situadas en la región oriental.

Las ciudades según su situación física tienen algunos caracteres comunes. Por ejemplo, si se encuentran entre montañas, son irregulares, pintorescas y bien consolidadas.

Sus núcleos urbanos se hallan compuestos de una plaza principal en la que se encuentra, en general una enorme iglesia y alrededor otros edificios públicos más modestos. Una calle larga indica el crecimiento longitudinal de la ciudad, en otras ocasiones la ciudad o poblado luce un damero perfecto, recuerdos del urbanismo español.

Las ciudades de la Costa, son nuevas y por tanto algo inestables y poco consolidadas. Tienen líneas modernas y un plano más regular, aunque en su generalidad menor cobertura de servicios básicos.

Las ciudades del Oriente amazónico son pobres, precarias y sin los servicios mínimos.

- Por su condición administrativa, se clasifican en: capitales de provincia y en cabeceras cantonales, algunas de ellas con mucha importancia y pujanza comercial, como Quevedo, Sto. Domingo de los Colorados, Milagro, Manta, etc.

Estas ciudades tuvieron un crecimiento inusitado y reclamaron una jerarquía no contemplada en la división política del Ecuador, por lo cual, poco a poco se les ha dado una ma-

CIUDADES MAS POBLADAS DEL ECUADOR

Guayaquil	1.508444
Quito	1.100847
Cuenca	194981
Machala	144197
Portoviejo	132937
Manta	125505
Ambato	124166
Santo Domingo	114422
Esmeraldas	98558
Riobamba	95505
Loja	94305
Milagro	93637
Quevedo	86910
Durán	82359
Ibarra	80991
La Libertad *	53108
Babahoyo	50285
Chone	41437
Latacunga	39882
Tulcán	37069
Sangolquí	35386
Calderón*	34514
Pasaje	32947
Santa Rosa	32648
Jipijapa	32225
Huaquillas	27368
Daule	24399
El Empalme	24112
Ventanas	23217
El Carmen	22870
Balzar	21721
Otavalo	21548
Azogues	21060
La Troncal	19654
Conocoto*	19450
Salinas	19298
Vinces	17512
Santa Elena	17459
Cayambe	16849
Playas	16508
El Triunfo	16399
Rosa Zárate	16171
Naranjito	16131
Guaranda	15730
Bahía de Caráquez	15308
Puyo	14438
Naranjal	14064
Pedro Carbo	13783
Atuntaqui	13764
Nueva Loja	13165

* Cabecera Parroquial, (área rural).
Fuente: INEC

yor autonomía administrativa con el establecimiento de las alcaldías.

- Por su distribución espacial, existen ciudades dispersas, como las de la Región Amazónica que se establecieron en el circuito petrolero. Hay otras aisladas como las de Galápagos, otras en cordón como las ciudades asentadas sobre el Daule, otras en archipiélago como el Valle de los Chillos, otras en distribución regular principalmente en el sector central de la cuenca del río Guayas, en fin, una constelación de ciudades que siguen de manera más ajustada la teoría de la centralidad de Christaler, es decir, equidistantes unas de otras formando una malla de espacios regulares.

- Por su complementaridad. Es el caso de las ciudades de Portoviejo y Manta, prácticamente contiguas. Esto se puede entender si tomamos en cuenta que las dos ciudades son partes integrantes de un todo.

Inicialmente la ciudad de Portoviejo se hallaba cerca del mar, pero por miedo a las incursiones de los corsarios en la época colonial, se trasladó al sitio que ocupa actualmente.

Sin embargo, se mantuvo el puerto, lo cual, con el pasar de los años fue cobrando jerarquía de modo que ahora tiene la misma importancia que la ciudad de Portoviejo, con el crecimiento de estas dos ciudades gemelas, surgirá una constelación de barrios, en el espacio medio que separa Manta de Portoviejo convirtiéndose en una conurbación que tenderá a fundir las dos ciudades, surgiendo un nuevo centro que va a replantar la organización del espacio urbano.

De igual manera sucedió con la ciudad de Machala y su puerto que ahora lucen integrados en la estructura urbana de la misma ciudad.

- Por su función, hay ciudades portuarias como Esmeraldas, Manta, La Libertad, Guayaquil y Machala, que nos recuerdan el papel que desempeñaban en otros tiempos y lo mantienen algunas hasta ahora como puertos, ciudades balnearios o simplemente ciudades litorales.

Mientras otras ciudades interiores del pie de monte, como Sto. Domingo de los Colorados, Quevedo y Babahoyo, con importante población son el fruto de las actividades agroexportadoras.
Entre las ciudades andinas tenemos algunos modelos de crecimiento de la red urbana que vale la pena destacarlos: Quito y su constelación de poblados en el valle de los Chillos. Se estima que la ciudad multipolar de los Chillos que es una sola conurbación sobrepasa los 200 mil habitantes y en breve sería la tercera ciudad del Ecuador, con un centro administrativo entre Sangolquí y San Rafael. Sin embargo, dada su cercanía a Quito y su integración metropolitana, se la considera una conurbación de la ciudad capital.
Este modelo bien puede repetirse para el caso de Ambato en continuo crecimiento o también para la ciudad de Cuenca en el futuro.
Así como las ciudades de la Costa nacieron con una gran dependencia de los puertos periféricos, de la misma manera en la Región Amazónica las ciudades del pie de monte como, Baeza, Tena, Puyo y Zamora, indican bien su profunda relación y dependencia con la sierra central, por lo cual las clasificamos como ciudades del sistema urbano colonial.
Ya hablamos en cambio de las ciudades del sub-sistema petrolero que se hallan sobre la cuenca sedimentaria, a saber: Nueva Loja, Joya de los Sacha y Coca (Puerto Orellana), que tienen un origen relacionado íntimamente con la actividad hidrocarburífera y podríamos darle una calificación de ciudades petroleras.
- Por su historia, las ciudades son: coloniales o republicanas. La red urbana andina se encuentra relacionada con la sierra en la época colonial, desde donde se manejaron las haciendas y los obrajes;la red urbana de la Costa, en cambio tiene relación con la actividad de la agroexportación. Las ciudades tuvieron sus auges y sus crisis, tanto las grandes ciudades como las medianas y pequeñas.
Recordemos como en los años de la preguerra, Cuenca era un enorme taller de tejido de sombreros de paja toquilla.
Es muy lamentable como obnubilados por alguna coyuntura económica de las cuales surgen las ciudades no se preocupen del futuro de las mismas.
Un caso muy espectacular es la pequeña ciudad de Ancón, residencia de los petroleros que trabajaban en los yacimientos de la Península. Una vez caída la actividad, la ciudad entró en una crisis tan grande que de su pasado quedan apenas pálidos reflejos. Igual suerte corrió Zaruma después del abandono de las minas de oro.
También se deterioró una ciudad colonial muy pujante, como Riobamba, centro manufacturero de primer orden. Su decaimiento proviene del cierre de los mercados para los tejidos de la Real Audiencia en el S. XVIII. Se aceleró su ruina con el terremoto de 1798 en que quedó completamente destruida y debió cambiarse al sitio que ocupa actualmente.
Igual cosa pasó con la ciudad de Loja debido a una larguísima sequía en que se arruinó su economía por abandono de la tierras. Ahora, como otras ciudades ha convalecido notablemente gracias a la dinámica agraria.
Un día pasará también con Nueva Loja si no se busca otras alternativas para su economía urbana. Ya que esta ciudad de cerca de 20 mil habitantes, vive solamente de los servicios a los centros petroleros. Hay tiendas, restaurantes, farmacias y lugares de diversión. Esto no permite un desarrollo saludable que lo tendría si se incrementase el artesanado y alguna manufactura, como la extracción de esencias para la fabricación de medicinas. Además de las actividades productivas las ciudades desempeñan un papel educativo y capacitador.
Esta actividad hizo de Quito una ciudad de conventos y colegios en la época colonial que se mantiene hasta ahora. Este alto porcentaje de estudiantes le obliga a la ciudad, además de desempeñar sus actividades administrativas, comerciales y turísticas a atender las actividades educativas para lo cual se requiere de una infraestructura muy especializada, esto es, construcciones de aulas, la-

EXPORTACIONES, IMPORTACIONES y TERMINOS DE INTERCAMBIO
(miles de dólares FOB)

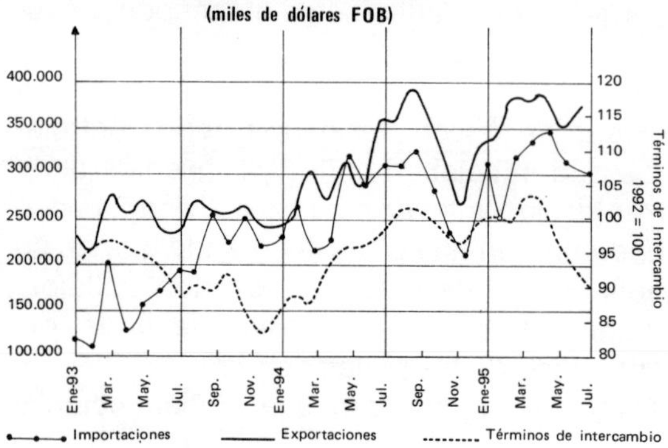

El país debe exportar e importar y en estas dos operaciones si tomamos como referencia el año 1992, la variación es como se indica.

EXPORTACIONES POR TIPO DE BIENES
(miles de dólares FOB)

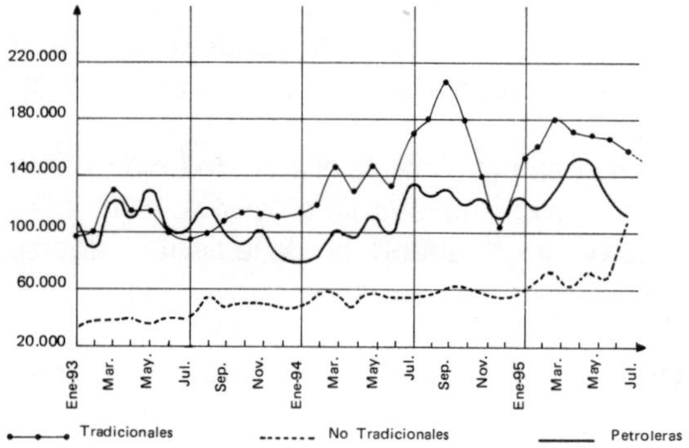

Son exportaciones tradicionales las que vienen haciéndose desde hace mucho tiempo como las de banano o cacao. Son exportaciones no tradicionales las que se iniciaron hace poco tiempo, como las de las flores.

IMPORTACIONES POR DESTINO ECONOMICO
(miles de dólares FOB)

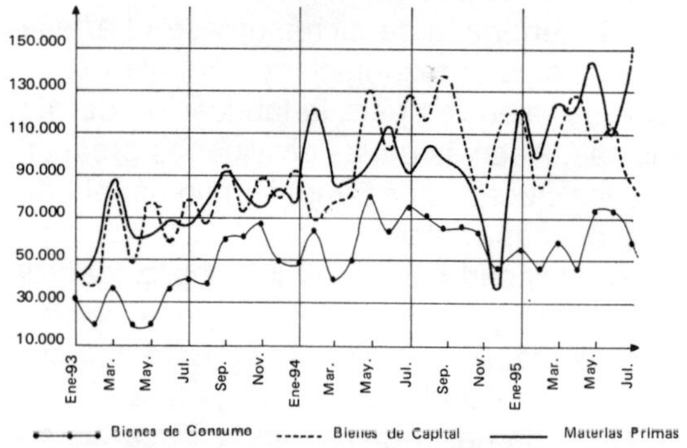

Bienes de consumo: aquellos que perecen inmediatamente como los alimentos o se consumen, como vestidos, artefactos eléctricos, etc.
Bienes de Capital: aquellos que producen otros bienes, como la maquinaria de las fábricas.
Materias primas: aquellas que sirven para producir mercaderías.

FUENTE: Banco Central, Dirección General de Estudios

boratorios, y espacios dedicados a la recreación de los estudiantes, así como librerías, bibliotecas, etc.

Podría aparecer como injusto la concentración de centros educativos universitarios en Quito o en Guayaquil, pero de hecho los profesionales que salen de las universidades y centros tecnológicos atienden a todo el país en sus requerimientos.

Otras ciudades medias desempeñan el mismo papel educativo con relación a la provincia para la dotación de profesionales especializados. Distintas otras funciones desempeñan las ciudades con relación a la vida de los pueblos. Hay ciudades eminentemente turísticas, otras ciudades santuarios, otras ciudades comerciales, otras portuarias, otras administrativas, etc.

Pero lo que cabe señalar aquí es que las ciudades están ligadas íntimamente a la vida nacional, tanto del campo como la vinculación con otras ciudades y espacios urbanizados haciendo de esta enorme malla urbana la estructura más sólida y coherente del espacio nacional.

Hablemos al final de éste capítulo de las exportaciones e importaciones nacionales, simplemente como una de las actividades económicas de las ciudades. Este es un referente que puede orientar las actividades económicas nacionales ya que nuestro propósito no es el análisis de la economía como ya lo dijimos en otro lugar, sino el análisis del espacio. Los dos últimos años, es decir, 1993 y 1994, tomamos como referencia de la situación actual, en cuanto a estos rubros: el total de exportaciones en 1993 llegó a 2'904.000 de dólares lo cual se incrementó a 3'541.000 de dólares en 1994, es decir, con un incremento del 22% con relación al año anterior.

Lo más interesante resulta que el incremento de las exportaciones no petroleras subió el 32% es decir, de 1'650.000 de dólares a 2'224.000 en el 94.

También crecieron las importaciones de 2'325.000 del año 93 a 2'904.000 en el año 94, lo que quiere decir que las importaciones crecieron casi un 25%.

Capítulo 7

Las comunicaciones

Transporte popular en la Provincia del Guayas

Los transportes terrestres

No hay duda que la principal característica de nuestra civilización es la de los transportes y comunicaciones.

El tiempo y el espacio han cambiado tan repentinamente que en este campo ya no hablamos de distancias sino de tiempos.

Se decía el siglo pasado que el indicador de un país desarrollado lo daba la industria; más tarde, se convino que el desarrollo de los pueblos se medía por el potencial bancario, ahora se vuelve a manifestar que el índice de crecimiento de un pueblo lo dan las comunicaciones. El espacio es tiempo y el tiempo es oro, esta es la filosofía de la modernidad.

Informar para un mundo ávido de noticias tiene una primera prioridad. Por eso existen canales de TV y emisoras radiales que envían noticias las 24 horas del día y de la noche.

De la misma manera los transportes, sea que se trate de movimientos de población, sea que se refieran a movilización de bienes y servicios, este flujo de mercaderías y personas es la savia que alimenta la vida de la humanidad.

Por eso tienen tanta importancia los medios de comunicación, tanto los transportes como los medios electrónicos.

Dentro de la infraestructura necesaria para los transportes se halla la red vial nacional que integra el país en todo su territorio. Pocas áreas se hallan desconectadas de las redes nacionales de comunicación.

La articulación vial tiene un eje principal en la Sierra que se denomina panamericana, porque se entiende que es una conexión continental por tierra que recorre de norte a sur. A este eje central empalma la mayor parte de vías serranas. Algunos ramales paralelos, son cortos y no tienen mayor repercusión en la circulación meridiana.

Recordemos que esta arteria vial tiene sus antecedentes precolombinos, en el camino del Inca.

Las conexiones hacia las regiones de la Costa y de la Región Amazónica se hacen a través de los pasos naturales de la cordillera.

En la Costa el eje Quito Guayaquil que, en otros tiempos, fue la arteria vital con el ferrocarril ha cesado prácticamente su operación y como réplica se han fortificado las carreteras. Esto se debe a la ocupación del territorio nacional y particularmente a la llanura costanera casi en toda su extensión. De allí se explica como aparecieron otros circuitos viales claves que dejaron de lado la comunicación Quito Guayaquil, tan importante en otros tiempos. El caso de las vías en sentido norte y sur despierta nuestro interés porque se encuentra lógico dentro de la integración costanera. Lo mismo va a pasar con la vía marginal de la selva.

Podemos destacar la red vial de la llanura central, con algunos puntos de articulación regional, como Sto. Domingo de los Colorados que une la Sierra norte con Esmeraldas, con Manabí y con todo el sur costeño. Por lo cual, esta ciudad se convirtió en una verdadera encrucijada de caminos y un punto de referencia capital en los recorridos Sierra-Costa.

Guayaquil es el centro de control vial para toda la Costa y la región Sierra sur, ya que su posición terminal le permite mantener contactos con todos los rincones que envían productos al exterior a través del puerto o reciben mercaderías para el comercio interno.

Finalmente, la red vial petrolera, engendrada por la actividad hidrocarburífera y que poco a poco penetra en la región más agreste del bosque amazónico va consolidándose, pese a los problemas de destrucción de las áreas naturales que esto plantea.

Las vías se clasifican en principales, de primero y segundo orden; en afirmadas y vecinales.

Las primeras son las carreteras asfaltadas, y su número crece de día en día. Junto a éstas van a dar sus primeros pasos las autopistas que en breve van a surcar en todas las direcciones, ya que se adjudicará a la empresa privada que va a explotar estos rubros dentro del desarrollo turístico nacional. Recorrer el Ecuador, por estas carreteras, será un placer, pero una distracción que costará muy caro, entre otras cosas por los altos costos de operación de las carreteras en manos de la empresa privada.

Las vías afirmadas son los caminos de tierra o empedrados en buen estado, y las vecinales o de verano son vías estrechas que requieren de buen mantenimiento. Luego vienen los senderos, denominados antiguamente caminos de herradura. A estas vías va a dirigir su atención el Estado porque serán arterias de circulación de productos para la sustentación del pueblo y para la exportación.

La red vial nacional

Hay algunos aspectos que conviene destacar:

- La vialidad del Ecuador se halla sobre suelos muy inestables. Las causas de esto son variadas. En todo caso los efectos de deslizamientos, hundimientos o en casos también, la desaparición de tramos de carreteras causado por la dinámica de los torrentes, causan enormes pérdidas.

Esto obliga a grandes gastos y a un mantenimiento permanente.

En algunas zonas los caminos recorren tierras inundables, como las zonas de Babahoyo. En estos casos no es nada raro encontrarse repentinamente con un río en vez de un camino. Estas inundaciones de las carreteras paralizan el tránsito y dañan las calzadas.

Cuando llegan las lluvias y generan torrentes estos aumentan el caudal de los ríos que en algunos casos dañan los puentes o simplemente los sacan de cuajo.

La vialidad ecuatoriana en todos sus tramos está sujeta a innumerables riesgos naturales por lo cual, la demanda de gastos para su construcción y mantenimiento es enorme.

Basta un año de lluvias fuertes para afectar de manera severa a la mayor parte de carreteras del país, sea por las inundaciones, sea por los deslizamientos de los taludes, sea por los hundimientos de las calzadas, sea por los puentes o mil otras razones que siempre se las hallan.

- Casi no existen autopistas. El alto costo de este tipo de construcciones no se justificaba hasta ahora debido al poco uso de esta costosa infraestructura. Sin embargo, como hemos dicho la empresa privada va a construirlas y explotar este recurso para el turismo, entre otros rubros. Los flujos de carga y pasajeros por carretera son los más importantes en el Ecuador. Las compañías de transportes son nacionales o interprovinciales, y locales. Las frecuencias se ajustan a la demanda del mercado. Los transportes terrestres entre Quito y Guayaquil son los mejores y más frecuentes. Se encuentran también algunas líneas de transportes internacionales pero no son muy importantes. Se halla todavía lejos la integración vial panandina.

Sin embargo, los flujos de carga que pasan a los países vecinos cada vez crecen más.

La navegación

La navegación tuvo importancia en las costas ecuatorianas desde los tiempos precolombinos. Los marinos españoles que vinieron a la conquista se admiraban de los sistemas ingeniosos que tenían los indios para dirigirse en el mar. La frecuencia era importante para la época, llevando productos y personas en sentido norte sur.

La navegación de cabotaje les permitía cubrir grandes distancias y realizar los intercambios de una zona ecológica con otra. El caso más a la mano está en las comunicaciones entre la costa árida del sur y la tropical húmeda del norte.

En la época colonial los españoles, grandes navegantes, estaban obligados a realizar largos y peligrosos viajes entre Europa y América. Para esas travesías intercontinentales tenían un itinerario cuya duración se podía saber solamente después de terminado el viaje.

En efecto, tanto las condiciones del mar, como otros imprevistos retardaban por semanas y meses la navegación, convirtiéndose cada vez en una aventura llena de expectativas. Así, el itinerario desde España a las costas del Pacífico sur tenían un obligado transbordo en Panamá que se convirtió en el puerto internacional, lo cual ha perdurado hasta ahora, por el paso del Canal.

Guayaquil y Portoviejo estaban dentro de los puntos de contacto de la Navegación del Pacífico sur.

En uno de su viajes, llevado el barco por la corriente marina de Humboldt, Tomás de Berlanga descubrió las Islas Galápagos, más tarde incorporadas al territorio nacional.

En cuanto a la navegación por los ríos, los españoles realizaron muchas proezas que quedaron en la historia de la navegación mundial. De esta manera Orellana navegó el río Napo y descubrió el Río de las Amazonas, para luego en la misma embarcación lanzarse hacia España. Existen problemas en la navegación de los ríos amazónicos, por los sedimentos y bancos de arena que se hallan en medio del río o en los costados, por lo cual es bastante restringido.

Existe también la navegación de cabotaje a través de puertos menores a lo largo de la Costa. Hasta mediados de este siglo era muy importante la navegación de Pto. Bolívar, Guayaquil, Puná, Sta. Elena, Manta y Esmeraldas. Durante toda la época colonial y parte de la republicana los ríos de la cuenca del Guayas eran navegados principalmente el Daule y Babahoyo. Por este último río se llegaba en vapor hasta las aduanas y de allí se subía a pie o a caballo a Guaranda para tomar el camino a Quito. El transporte por los ríos tiene hasta ahora mucha importancia en la Región Amazónica, pese al peligro que ello representa.

En 1993 llegaron a los puertos ecuatorianos unos 1.500 buques. A través de los puertos ecuatorianos en ese año se movilizaron alrededor de 7 millones de toneladas. De los productos exportados por los puertos un 80% es banano.

EL TRAFICO DE PASAJEROS NACIONALES EN 1990:
El avión al servicio de la Nación y de las Regiones

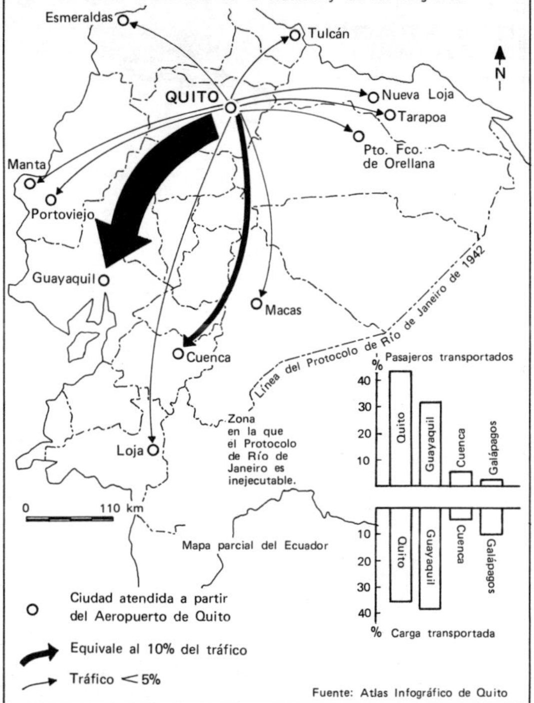

Fuente: Atlas Infográfico de Quito

EL TRAFICO DE PASAJEROS INTERNACIONALES HACIA LAS AMERICAS EN 1990:
El Peso de los Estados Unidos

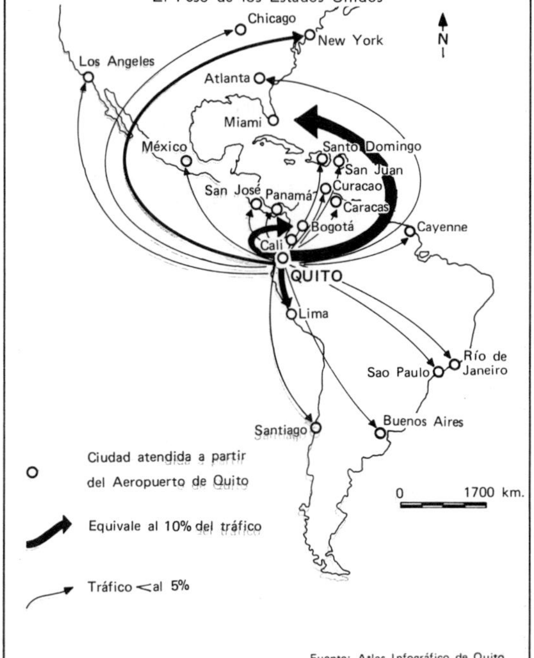

Fuente: Atlas Infográfico de Quito

GALAPAGOS
(Región Insular)
OCEANO PACIFICO
0°
Pto. Ayora
Puerto Baquerizo Moreno
Pto. Villamil
0 50 km
COLOM
PERU
OCEANO PACIFICO
GOLFO DE GUAYAQUIL
78°
CARCHI
ESMERALDAS
IMBABURA
PICHINCHA
MANABI
COTOPAXI
LOS RIOS
BOLIVAR
TUNGURAHUA
CHIMBORAZO
GUAYAS
CAÑAR
AZUAY
EL ORO
LOJA
ZAMORA CHINCHIPE
MORONA SANTIAGO
PASTAZA
NAPO
SUCUMBIOS
Valdéz
San Lorenzo
Esmeraldas
Atacames
Muisne
Rosa Zárate
Tulcán
El Angel
Mira
San Gabriel
Bolívar
La Bonita
Pimampiro
Urcuquí
Atuntaqui
Cotacachi
Ibarra
Otavalo
Tabacundo
Cayambe
San Miguel de Los Bancos
Pedro Vicente Maldonado
Pedernales
Sto. Domingo de los Colorados
QUITO
El Carmen
Flavio Alfaro
Sangolquí
Machachi
Bahía de Caráquez
Tosagua
Chone
Calceta
Rocafuerte
Junín
Manta
Montecristi
Portoviejo
Sta. Ana
Sucre
Jipijapa
Pichincha
Velasco Ibarra
San Jacinto de Buena Fé
Quevedo
La Maná
El Corazón
Sigchos
Saquisilí
Latacunga
Pujilí
Salcedo
Píllaro
Ambato
Tisaleo
Cevallos
Patate
Pelileo
Baños
Quero
Mocha
Guano
Penipe
Riobamba
Chambo
Guaranda
Chimbo
San Miguel
Caluma
Echeandía
Las Naves
Ventanas
Pueblo Viejo
Vinces
Palenque
Balzar
Olmedo
Paján
Colimes
Palestina
Santa Lucía
Pto. López
Pedro Carbo
Daule
Lomas de Sargentillo
Salitre
Samborondón
Narciza de Jesús
Babahoyo
Catarama
Baba
A. Baquerizo Moreno
Montalvo
Chillanes
Simón Bolívar
Yaguachi Nuevo
Milagro
Naranjito
Duran
Guayaquil
La Libertad
Salinas
Santa Elena
Crnel. M. Maridueña
El Triunfo
La Troncal
Bucay
Cumandá
Pallatanga
Guamote
Cajabamba
Alausí
Chunchi
El Tambo
Cañar
Biblián
Déleg
Azogues
Paute
Cuenca
El Pan
Sevilla de Oro
Gualaceo
Chordeleg
Sigsig
Gómez Rendón
Gral. Villamil
Naranjal
Balao
El Guabo
Machala
Pasaje
San Fernando
Girón
Santa Isabel
Pucará
Nabón
Oña
Santa Rosa
Chilla
Huaquillas
Arenillas
Piñas
Paccha
Zaruma
Portovelo
Balsas
La Victoria
Marcabelí
Chaguarpamba
Alamor
Celica
Pindal
Catamayo
Catacocha
Loja
Zamora
Gonzanamá
Sozoranga
Quilanga
Cariamanga
Zapotillo
Macará
Amaluza
Zumba
Saraguro
28 de Mayo
Yantzaza
Guayzimi
El Pangui
Gualaquiza
San Juan Bosco
Gral. Plaza Gutiérrez
Méndez
Sucúa
Macas
Huamboya
Palora
Puyo
Mera
Santa Clara
Tena
Archidona
Baeza
El Chaco
El Dorado de Cascales
Nueva Loja
Lumbaquí
Shushufindi
La Joya de los Sachas
Francisco de Orellana
Loreto
Puerto El Carmen de Putumayo
Nuevo Rocafuerte
Río San Juan
Río Mira
Río Cayapas
Río Esmeraldas
Río Blanco
Río Guayllabamba
Río Chone
Río Daule
Río Quevedo
Río Vinces
Río Babahoyo
Río Guayas
Río Toachi
Río Pastaza
Río Palora
Río Upano
Río Zamora
Río Paute
Río Santiago
Río Morona
Río Nangaritza
Río Chinchipe
Río Chirinos
Río Marañón
Río Jubones
Río Puyango
Río Macará
Río Catamayo
Río Coca
Río Quijos
Río Aguarico
Río San Miguel
Río Putumayo
Río Güepí
Río Napo
Río Tiputini
Río Tivacuno
Río Yasuní
Río Nashiño
Río Cononaco
Río Curaray
Río Pindoyacu
Río Conambo
Río Bobonaza
Río Ishpingo
Río Corrientes
Río Huasaga
Río Chambira
Río Rumi
Línea del Protocolo de Río de Janeiro de 1942
Protocolo Pedemonte Mosquera de 1830
Zona en la que el Protocolo de Río de Janeiro es inejecutable
SITUACION DE LA PROVINCIA DE GALAPAGOS CON RELACION AL TERRITORIO CONTINENTAL
92°
84°
76°
Galápagos
COLOMBIA
Quito
Guayaquil
OCEANO PACIFICO
PERU
0°
4°
Más de 400
De 3000 a 400
De 2000 a 300
De 600 a 200
De 300 a 60
De 0 a 30

Red vial y comunicaciones

Los puertos internacionales del Ecuador son Esmeraldas, Manta, Guayaquil y Puerto Bolívar. Este último moviliza como un millón y medio de toneladas por año de las cuales el 95% son bananos de exportación.

Los transportes aéreos

En estos últimos 20 años se ha desarrollado de manera muy notable la transportación aérea, nacional e internacional.

El Ecuador cuenta con dos aeropuertos internacionales principales, el aeropuerto Mariscal Sucre de Quito y el aeropuerto Simón Bolívar de Guayaquil. Hay otros aeropuertos alternos, uno para Guayaquil, el de Salinas y, para Quito, el de Latacunga, este último es exclusivamente de carga. Tienen aeropuerto además, de las ciudades mencionadas, prácticamente todas las capitales provinciales excepto unas pocas que como Azogues o Imbabura que se hallan cerca de otras capitales con importantes aeropuertos.

Igualmente las comunicaciones aéreas entre Quito y Guayaquil son las más importantes del país. Tienen significación las conexiones realizadas por TAME, empresa de transportes de las Fuerzas Armadas, que sirven a las ciudades marginales que no ofrecen importantes réditos a las empresas privadas.

En cuanto a las comunicaciones con el exterior el aeropuerto de mayor frecuencia para el desembarco de los ecuatorianos que viajan al exterior es el de Miami, con 100 mil pasajeros aproximadamente cada año.

Las empresas aéreas ecuatorianas más importantes son Ecuatoriana de Aviación, ahora convertida en una empresa mixta, SAETA, TAME y SAN.

Las comunicaciones

La globalización mundial de las actividades humanas afecta de manera directa a la información, por eso se habla de las comunicaciones instantáneas, porque en fracciones

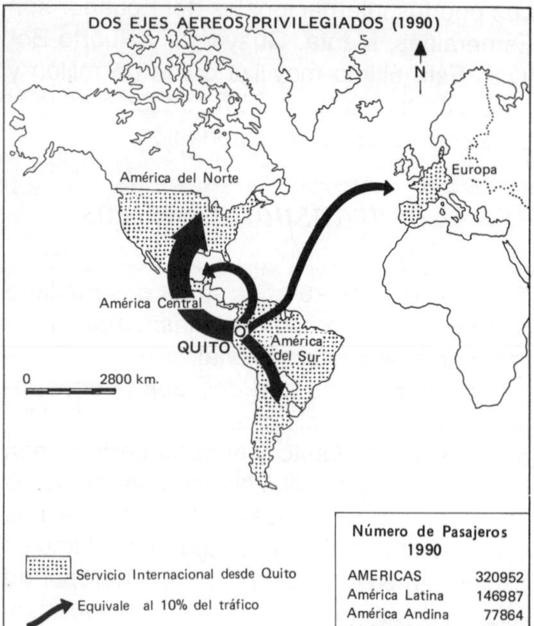

Fuente: Atlas Infográfico de Quito

Número de Pasajeros 1990	
AMERICAS	320952
América Latina	146987
América Andina	77864
América Central	48108
Cono Sur	13324
Brasil	7691
Estados Unidos	173965
EUROPA:	52319
TOTAL	373271

de segundo, se dan a conocer las noticias al mundo entero y podemos decir que los medios u órganos de información desempeñan un papel protagónico en la marcha de la sociedad moderna.

La noticia tiene un lugar de origen y un lugar de destino. La información tiene una dimensión espacial muy nueva con relación a las otras comunicaciones.

Se realizan por escrito, con la prensa, por radio, por televisión y por otras formas electrónicas, como el teléfono, el fax, o el correo electrónico.

La importancia de la información noticiosa en la vida social es que puede tener una influencia económica que pone en actividad algunos elementos con impacto espacial.

Las noticias pueden cambiar ciertas orientaciones de la actividad colectiva del hombre, por ejemplo en relación a los mercados internacionales.

Las comunicaciones pueden proveer de información científica, comercial, social, cultural, etc., que aplicada a la vida del hombre le afecte de manera importante.

Existen dos periódicos muy influyentes en Quito, El Comercio y El Hoy.

En Guayaquil los periódicos que tienen más difusión son El Universo, El Telégrafo y El Expreso. En Cuenca El Mercurio.

En Quito y Guayaquil circulan otros periódicos diarios matutinos y vespertinos.

La televisión nacional está servida con una docena de canales de alcance nacional. Además existe la TV Cable internacional.

En cuanto a los teléfonos, el Ecuador en 1994 disponía aproximadamente de 1'100.000 aparatos de teléfonos de los cuales el 65% correspondía a la zona Sierra-Oriente que se hallan instalados en la provincia de Pichincha y mayoritariamente en Quito, la capital. El 4% en Azuay y el resto en las 13 provincias restantes.

De la zona Costanera, Guayas tiene el 70% de las instalaciones, mientras las otras cuatro provincias tienen: Esmeraldas el 4%, Manabí el 12%, Los Ríos el 5% y, El Oro el 8%. Galápagos es marginal.

Existen proyectos de modernización de los teléfonos y correos que se hallan en manos del Estado. Ahora se abren las posibilidades para la privatización de estos servicios ya que el equipamiento público de comunicaciones del Estado está bastante atrasado.

INDICADORES DEMOGRAFICOS BASICOS

	Censo 1982	Censo 1990
POBLACION TOTAL	8.060.712	9.648.189
Por Areas		
Urbana	3.968.362	5.345.858
Rural	4.092.350	4.302.331
Por regiones geográficas		
Costa	3.946.801	4.793.832
Sierra	3.801.839	4.401.418
Oriente	263.797	372.533
Galápagos	6.119	9.785
Zonas no delimitadas	42.156	70.621
Por grupos de edad		
0-14 años	3.375.412	3.739.224
15-64 años	4.361. 130	5.490.782
65 y más años	324.170	418.184
Población económicamente activa	2.346.063	3.359.767
Población ocupada		
Población desocupada	107.657	97.578
Población alfabeta	4.875.974	6.402.011
Población analfabeta	844.534	731.093
Tasa bruta de natalidad (x 1000 hab.)	25,2	32,1
Tasa de fecundidad general (x 1000 MEF)	- - -	13,4
Tasa global de fecundidad	4,3	4,1
Número de defunciones anuales estimadas (miles)	216,8	309,4
Tasa bruta de mortalidad (x 1000)	6,2	8,1
Tasa de mortalidad infantil (x 1000 nacidos vivos)	60,4	51,7
Esperanza de vida	65,0 (e)	64,2
Número de nacimientos anuales estimados (miles)	53,0	78,6

FUENTE: Instituto Nacional de Estadística y Censos - INEC- Censo de población 1982 y 1990, resultados definidos, CONADE Dirección de Población,

Anexos

POBLACION ECONOMICAMENTE ACTIVA POR SEXO Y NIVELES DE INSTRUCCION

Años: 1991 - 1993

Sexo y niveles de instrucción	1991	1992	1993
AMBOS SEXOS	2.799.461	2.956.551	2.903.374
Ninguna	84.950	92.739	82.679
Primaria	1.108.314	1.113.096	1.091.494
Secundaria	1.077.550	1.151.527	1.137.571
Superior	528.647	599.189	591.630
HOMBRES	1.698.933	1.758.029	1.793.163
Ninguna	44.349	45.767	41.900
Primaria	705.985	692.301	716.561
Secundaria	645.433	671.920	692.198
Superior	303.166	348.041	342.504
MUJERES	1.100.528	1.198.522	1.110.211
Ninguna	40.601	46.972	40.779
Primaria	402.329	420.795	374.933
Secundaria	432.117	479.607	445.373
Superior	225.481	251.148	249.126

FUENTE; Encuesta de empleo, desempleo y subempleo. Instituto Nacional de Estadística y Censos - INEC -.

7.1.4 POBLACION URBANA OCUPADA, SEGUN RAMA DE ACTIVIDAD Y GRUPO DE OCUPACION

Año: 1993 (julio)

Grupo de ocupación \ Rama de actividad	TOTAL OCUPA-DOS	Agricultu-ra y caza	Minas y canteras	Industria manufac-turera	Electrici-dad, gas y agua	Construc-ción	Comercio Restauran-tes	Transpor-te y Comu-nicación	Servicios financie-ros	Servicios comunales y sociales	No es-pecifi-cadas
TOTAL OCUPADOS	2.629.551	182.118	15.518	417.190	17.084	160.954	821.950	147.962	131.822	734.281	672
Profesionales y técnicos	309.077	2.350	2.073	11.844	2.457	9.466	9.357	5.379	28.951	236.528	672
Personal directivo	77.250	2.793	1.322	9.346	802	...	16.571	2.091	13.007	31.318	...
Personal administrativo	205.369	1.367	2.069	19.354	4.409	1.209	46.791	17.542	44.383	68.245	...
Comerciantes y vendedores	692.824	1.711	...	26.644	400	...	644.747	2.636	9.484	7.202	...
Trabajadores agrícolas	159.852	159.852	...	...	...	...	...	...	...	...	...
Medios de transporte	138.141	2.696	172	3.393	1.707	2.150	9.019	101.765	545	16.694	...
Artesanos e industria textil	519.130	734	1.241	238.702	5.552	146.278	11.358	4.143	2.463	108.659	...
Artes gráficas	99.530	4.049	6.575	77.743	1.097	222	5.932	...	1.055	2.857	...
Trabajadores en estiba y almacenes	70.591	4.769	75	18.346	...	152	29.986	8.730	557	7.976	...
Servicios personales	357.787	1.797	1.991	11.818	660	1.477	48.189	5.676	31.377	254.802	...

7.1.10 POBLACION URBANA OCUPADA, SEGUN TRAMOS DE INGRESO MENSUAL Y RAMA DE ACTIVIDAD

Año: 1993 (julio)

Rama de actividad \ Tramos de ingreso	TOTAL OCUPA-DOS	Menos de 60.000	60.000 a 119.999	120.000 a 179.999	180.000 a 239.999	240.000 a 299.999	300.000 a 359.999	360.000 y más	Familias no remu-neradas	Ignorados
TOTAL OCUPADOS	2.629.551	225.316	470.851	480.350	386.819	176.694	219.835	369.338	204.111	96.237
Agricultura	182.118	7.407	30.156	54.781	25.671	8.033	10.064	18.339	18.492	9.175
Minería	15.518	...	838	2.457	3.291	1.936	1.204	5.074	152	566
Industria manufacturera	417.190	33.459	86.664	85.967	69.267	26.597	24.587	46.456	25.108	19.085
Electricidad, gas y agua	17.084	...	352	2.242	1.986	1.525	3.121	7.256	...	602
Construcción	160.954	6.604	22.548	48.727	36.038	18.230	8.064	13.283	3.298	4.162
Comercio	821.950	74.410	167.446	126.083	84.087	33.808	64.535	108.756	138.579	24.246
Transporte y comunicaciones	147.962	3.071	16.688	24.001	24.954	12.765	20.887	38.995	2.902	3.699
Servicios financieros	131.822	2.367	12.249	21.549	29.908	12.527	17.209	28.367	1.890	5.756
Servicios personales	734.281	97.998	133.910	114.543	111.617	61.273	70.164	102.812	13.690	28.274
Actividades no especificadas	672	...	...	...	...	...	...	...	...	672

FUENTE: Encuesta de Empleo, Desempleo y Subempleo. Instituto Nacional de Empleo, INEM.

8.2.4 ALUMNOS MATRICULADOS POR ESTABLECIMIENTOS DE EDUCACION

Preprimaria, primaria y media

Año lectivo	TOTAL ALUMNOS	Porcentaje variación anual	Preprimaria	Porcentaje variación anual	Primaria	Porcentaje variación anual	Media	Porcentaje variación anual
1984 - 1985	2.438.620	...	86.535	...	1.700.755	...	651.330	...
1985 - 1986	2.533.287	1,04	89.898	1,04	1.741.967	1,02	701.422	1,08
1986 - 1987	2.615.660	1,03	96.128	1,07	1.775.159	1,02	744.373	1,06
1987 - 1988	2.710.271	1,04	101.754	1,06	1.843.186	1,04	765.331	1,03
1988 - 1989	2.749.580	1,01	108.524	1,07	1.897.829	1,03	743.227	0,97
1989 - 1990	2.749.432	1,00	114.182	1,05	1.842.953	0,97	792.297	1,07
1990 - 1991	2.747.206	1,00	115.024	1,01	1.846.338	1,00	785.844	0,99
1991 - 1992	2.954.590	1,08	123.074	1,07	2.019.850	1,09	811.666	1,03

FUENTE: Ministerio de Educación y Cultura.

8.3.1 NUMERO DE OCUPANTES EN VIVIENDAS PARTICULARES

Area urbana y rural por tipo de vivienda

Censos de vivienda

Tipo de vivienda \ Area	1982 (Noviembre)			1990 (Noviembre)		
	TOTAL	Urbana	Rural	TOTAL	Urbana	Rural
	a=b+c	b	c	d=e+f	e	f
TOTAL VIVIENDAS	7.969.660	3.905.731	4.063.929	9.559.224	5.288.747	4.270.477
Casa o villa	4.701.721	2.259.488	2.442.233	6.471.155	3.466.342	3.004.813
Departamento	671.017	615.248	55.769	653.567	631.855	21.712
Cuartos casa de inquilinos	527.827	490.161	37.666	538.345	491.150	47.195
Mediagua	935.429	310.296	625.133	1.065.716	568.759	496.957
Rancho y covacha	855.334	180.907	674.427	717.268	126.333	590.935
Choza	202.423	3.077	199.346	108.664	1.637	107.027
Otros	75.909	46.554	29.355	4.509	2.671	1.838

FUENTE: Instituto Nacional de Estadística y Censos -INEC-

4.1.7 EXPORTACIONES E IMPORTACIONES POR CONTINENTE, AREA ECONOMICA Y PAIS (*)

Millones de dólares

	EXPORTACIONES FOB									IMPORTACIONES CIF								
	1986	1987	1988	1989	1990	1991	1992	1993	1994	1986	1987	1988	1989	1990	1991	1992	1993	1994
TOTAL GENERAL	2.185,8	1.927,7	2.192,9	2.353,9	2.713,9	2.851,4	3.007,6	3.061,6	3.717,2	1.810,2	2.158,1	1.713,5	1.854,8	1.861,7	2.398,6	2.430,5	2.562,3	3.642,3
AMERICA	1.590,3	1.490,7	1.602,5	1.937,5	2.216,4	1.912,4	1.970,6	2.074,0	2.450,1	919,6	1.166,9	925,8	1.096,3	1.107,1	1.381,1	1.413,1	1.401,1	2.095,1
ESTADOS UNIDOS	1.332,6	1.056,4	1.006,2	1.367,6	1.317,3	1.384,1	1.407,5	1.410,2	1.575,5	547,2	558,8	567,6	625,9	583,3	751,5	812,8	823,6	922,2
MERCADO COMUN CENTROAMERICANO	2,1	2,2	14,0	44,9	43,0	25,7	38,9	27,5	24,1	11,3	14,7	16,5	24,2	26,5	23,7	24,2	5,4	4,5
ASOC. LATINOAMERICANA DE INTEGRACION	149,9	202,6	272,7	312,8	293,6	360,4	402,1	525,9	703,6	312,4	503,4	296,2	387,5	434,6	521,9	482,5	437,7	1.013,7
Argentina	23,0	18,0	6,5	13,3	9,7	15,1	28,1	53,9	68,0	14,4	13,8	17,5	34,3	31,6	56,1	75,6	41,2	48,5
Brasil	23,2	17,9	10,9	8,5	6,4	17,8	12,6	21,0	7,2	110,0	117,4	109,8	173,7	135,6	137,1	119,1	99,3	219,5
Chile	47,3	33,7	58,7	81,9	77,6	104,5	152,3	117,5	164,5	37,2	38,1	33,4	30,3	33,6	62,4	48,0	48,9	63,1
México	9,5	7,7	19,3	26,0	10,9	18,7	32,9	42,7	76,1	58,9	92,0	56,8	55,7	51,7	32,5	57,5	59,2	173,0
Otros países	4,0	0,3	0,2	0,2	0,4	0,6	0,7	1,2	2,0	0,8	1,0	0,5	0,6	0,4	0,4	9,6	6,1	4,8
GRUPO ANDINO	42,9	125,1	177,1	183,0	188,5	203,7	175,5	289,6	385,6	91,1	241,1	78,1	92,9	181,7	233,3	172,6	183,1	504,7
Bolivia	0,2	0,3	0,2	0,4	0,4	0,6	1,0	1,6	2,4	0,2	0,2	0,1	0,2	0,2	0,7	0,5	0,1	0,4
Colombia	30,0	35,6	43,5	41,4	32,2	31,9	62,9	147,3	220,3	45,8	43,3	34,8	45,0	57,6	94,5	96,3	99,5	285,5
Perú	9,9	51,3	129,0	135,1	138,4	164,1	99,6	130,9	155,0	36,5	24,1	21,8	30,5	29,3	35,4	32,8	34,8	51,1
Venezuela	2,8	37,9	4,5	6,2	17,5	7,1	12,0	9,9	8,0	8,6	173,5	21,5	17,2	94,5	102,7	43,0	48,6	167,7
RESTO AMERICA	105,7	229,5	309,5	212,1	562,6	142,1	122,0	110,5	146,9	48,7	90,0	45,5	58,8	62,7	84,2	93,7	134,4	154,7
EUROPA	207,7	176,7	232,1	236,5	319,8	505,5	541,4	577,9	826,0	528,7	566,6	453,9	493,5	504,3	647,9	560,3	661,0	680,8
UNION EUROPEA (1)	149,0	148,0	202,6	208,4	273,0	482,0	467,4	502,1	707,0	355,1	458,0	355,7	398,3	412,2	520,0	464,0	572,8	550,2
Bélgica y Luxemburgo	8,5	10,0	15,7	26,0	16,8	71,9	66,1	60,1	97,3	12,2	13,6	13,5	22,5	16,6	16,7	19,7	20,2	32,7
Francia	6,3	6,1	9,4	12,5	19,8	26,1	32,9	46,6	63,4	30,4	41,3	37,8	39,0	39,7	91,5	71,5	49,3	36,0
Holanda	27,7	20,0	21,1	12,3	22,8	30,3	38,0	44,3	46,5	29,7	26,0	18,6	17,9	19,5	22,4	15,1	13,6	23,1
Italia	18,3	15,1	29,2	26,3	35,9	59,2	89,9	122,5	140,5	57,0	80,6	64,2	83,8	104,4	144,9	117,8	193,3	129,2
Reino Unido	5,4	6,6	9,0	11,1	11,9	11,4	14,7	47,2	47,6	45,0	48,8	35,3	45,6	31,2	39,9	25,4	37,5	33,6
Rep. Fed. de Alemania (2)	77,8	66,8	90,8	78,7	78,0	137,0	106,5	81,7	178,0	172,0	172,3	106,6	125,2	141,5	142,8	133,4	131,1	202,6
España	17,6	15,2	23,1	38,9	67,6	113,1	106,9	82,6	110,5	61,6	65,3	67,8	54,3	45,2	53,5	71,4	119,3	81,0
Otros países	5,0	8,2	4,4	2,5	20,2	33,0	12,3	17,1	23,2	8,8	10,1	11,9	10,1	14,0	8,3	9,7	8,5	11,9
ASOC.EUROPEA DE LIBRE COMERCIO	6,6	3,9	4,5	4,8	3,4	5,1	17,9	16,5	13,5	85,5	82,9	52,6	62,3	70,1	79,5	66,5	50,4	65,7
RESTO DE EUROPA	52,2	24,8	25,0	23,3	43,4	18,4	56,1	59,3	105,5	88,1	25,8	45,6	32,9	22,0	48,4	29,8	37,8	64,9
ASIA	369,8	246,6	338,4	156,0	145,5	413,8	480,1	394,5	428,0	314,7	386,7	302,6	217,4	234,5	337,1	433,6	465,0	804,7
China (Taiwán)	36,8	44,2	47,6	47,9	65,1	57,4	63,8	24,9	26,3	35,1	36,7	32,4	34,8	35,2	52,9	45,5	34,4	56,4
Japón	57,2	47,1	54,1	59,2	50,8	62,7	57,8	52,6	69,1	250,4	282,4	238,4	152,7	170,5	233,1	323,9	344,7	579,6
Otros países	275,8	155,4	236,8	48,9	29,6	293,6	358,5	317,1	332,7	29,2	67,5	31,8	29,9	28,8	51,1	64,3	85,9	168,6
AFRICA	9,6	3,3	9,7	10,8	13,3	3,6	1,6	5,2	4,4	31,1	17,7	16,6	33,6	11,4	29,0	18,4	29,4	33,0
OCEANIA	8,3	10,4	10,2	10,4	14,0	16,1	13,5	10,1	8,7	16,0	3,1	9,8	13,6	4,4	3,4	5,0	5,7	24,9
OTROS PAISES NEP	0,1	0,0	0,0	2,8	5,0	0,0	0,0	0,0	0,1	0,1	17,2	4,8	0,4	0,0	0,1	0,0	0,0	3,7

(*) Las cifras relativas a importaciones y exportaciones continúan siendo **provisionales**; son el resultado del reproceso de los documentos enviados al Banco Central del Ecuador por los agentes económicos involucrados en las transacciones con el exterior. El reproceso se realiza conforme a la recepción de documentos fuente de las operaciones de comercio exterior y a la verificación de los datos que en ellos constan.

(1) En 1986, excluye España y Portugal, países que ingresan a la Unión Europea a partir de 1987.

(2) A partir de 1991 incluye la República Democrática de Alemania.

FUENTE: Exportaciones: 1986-diciembre 1987: avisos de conformidad de la Societé Générale de Surveillance. 1988-junio 22 1992, permisos de exportación concedidos por el Banco Central del Ecuador. A partir de junio 23 1992, formulario único de exportación. Importaciones: 1986-agosto 1992, primer reembolso y visto bueno. A partir de septiembre 1992, declaración de importación de aduana.

4.1.8 EXPORTACIONES POR CONTINENTE, AREA ECONOMICA Y PAIS (*)

Millones de dólares FOB

	1994							1995							
	Ene.-Jul.	Jul.	Ago.	Sep.	Oct.	Nov.	Dic.	Ene-Jul.	Ene.	Feb.	Mar.	Abr.	May.	Jun.	Jul.
TOTAL GENERAL	2.023,6	354,6	358,9	391,9	359,8	316,7	266,3	2537,0	327,8	339,9	380,3	380,6	385,9	352,1	370,4
AMERICA	1.375,6	235,2	236,5	246,4	211,0	189,8	190,8	1669,2	205,4	236,5	243,2	249,4	266,8	225,3	242,6
ESTADOS UNIDOS	874,3	172,3	175,5	173,3	117,2	111,1	124,2	1082,1	128,4	151,6	157,9	168,7	182,9	150,3	142,2
MERCADO COMUN CENTROAMERICANO	17,3	1,2	3,2	0,6	2,1	0,7	0,2	23,2	3,7	8,3	1,2	3,0	0,9	1,2	4,9
ASOC.LATINOAMERICANA DE INTEGRACION	393,4	46,5	48,4	58,8	71,7	69,4	61,8	478,0	63,3	71,9	70,9	64,5	63,0	59,4	85,0
Argentina	40,0	4,8	4,0	6,6	6,7	5,1	5,6	53,0	7,4	8,3	7,0	6,9	8,5	7,2	7,8
Brasil	3,1	0,3	0,7	0,6	0,9	0,9	1,1	33,9	0,7	8,4	8,9	9,8	2,0	1,7	2,5
Chile	95,0	12,6	9,7	15,0	15,3	15,7	13,6	113,9	10,8	21,6	17,2	19,6	10,6	17,4	16,7
México	37,8	5,1	8,2	7,1	7,7	7,1	8,2	47,3	3,6	7,6	6,0	3,7	7,7	6,5	12,2
Otros países	1,1	0,0	0,1	0,3	0,2	0,2	0,1	2,5	0,2	0,5	0,3	0,4	0,5	0,5	0,3
GRUPO ANDINO	216,2	23,6	25,7	29,2	41,0	40,4	33,2	227,4	40,7	25,6	31,6	24,2	33,6	26,2	45,5
Bolivia	1,4	0,1	0,2	0,3	0,2	0,2	0,2	2,6	0,2	0,5	0,4	0,1	0,3	0,3	0,7
Colombia	120,1	19,2	21,2	17,7	22,9	21,0	17,5	159,8	18,0	20,8	24,9	17,7	26,6	18,5	33,3
Perú	89,8	4,0	4,2	10,7	17,2	18,3	14,8	49,0	21,8	3,5	5,1	4,8	4,0	3,8	6,2
Venezuela	5,0	0,3	0,2	0,5	0,6	0,9	0,7	16,0	0,7	0,9	1,2	1,6	2,7	3,6	5,3
RESTO DE AMERICA	90,7	15,3	9,3	13,8	20,0	8,6	4,5	85,8	10,0	4,6	13,2	13,2	19,9	14,5	10,4
EUROPA	454,2	77,9	71,5	99,0	90,0	69,7	41,8	569,7	74,9	65,9	92,5	87,3	81,3	85,9	81,8
UNION EUROPEA	379,9	67,8	61,6	89,1	77,5	62,4	36,5	484,3	64,2	57,0	78,7	75,1	72,1	72,0	65,3
Bélgica y Luxemburgo	55,4	9,9	8,8	15,6	14,1	2,5	0,8	56,9	8,4	9,5	7,9	9,3	7,1	6,9	7,8
Francia	37,8	8,3	5,0	3,3	5,0	8,7	3,6	44,5	4,1	4,5	8,4	7,6	8,1	7,8	4,1
Holanda	26,4	4,7	3,2	3,9	3,7	4,7	4,5	31,7	3,9	4,8	6,7	6,3	3,5	3,5	2,9
Italia	86,4	10,0	11,4	17,1	11,0	7,9	6,6	104,1	16,5	12,5	19,5	16,0	16,1	14,3	9,2
Reino Unido	28,2	4,3	2,5	3,1	5,1	4,9	3,8	54,3	5,9	5,5	9,1	8,8	6,9	7,2	11,0
Rep.Fed.de Alemania (1)	80,9	18,0	19,3	32,9	20,3	13,4	11,2	109,1	15,2	12,0	15,7	16,4	18,0	16,4	15,4
España	48,7	11,1	10,1	11,2	16,5	18,6	5,4	76,3	8,7	7,8	10,0	9,4	11,6	14,8	14,0
Otros países	16,3	1,4	1,2	2,0	1,7	1,6	0,5	7,4	1,4	0,6	1,5	1,3	0,7	1,0	0,9
ASOC.EUROPEA DE LIBRE COMERCIO	10,0	0,7	0,8	0,6	0,5	0,3	1,2	8,7	0,4	0,8	1,9	1,2	0,6	1,3	2,5
RESTO DE EUROPA	64,0	9,4	9,1	9,3	11,9	7,0	4,1	76,7	10,3	8,1	11,9	11,0	8,6	12,6	14,1
ASIA	187,0	40,3	50,4	43,8	58,0	55,7	33,2	279,6	44,9	34,6	41,6	41,2	34,0	38,4	44,8
China (Taiwán)	18,4	0,8	0,7	1,2	1,6	1,9	2,4	15,5	1,6	0,8	9,4	0,4	0,2	0,7	2,4
Japón	36,2	6,2	6,4	9,0	8,4	4,9	4,2	68,8	7,6	9,6	6,5	13,7	8,3	13,2	9,7
Otros países	132,4	33,3	43,3	33,6	48,0	48,9	26,6	195,3	35,7	24,2	25,7	27,0	25,5	24,5	32,6
AFRICA	1,6	0,5	0,0	1,8	0,4	0,4	0,1	6,0	0,6	0,3	0,8	1,5	2,6	0,2	0,0
OCEANIA	5,3	0,7	0,6	0,9	0,4	1,1	0,4	12,6	2,0	2,5	2,2	1,2	1,2	2,2	1,2
OTROS PAISES NEP	0,0	0,0	0,0	0,0	0,0	0,0	0,0	0,1	0,0	0,0	0,0	0,0	0,0	0,0	0,0

(*) Las cifras relativas a importaciones y exportaciones continúan siendo **provisionales**; son el resultado del reproceso de documentos enviados al Banco Central del Ecuador por los agentes económicos involucrados en las transacciones con el exterior. El reproceso se realiza conforme a la recepción de documentos fuente de las operaciones de comercio exterior y a la verificación de los datos que en ellos constan.

(1) A partir de 1991 incluye la República Democrática de Alemania.

FUENTE: Enero-junio 22 1992, permisos de exportación concedidos por el Banco Central del Ecuador. A partir de junio 23 1992, formulario único de exportación; 1995.- Banano, Programa Nacional del Banano.

4.1.1 EXPORTACIONES POR PRODUCTO PRINCIPAL (*)

Miles de dólares FOB

Período	TOTAL EXPORTACIONES	TOTAL PRIMARIOS	PRIMARIOS										
			Petróleo crudo	Banano y plátano (1)	Café	Camarón	Cacao	Abacá	Madera	Atún	Pescado	Flores naturales	Otros
1986	2.185.849	1.877.877	912.395	263.402	298.917	287.882	71.063	8.003	236	16.538	8.948	1.706	8.787
1987	1.927.694	1.636.328	645.773	266.935	192.286	383.136	82.768	8.949	582	21.304	14.813	3.566	16.216
1988	2.192.898	1.860.635	875.174	297.803	152.358	387.047	77.637	7.846	11.766	18.100	16.716	2.341	13.847
1989	2.353.881	2.026.318	1.032.698	369.533	142.015	328.221	55.545	8.622	12.036	29.540	19.435	9.225	19.448
1990	2.713.927	2.344.243	1.258.001	467.938	104.152	340.291	74.618	7.773	11.584	27.162	24.564	13.598	14.562
1991	2.851.416	2.512.098	1.058.990	715.864	84.558	491.371	53.634	8.858	12.158	19.303	30.881	19.250	17.231
1992	3.007.577	2.648.444	1.251.017	647.447	60.107	525.759	35.126	7.094	5.845	10.581	43.169	24.221	38.078
1993	3.061.678	2.517.482	1.149.024	567.152	88.930	470.582	48.390	8.083	13.757	9.959	44.833	39.610	77.162
1994	3.717.240	3.047.715	1.185.034	650.104	350.816	538.863	60.499	10.665	19.209	12.799	57.401	54.482	107.843

4.1.1 EXPORTACIONES POR PRODUCTO PRINCIPAL (*) (cont.)

Miles de dólares FOB

Período	TOTAL INDUSTRIALIZADOS	INDUSTRIALIZADOS									
		Derivados de petróleo	Café elaborado	Elaborados de cacao	Harina de pescado	Otros elaborados productos del mar	Químicos y fármacos	Manufacturas de metales (2)	Sombreros	Manufacturas de textiles	Otros
1986	307.972	70.114	28.846	77.209	49.254	23.262	8.586	4.492	4.500	577	41.132
1987	291.366	78.210	18.759	57.138	27.539	31.088	11.865	7.128	4.801	1.861	52.977
1988	332.263	100.948	17.508	47.691	59.515	27.128	10.052	10.695	3.764	2.803	52.159
1989	327.563	114.690	19.918	52.836	29.631	27.090	6.949	17.481	7.140	4.450	47.378
1990	369.684	150.195	25.741	56.343	8.770	31.033	8.825	12.665	7.781	5.457	62.874
1991	339.318	92.967	25.396	59.160	10.039	29.211	13.401	18.319	5.297	7.266	78.262
1992	359.133	85.621	20.199	38.993	6.820	43.179	16.004	26.717	4.648	20.314	96.638
1993	544.196	104.409	28.126	34.879	11.957	74.828	26.653	90.248	7.517	26.924	138.655
1994	669.525	119.786	46.784	33.669	9.554	103.027	31.497	117.815	7.714	35.262	164.417

(*) Las cifras relativas a importaciones y exportaciones continúan siendo **provisionales**; son el resultado del proceso de documentos enviados al Banco Central del Ecuador por los agentes económicos involucrados en las transacciones en el exterior. El proceso se realiza conforme a la recepción de documentos fuente de las operaciones de comercio exterior y a la verificación de los datos que en ellos constan.

(1) Programa Nacional del Banano. (2) Incluye exportaciones de vehículos.

FUENTE: 1986 y 1987: avisos de conformidad de la empresa Sociéte Générale de Surveillance. 1988-junio 22, 1992: permisos de exportación concedidos por el Banco Central del Ecuador. A partir de junio 23, 1992: formulario único de exportación.

4.1.5 IMPORTACIONES POR USO O DESTINO ECONOMICO (*) (1)

Miles de dólares FOB

Período	TOTAL IMPORTACIONES	BIENES DE CONSUMO			Combustibles y lubricantes	MATERIAS PRIMAS				BIENES DE CAPITAL				Diversos
		Total	No duraderos	Duraderos		Total	Agrícolas	Industriales	Materiales de construcción	Total	Agrícolas	Industriales	Equipos de transporte	
	a=b+e+f+j+n	b=c+d	c	d	e	f=g+h+i	g	h	i	j=k+l+m	k	l	m	n
1986	1.575.006	150.566	92.662	57.904	94.722	727.225	53.920	623.489	49.816	598.775	30.518	368.960	199.297	3.718
1987	1.888.152	180.641	114.677	65.964	260.651	787.461	45.641	689.260	52.560	654.367	23.835	453.789	176.743	5.032
1988	1.517.460	148.969	92.864	56.105	41.589	719.924	53.466	623.036	43.422	603.559	10.956	371.669	220.934	3.418
1989	1.634.111	167.163	125.734	41.429	47.735	863.060	77.889	741.422	43.749	547.618	12.010	351.492	184.116	8.536
1990	1.644.338	160.687	92.106	68.581	66.286	861.826	73.024	713.672	75.130	551.932	22.736	347.372	181.824	3.607
1991	2.116.126	227.895	153.147	74.748	66.395	1.022.922	100.848	871.737	50.337	797.675	20.278	483.528	293.869	1.239
1992	1.976.197	332.958	140.692	192.266	74.957	811.985	99.073	655.150	57.762	754.275	17.385	447.977	288.913	2.022
1993	2.223.131	500.995	210.309	290.686	59.383	818.741	73.811	680.663	64.267	841.216	15.335	547.230	278.651	2.796
1994	3.209.311	752.582	311.322	441.260	122.000	1.085.536	108.579	897.319	79.639	1.248.482	18.547	597.041	632.894	712

4.1.6 IMPORTACIONES POR USO O DESTINO ECONOMICO (*)

Miles de dólares CIF

Período	TOTAL IMPORTACIONES	BIENES DE CONSUMO			Combustibles y lubricantes	MATERIAS PRIMAS				BIENES DE CAPITAL				Diversos
		Total	No duraderos	Duraderos		Total	Agrícolas	Industriales	Materiales de construcción	Total	Agrícolas	Industriales	Equipos de transporte	
	a=b+e+f+j+n	b=c+d	c	d	e	f=g+h+i	g	h	i	j=k+l+m	k	l	m	n
1986	1.810.224	169.610	102.096	67.514	113.384	851.239	62.852	726.421	61.966	672.127	35.048	407.519	229.560	3.864
1987	2.158.136	208.400	124.848	83.552	294.499	917.930	52.713	791.718	73.499	732.021	28.821	500.803	202.397	5.286
1988	1.713.525	164.570	101.158	63.412	58.732	820.928	62.128	707.497	51.303	665.772	12.332	404.174	249.266	3.523
1989	1.854.775	184.352	136.807	47.545	71.115	981.691	90.564	839.005	52.122	608.537	13.429	389.311	205.797	9.080
1990	1.861.745	178.642	99.463	79.179	91.861	981.672	85.187	810.794	85.691	605.862	25.360	376.034	204.468	3.708
1991	2.398.585	254.765	165.758	89.007	91.749	1.161.569	114.603	989.408	57.558	889.229	22.828	531.198	335.203	1.273
1992	2.430.403	397.185	166.856	230.329	100.689	1.014.998	113.530	835.281	66.187	915.355	20.312	548.691	346.352	2.176
1993	2.562.202	584.996	245.871	339.125	87.970	940.876	83.405	783.013	74.458	945.868	17.807	606.834	321.227	2.492
1994	3.642.198	860.116	354.990	505.126	170.213	1.236.665	124.353	1.019.062	93.250	1.374.348	21.434	653.248	699.666	856

(*) Las cifras relativas a importaciones y exportaciones continúan siendo **provisionales**; son el resultado del proceso de documentos enviados al Banco Central del Ecuador por los agentes económicos involucrados en las transacciones en el exterior. El proceso se realiza conforme a la recepción de documentos fuente de las operaciones de comercio exterior y a la verificación de los datos que en ellos constan.

(1) Excluye ajustes de balanza de pagos.

FUENTE: 1986-agosto 1992, Banco Central del Ecuador, primer reembolso y visto bueno. A partir de septiembre 1992, declaración de importación de aduana.

4.2.2 EXPORTACIONES POR GRUPOS DE PRODUCTOS

Periodo	TOTAL	PETROLERAS			NO PETROLERAS							
	EXPORTACIONES	Total	Petroleo Crudo	Derivados	Total	Tradicionales						No tradicionales
						Total	Banano y plátano	Café y elaborados	Camarón	Cacao y elaborados	Atún y pescado	
	a = b + e	b = c + d	c	d	e = f + l	f=g+h+i +j+k	g	h	i	j	k	l
	Miles de dólares FOB											
1984	2.620.419	1.834.706	1.678.237	156.469	785.713	643.298	135.178	196.772	159.840	146.345	5.163	142.415
1985	2.904.736	1.926.557	1.824.652	101.905	978.179	812.096	219.984	208.911	156.485	217.174	9.542	166.083
1986	2.185.849	982.509	912.395	70.114	1.203.340	1.052.805	263.402	327.763	287.882	148.272	25.486	150.535
1987	1.927.694	723.983	645.773	78.210	1.203.711	1.037.139	266.935	211.045	383.136	139.906	36.117	166.572
1988	2.192.898	976.122	875.174	100.948	1.216.776	1.014.860	297.803	169.866	387.047	125.328	34.816	201.916
1989	2.353.881	1.147.388	1.032.698	114.690	1.206.493	1.017.043	369.533	161.933	328.221	108.381	48.975	189.450
1990	2.713.927	1.408.196	1.258.001	150.195	1.305.731	1.120.809	467.938	129.893	340.291	130.961	51.726	184.922
1991	2.851.416	1.151.957	1.058.990	92.967	1.699.459	1.480.167	715.864	109.954	491.371	112.794	50.184	219.292
1992	3.007.577	1.336.638	1.251.017	85.621	1.670.939	1.381.381	647.447	80.306	525.759	74.119	53.750	289.558
1993	2.903.853	1.253.433	1.149.024	104.409	1.650.420	1.180.780	503.308	100.988	451.427	77.541	47.516	469.640

FUENTE: 1986 y 1987: avisos de conformidad de la empresa Sociéte Générale de Surveillance. 1988-junio 22, 1992: permisos de exportación concedidos por el Banco Central del Ecuador. A partir de Junio 23, 1993: formulario único de exportación.

11,6	5,9	2,4	66,7	27,8	20,5	-11,6	17,2	-8,7	321,0	55,9	76.6

IMPORTACIONES POR CONTINENTE, AREA ECONOMICA Y PAIS

Miles de dólares CIF

País / Años	1984	1985	1986	1987	1988	1989	1990	1991	1992	1993
Total General	1.615.800	1.766.724	1.810.224	2.158.136	1.713.525	1.854.775	1.861.744	2.398.585	2.430.403	2.562 202
Total América	1.047.245	1.083.724	919.569	1.166.877	925.829	1.096.305	1.107.090	1.381.147	1.413.131	1.401. 105
Canadá	36.542	40.106	31.582	33.224	32.193	42.262	40.961	50.214	47.247	28.894
Estados Unidos	630.205	620.221	547.164	558.757	567.591	625.913	583.253	751.453	812.809	823.578
Mercado común Centro-americano	19.305	7.098	11.266	14.667	16.507	24.214	26.527	23.740	24.198	5.411
Asociación de Libre Comercio del Caribe	1.535	3.023	3.069	1.015	955	1.210	3.976	10.913	10.850	6.062
Asociación Latinoamericana de Integración	328.163	380.454	312.449	503.414	296.242	387.355	435.154	523.465	482.468	437.717
Grupo Andino	73.292	116.104.	91.139	241.149	78.142	92.896	181.660	233.305	172.626	183.010
Otros países	25.532	25.302	6.424	36.823	2.241	7.616	8.708	10.189	8.136	18.847
Total Europa	370.378	420.226	528.687	566.646	453.933	493.501	504.292	647.867	560.247	660.965

FUENTE: 1984-1985 permisos de importación liquidados; 1986 a agosto 1992, primer reembolso y visto bueno. a partir de septiembre 1992, declaración de importación de aduana.

EXPORTACIONES POR CONTINENTE, AREA ECONOMICA Y PAIS

Miles de dólares FOB

País / Año	1984	1985	1986	1987	1988	1989	1990	1991	1992	1993
Total General	2.620.419	2.904.736	2.185.844	1.927.694	2.192.897	2.353.882	2.713.927	2.851.416	3.007.576	2.903.853
Total América	2.027.541	1.966.139	1.590.279	1.490.741	1.602.482	1.937.479	2.216.380	1.912.397	1.970.598	1.979.755
Asociación Latinoamericana de Integración	89.282	132.489	149.911	202.577	272.725	312.840	293.569	360.437	402.145	487.536
Grupo Andino	54.180	73.767	42.929	125.060	177.139	182.991	188.517	203.709	175.550	268.041
Total Europa	115.325	183.285	207.746	176.651	232.084	236.529	319.786	505.524	541.395	521.398

FUENTE: 1984-febrero 1985, permisos de exportación concedidos por el Banco Central del Ecuador, marzo 1985, diciembre 1987, avisos de conformidad de la Societé Générale de Surveillance; 1988-Junio 22 1992, permisos de exportación concedidos por el Banco Central del Ecuador, Junio 23 1992, formulario único de exportación.

4.2.4 EXPORTACIONES POR PRODUCTO PRINCIPAL

Miles de dólares FOB

Producto \ Años	1984	1985	1986	1987	1988	1989	1990	1991	1992	1993
TOTAL GENERAL	2.620.419	2.904.736	2.185.849	1.927.694	2.192.898	2.353.882	2.713.927	2.851.415	3.007.577	2.903.853
1. PRODUCTOS PRIMARIOS	2.276.538	2.566.143	1.877.877	1.636.328	1.860.636	2.026.318	2.344.243	2.512.096	2.648.444	2.397.182
A. AGRICOLAS	423.283	564.110	649.816	566.448	547.025	598.278	676.697	893.877	785.746	672.053
Arroz	-	-	-	-	-	4.500	-	17	989	-
Banano y plátano	135.178	219.984	263.402	266.934	297.802	369.534	467.937	715.863	647.447	503.309
Banano	129.959	214.336	257.898	261.699	292.189	362.613	459.785	707.617	638.648	452.979
Plátano	5.219	5.648	5.504	5.235	5.614	6.921	8.152	8.246	8.798	50.331
Cacao en grano	95.991	138.411	71.063	82.766	77.636	55.544	74.616	53.634	35.125	43.492
Café en grano	174.738	190.800	298.914	192.284	152.356	142.014	104.153	84.557	60.107	73.775
Lavado	63.926	112.374	156.902	96.075	60.761	56.634	49.373	38.810	38.611	47.216
Natural	110.812	78.426	142.012	96.209	91.552	85.381	54.780	45.747	21.496	26.559
Otras frutas	1.040	1.407	1.673	1.624	1.488	2.022	1.914	2.146	3.030	3.092
Melones	511	610	559	663	844	850	796	1.032	1.106	154
Piñas	150	120	104	173	239	544	547	602	465	1.763
Otras	379	677	1.010	788	405	629	570	512	1.459	1.175
Oleaginosas	201	-	-	45	-	225	333	8	386	1
Higerilla	201	-	-	-	-	-	25	8	-	-
Otras	-	-	-	45	-	225	308	-	386	1
Achiote	-	46	9	-	-	-	-	-	-	25
Tagua	645	593	814	1.177	2.946	4.297	3.911	5.829	2.408	-
Paja toquilla, mocora y guinea	7	4	16	64	80	-	8	320	-	-
Fibras vegetales	11.848	8.809	8.001	8.948	7.846	8.741	7.792	9.049	7.195	8.262
Abacá	11.821	8.809	8.001	8.948	7.846	8.622	7.773	8.856	7.192	8.106
Algodón	-	-	-	-	-	119	13		-	-
Otros	27	-	-	-	-	-	7	193	3	156
Otros productos agrícolas	3.635	4.056	5.924	8.175	6.872	11.401	16.034	22.454	29.058	40.097
Tabaco en rama	993	2.277	2.956	1.917	1.448	1.502	2.237	1.701	2.217	1.395
Cascarilla	144	85	146	197	483	69	66	64	50	-
Almizclillo	14	11	27	278	85	-	-	-	-	-
Hojas de té	1.175	888	985	996	183	292	101	107	84	210
Maíz	11	8	4	0	18	9	34	129	204	1.354
Datura sanguínea	649	185	-	22	-	-	-	-	91	-
Flores naturales	587	526	1.707	3.566	4.102	9.226	13.530	19.249	24.221	29.068
Otros	62	76	99	1.200	553	303	65	1.204	2.192	8.070
B. SILVICOLAS	8.325	8.797	236	581	11.767	12.038	11.583	12.157	5.846	15.860
Balsa	94	376	133	102	38	40	-	-	-	-
Cañas	25	-	69	421	163	198	223	220	69	-
Otras maderas	8.206	8.421	34	59	11.566	11.800	11.360	11.938	5.777	15.860
No coníferas	8.206	8.421	34	48	133	82	-	-	-	-
Otros	-	-	-	-	11.433	11.718	11.360	11.938	5.777	15.860
C. PECUARIOS	34	98	194	230	423	422	137	420	852	805
Animales vivos	28	-	-	-	387	-	7	5	89	487
Pieles y cueros	1	82	120	26	35	-	116	9	75	-
Otros	5	16	74	205	-	422	15	406	688	318
D. PSCICOLAS	166.626	168.469	315.032	421.098	423.339	378.750	393.511	543.756	582.622	499.393
Atún	2.462	5.001	16.538	20.531	17.628	29.539	27.162	19.302	10.579	8.866
Pescado	2.701	4.541	8.948	15.587	17.187	19.436	24.561	30.880	43.170	38.649
Camarones	159.840	156.485	287.880	383.135	387.046	328.222	340.290	491.372	525.758	451.426
Langostas	1.341	1.758	1.323	1.624	759	797	210	410	25	170
Otros	282	684	343	221	720	757	1.289	1.793	3.090	282

4.2.4 EXPORTACIONES POR PRODUCTO PRINCIPAL (cont.)

Miles de dólares FOB

Producto \ Años	1984	1985	1986	1987	1988	1989	1990	1991	1992	1993
.../...										
E. PRODUCTOS MINEROS	1.678.270	1.824.669	912.599	647.971	878.082	1.036.830	1.262.314	1.061.886	1.273.377	1.209.071
Petróleo crudo	1.678.237	1.824.652	912.398	645.773	875.174	1.032.716	1.258.403	1.058.982	1.251.006	1.149.023
Concentrados de oro y plata	-	-	-	-	10	112	982	98	19.122	58.684
Concentrados de plomo y cobre	-	-	-	-	-	-	-	-	5	91
Otros minerales	33	17	201	2.198	2.899	4.001	2.930	2.806	3.244	1.273
2. PRODUCTOS INDUSTRIALIZADOS	343.081	337.334	306.165	288.043	331.056	324.612	367.266	335.092	356.277	504.167
A. QUIMICOS Y FARMACEUTICOS	7.585	8.623	8.585	11.866	10.052	6.948	8.825	13.399	15.885	24.668
Medicinas	614	628	1.271	2.099	1.683	1.273	2.096	3.040	4.297	7.985
Farmacéuticos	1.793	5.095	3.644	5.282	809	215	571	708	1.382	3.927
Otros	5.178	2.900	3.670	4.484	7.561	5.461	6.158	9.652	10.206	12.756
B. ALIMENTICIOS	164.322	210.356	193.972	149.486	178.160	150.503	151.817	161.777	145.556	196.645
Jugos y conservas de frutas	1.338	1.469	1.418	2.334	1.783	1.643	1.807	4.680	9.756	10.924
Azúcar	15.271	7.195	6.673	3.773	4.107	5.208	7.590	9.309	-	7.868
Melazas y panelas	1.563	1.074	-	1	968	-	-	343	941	57
Café industrializado	22.034	18.111	28.846	18.759	17.507	19.919	25.739	25.396	19.924	27.217
Elaborados de cacao	50.354	78.763	77.209	57.137	47.690	52.836	56.341	59.157	38.992	34.047
Elaborados de banano	4.281	4.010	3.594	4.210	12.618	6.355	6.376	7.765	6.335	520
Elaborados de prod del mar	64.011	97.216	72.515	58.626	86.643	56.723	39.804	39.251	49.997	79.701
Harina de pescado	35.531	59.003	49.254	27.538	59.514	31.592	8.769	10.039	6.819	10.673
Aceite de pescado	-	4.157	1.901	-	-	3.157	-	-	-	-
Otros	28.480	34.056	21.360	31.088	27.129	21.973	31.036	29.212	43.178	69.028
Productos agrícolas en conserva	265	77	662	729	403	626	1.320	2.336	5.874	11.378
Harinas y elaborados de cereales	260	37	64	156	1.104	1.697	2.316	297	1.181	1.892
Carnes, leche y elaborados	19	10	32	110	63	30	182	199	2.013	3.340
Bebidas	161	27	16	69	172	57	638	48	421	3.064
Extractos y aceites vegetales	3.288	1.140	1.466	1.696	1.851	2.689	5.285	8.168	4.975	8.416
Otros	1.477	1.227	1.477	1.884	3.251	2.724	4.419	4.829	5.148	8.223
C. OTRAS MERCANCIAS	171.174	118.355	103.608	126.692	142.844	167.160	206.624	159.916	194.836	282.855
Alimentos para animales	-	424	-	83	473	278	723	1.502	1.053	851
Extracto de piretro	346	110	117	94	62	96	52	36	25	30
Maderas terciadas prensadas	2.739	3.426	15.160	19.889	9.199	7.746	10.068	12.525	20.858	22.169
Artículos de madera y corcho	1.291	1.355	1.314	1.482	2.165	2.232	2.934	3.890	5.137	3.805
Derivados de petróleo	156.469	101.905	70.149	78.215	100.960	114.722	150.232	92.967	85.408	104.409
Manufacturas de metales	2.712	2.054	4.492	7.126	10.693	17.398	12.665	18.318	26.719	71.232
Aparatos eléctricos	624	1.675	499	733	394	380	500	443	5.263	8.868
Artículos electrodomésticos	13	264	339	1.884	482	194	365	598	1.502	80
Sombreros de paja toquilla y mocora	4.127	3.547	4.501	4.800	3.764	7.138	7.780	5.295	4.647	7.233
Artículos de cestería	13	33	21	32	27	62	54	156	98	103
Manufacturas de papel y cartón	205	96	851	813	634	699	469	708	6.743	9.373
Artículos de fibras textiles	658	396	579	1.861	2.803	4.451	5.458	7.267	20.313	28.741
Manufacturas de cuero y plástico	680	915	2.078	4.545	3.447	2.120	2.141	1.789	3.379	11.422
Artesanía diversa	140	546	484	705	956	2.268	3.219	2.419	2.539	1.630
Otros	1.157	1.609	3.024	4.431	6.785	7.377	9.964	12.005	11.154	12.909
3. DESPERDICIOS	130	9	389	715	255	174	326	393	2.291	1.424
De papel y cartón	-	-	-	-	-	-	-	-	153	28
De metales (chatarra)	-	-	-	-	-	-	5	-	1.837	1.193
Otros	130	9	389	715	255	174	321	393	301	203
4. ANIMALES VIVOS NO PARA LA ALIMENTACION	1	6	-	-	15	207	37	26	168	1.068
5. REEXPORTACIONES	669	1.244	1.418	2.608	936	2.570	2.057	3.808	398	11

FUENTE: 1984-febrero 1985, permisos de exportación concedidos por el Banco Central del Ecuador, marzo 1985-diciembre 1987 avisos de conformidad de la Société générale de Surveillance; 1988-junio 22 1992, permisos de exportación concedidos por el Banco Central del Ecuador, junio 23 1992, formulario único de exportación.

4.4.1 CANTIDAD Y COTIZACION DEL DOLAR DE LOS ESTADOS UNIDOS DE AMERICA EN EL MERCADO LIBRE NACIONAL

Cantidad en miles de dólares

Años	TOTAL (1)				QUITO				GUAYAQUIL			
	COMPRA		VENTA		COMPRA		VENTA		COMPRA		VENTA	
	Cantidad	Cotiza-ción	Cantidad	Cotiza-ción	Cantidad	Cotiza-ción	Cantidad	Cotiza-ción	Cantidad	Cotiza-ción	Cantidad	Cotiza-ción
						DOLAR CHEQUE						
1984	1.453.959,6	95,4	1.361.952,9	96,1	701.619,7	95,6	714.989,9	96,3	614.976,6	95,3	609.855,9	96,0
1985	1.384.204,0	115,5	1.380.418,7	116,3	795.968,7	115,7	797.402,7	116,6	537.997,8	115,5	534.162,7	116,1
1986	1.964.487,8	148,1	1.999.322,4	148,5	872.748,4	148,5	882.780,8	148,8	955.583,0	148,0	974.559,4	148,5
1987	4.478.489,9	193,2	4.486.634,5	193,8	1.539.411,6	192,6	1.532.422,5	193,3	2.478.825,2	193,7	2.476.462,8	194,2
1988	4.048.228,5	435,0	4.088.409,1	436,2	1.723.750,8	438,4	1.751.719,0	441,3	2.001.501,0	433,7	2.108.552,1	433,1
1989	4.497.288,4	567,2	4.521.021,9	568,2	2.359.095,1	574,3	2.379.605,0	569,8	1.891.391,0	567,1	1.880.381,8	567,2
1990	5.729.059,5	821,1	5.736.441,5	821,9	2.510.069,1	818,9	2.520.270,7	819,9	2.776.274,0	822,9	2.767.325,9	823,5
1991	5.829.783,3	1.099,5	5.840.980,0	1.100,9	2.085.720,3	1.098,2	2.098.955,9	1.100,4	3.026.367,0	1.100,5	3.012.480,6	1.101,3
1992	7.222.495,0	1.586,4	7.359.323,3	1.587,7	2.564.855,3	1.585,6	2.661.543,5	1.591,2	3.807.319,4	1.586,1	3.836.962,5	1.585,3
1993	9.234.067,6	1.916,9	9.216.006,8	1.919,2	3.164.306,2	1.916,8	3.190.298,6	1.918,8	4.741.203,0	1.917,3	4.703.662,6	1.919,5
						DOLAR BILLETE						
1984	170.160,5	97,4	168.935,7	97,7	93.220,9	98,3	91.131,0	98,5	32.349,3	95,4	34.008,5	95,9
1985	135.474,6	115,8	136.805,1	116,6	90.194,3	115,6	98.501,2	116,3	19.022,1	115,5	20.834,1	116,3
1986	127.522,1	151,0	133.268,1	152,0	81.163,2	150,6	84.826,0	151,6	30.556,0	152,4	33.476,5	152,9
1987	186.720,6	192,3	186.292,3	193,7	88.225,1	191,3	88.573,6	192,6	59.494,1	193,9	61.299,1	195,3
1988	271.538,9	441,5	231.005,3	443,9	142.522,2	439,2	105.310,0	435,6	58.982,7	453,3	62.568,5	455,6
1989	317.636,3	565,0	295.746,1	568,4	111.697,4	564,8	91.727,9	568,9	132.577,0	566,6	147.102,1	568,6
1990	593.070,0	817,0	560.570,3	822,9	145.714,1	815,8	132.864,5	823,6	349.789,6	820,5	350.074,6	822,9
1991	377.099,8	1.092,6	349.945,7	1.100,2	190.362,0	1.093,5	171.867,4	1.101,6	90.583,4	1.092,9	96.555,3	1.098,1
1992	355.317,6	1.567,9	324.162,5	1.588,0	194.871,1	1.568,9	174.804,6	1.588,2	72.160,2	1.572,2	73.135,2	1.591,9
1993	343.353,9	1.899,3	323.982,0	1.918,5	201.346,6	1.900,4	188.229,0	1.919,6	67.993,4	1.902,8	73.201,1	1.919,3

(1) Incluye otras plazas.
FUENTE: Banco Central del Ecuador.

5.3.4 CAPACIDAD ELECTRICA INSTALADA

Por tipo de generación y categoría de productor

Megawatios / hora

Años	POR TIPO DE GENERACION			POR CATEGORIA DE PRODUCCION		
	TOTAL	Hidráulica	Térmica	TOTAL	Servicio público	Autoproductores
1984	1.776,6	740,2	1.036,4	1.776,6	1.628,4	148,2
1985	1.795,1	750,6	1.044,5	1.795,1	1.644,2	150,9
1986	1.593,9	737,4	856,5	1.593,9	1.461,1	132,8
1987	1.748,7	896,1	852,6	1.748,7	1.603,5	145,2
1988	1.761,3	913,9	847,4	1.761,3	1.627,0	134,3
1989	1.777,2	906,2	871,0	1.777,2	1.637,9	139,3
1990	1.656,7	896,6	760,1	1.656,7	1.530,4	126,3
1991	2.229,4	1.469,4	760,0	2.229,4	2.059,4	170,0
1992	2.228,9	1.468,9	760,0	2.228,9	2.058,9	170,0
1993	1.661,6	1.301,0	360,6	1.661,6	1.534,9	126,7

FUENTE: INECEL.

5.3.1 PRODUCCION DE PETROLEO CRUDO

Miles de barriles

Años	PETROLEO CRUDO			Petróleo entregado a refinerías
	TOTAL	Oriente	Costa	
1984	93.879,7	93.462,7	417,0	32.638,0
1985	102.415,9	101.977,9	438,0	30.927,6
1986	106.994,7	106.582,4	412,3	34.460,8
1987	63.686,6	63.316,6	370,0	32.631,0
1988	112.553,1	112.191,4	361,7	42.771,0
1989	102.952,4	102.626,7	325,7	38.553,0
1990	104.442,0	104.098,0	344,0	43.833,0
1991	109.387,0	109.049,0	338,0	45.545,0
1992	117.113,0	116.639,0	474,0	46.446,0
1993	125.439,0	124.913,0	526,0	45.368,0

FUENTE: Ministerio de Energía y Minas.

5.2.4 PRODUCCION DE CARNE Y LECHE

Miles de toneladas y litros

Años \ Producción	Bovina (1)	Porcina (1)	Ovina y Caprina (1)	Avícola (1)	Leche (2)
1984	102,1	22,5	3,7	36,7	1.190,0
1985	106,0	23,1	3,7	43,9	1.235,0
1986	108,8	23,7	3,2	54,5	1.279,0
1987	112,7	24,4	3,7	52,3	1.325,0
1988	115,8	24,6	3,6	54,4	1.312,0
1989	118,8	24,9	3,7	59,9	1.475,0
1990	122,0	24,7	3,6	69,9	1.534,0
1991	125,1	24,3	3,6	76,1	1.577,0
1992	128,9	24,7	3,7	80,7	1.633,0
1993	132,6	25,2	4,2	90,0	1.714,0

(1) Toneladas
(2) Litros
FUENTE: Ministerio de Agricultura y Ganadería

5.2.1 PRODUCCION DE LOS PRINCIPALES CULTIVOS DE EXPORTACION

Toneladas métricas

Años \ Producto	Banano	Cacao	Café en grano (1)	Caña de azúcar (2)	Flores naturales (3)	Melón
1984	1.677.571	48.673	98.258	3.041.876	421	4.677
1985	1.969.559	130.772	120.861	2.693.570	531	3.100
1986	2.316.437	89.913	107.501	2.749.516	1.278	9.796
1987	2.386.503	57.529	82.803	3.000.733	2.259	9.813
1988	2.576.095	85.111	76.018	2.595.752	2.610	16.693
1989	2.576.220	82.880	129.308	2.914.310	5.839	15.318
1990	3.054.566	96.722	134.980	3.256.013	7.677	25.597
1991	3.525.301	100.454	138.579	3.661.246	9.951	24.047
1992	3.994.642	93.999	137.671	3.591.013	12.207	34.614
1993	4.422.011	83.229	137.004	4.072.775	14.381	35.984

(1) Café en grano oro
(2) Las exportaciones se realizan en forma de producto industrializado (azúcar)
(3) Se asume que la produccción es igual al volumen de exportación
FUENTE: 1984-1985, Ministerio de Agricultura y Ganadería
1986-1993, Instituto Nacional de Estadísticas y Censos (INEC) y Banco Central del Ecuador

Lista de mapas y gráficos

Principales obras bibliográficas consultadas.

CEDIG. Centro Ecuatoriano de Investigación Geográfica. Geografía Básica del Ecuador 5 vol. Convenio I.P.G.H.-ORSTOM.-Ed. IGM. 1983-1996. Quito

CEDIG. Documentos de Investigación (revista) 5 números 1982 y ss. Ed. I.G.M. Quito.

CEPEIGE. Centro Panamericano de estudios e Investigaciones Geográficas. Paisajes Geográficos (revista) Ed. CEPEIGE Desde N.15 1983 y ss. Quito

Colegio de Geógrafos del Ecuador Estudios de Geografía (revista) 8 números. Ed. Corporación Editora Nacional 1986 y ss. Quito

Deler J. P. Ecuador, del espacio al Estado nacional. Ed. Banco Central del Ecuador. 1987 Quito.

Gómez Nelson. Atlas del Ecuador, Geografía y economía. Ed. Ediguías 1990. Quito

Gómez Nelson. Elementos de Geografía del Ecuador, primera edición, Ediguías 1988. Quito.

Gómez Nelson. La Misión Geodésica y la cultura de Quito. Ed. Ediguías 1987. Quito

INEC. Instituto de Estadísticas y Censos. Publicación de los Censos desde 1950 hasta 1990. Quito.

Instituto Geográfico Militar, Revista Geográfica. Ed. I.G.M. Publicaciones desde 1970. Quito.

Instituto Geográfico Militar. Mapa del Ecuador 1:4'000.000

ORSTOM- Banco Central del Ecuador. (Varios autores) Atlas del Ecuador. Ed. 1982.

Wolf Teodoro. Geografía y Geología del Ecuador. Ed. Casa de la Cutura 1975. Quito.